Animate动画制作

案例教程

主　编　马书群　门雅范

副主编　张慧敏　舒胤霖

電子工業出版社

Publishing House of Electronics Industry

北京 · BEIJING

内 容 简 介

本书不仅介绍Animate基本操作，还讲解动画实践，通过一个个小的任务带领读者学习制作二维动画的方法和技巧。本书中的大部分案例来源于行业或企业真实的工作项目，能体现理论和实践相结合的特点。同时，本书在编写过程中遵循“必需、够用”的原则，将理论支撑与实践应用相结合，避开空洞的理论讲解及无理论支撑的泛泛实践操作，更符合企业人才需求。本书包括4个项目，项目1为Animate制作基本功，项目2为Banner的设计与制作，项目3为Animate网站的设计与制作，项目4为Animate片头动画的设计与制作。

本书既可作为中等职业院校计算机相关专业学生的参考书，也可作为计算机相关专业初学者入门学习的辅导书。

图书在版编目（CIP）数据

Animate 动画制作案例教程 / 马书群，门雅范主编. —北京：电子工业出版社，2024.1

ISBN 978-7-121-47123-0

Ⅰ. ①A… Ⅱ. ①马… ②门… Ⅲ. ①动画制作软件—教材 Ⅳ. ①TP391.414

中国国家版本馆 CIP 数据核字（2024）第 024440 号

责任编辑：罗美娜　　文字编辑：戴　新
印　　刷：中煤（北京）印务有限公司
装　　订：中煤（北京）印务有限公司
出版发行：电子工业出版社
　　　　　北京市海淀区万寿路 173 信箱　邮编　100036
开　　本：880×1 230　1/16　印张：17.75　字数：409 千字
版　　次：2024 年 1 月第 1 版
印　　次：2024 年 8 月第 3 次印刷
定　　价：58.00 元

凡所购买电子工业出版社图书有缺损问题，请向购买书店调换。若书店售缺，请与本社发行部联系，联系及邮购电话：（010）88254888，88258888。

质量投诉请发邮件至 zlts@phei.com.cn，盗版侵权举报请发邮件至 dbqq@phei.com.cn。

本书咨询服务热线：（010）88254617，luomn@phei.com.cn。

前言

PREFACE

本书坚持“以服务为宗旨，以就业为导向”的职业教育办学方针，突出“校企合作”的人才培养模式特征。党的二十大报告指出，“办好人民满意的教育。教育是国之大计、党之大计。培养什么人、怎样培养人、为谁培养人是教育的根本问题。育人的根本在于立德。全面贯彻党的教育方针，落实立德树人根本任务，培养德智体美劳全面发展的社会主义建设者和接班人。坚持以人民为中心发展教育，加快建设高质量教育体系，发展素质教育，促进教育公平。”充分体现以全面素质为基础、以能力为本位、以满足学生需求和社会需求为目标的编写指导思想。本书力求突出以下几个方面的特色。

（1）学以致用。本书按照 Animate 网页动画从业领域的典型工作任务组织内容，学生学习之后能够很快找到相应的工作岗位，内容实用。

（2）案例真实。本书中的大部分案例来源于行业或企业真实的工作项目，更能体现理论和实践相结合的特点。同时，本书在编写过程中遵循“必需、够用”的原则，将理论支撑与实践应用相结合，避开空洞的理论讲解及无理论支撑的泛泛实践操作，更符合企业人才需求。

（3）注重操作。本书以应用为核心，以培养学生的实际动手能力为重点，采用项目分析式编写体例，将理论知识融入每个案例。学生通过动手实践，强化操作训练，从而达到掌握知识与提高技能的目的。在编写本书的过程中，编者力求做到“做、学、教”相统一。

（4）结构合理。本书紧密结合职业教育和学生学习的特点，借鉴近年来职业教育课程改革和教材建设的成功经验，在内容编排上采用项目分析的设计方式，符合职业院校学生的心理特征和从新手到熟手的技能形成规律。

（5）适用性强。本书在知识讲解与任务实施的基础上，根据难易程度提供知识补充、任务小结和模拟实训等内容，便于教师教学和学生自学。

（6）资源丰富。本书配备了包括电子教案、教学素材、动画制作源文件和微视频课程等在内的教学资源包，为教师备课和学生自学提供了资源平台。请读者前往华信教育资源网下载使用。

本书包括 4 个项目。项目 1 为 Animate 制作基本功，主要介绍 Animate 的特点、应用、制作环境与基本操作，以及常用工具的使用与角色绘制、逐帧动画和补间动画的制作、元件制作与库的运用、遮罩动画的制作、引导层动画的制作、交互动画的制作、音频的导入与编辑等；项目 2 为 Banner 的设计与制作，主要介绍 Banner 的相关概念，设计与制作 Banner 图片、Banner 文字、Banner 主题和软文；项目 3 为 Animate 网站的设计与制作，主要介绍 Animate 网站的架构与应用领域、Animate 网站美工设计、制作 Animate 交互网站、设计与制作 Animate 网页游戏；项目 4 为 Animate 片头动画的设计与制作，主要介绍片头动画的创意设计、片头动画的设计与制作、引导页动画的设计与制作等。

本书的总学时数为 84，项目 1 为必修部分，项目 2～项目 4 为选修部分，教师也可以根据学习者的接受能力与专业需求选择学习内容，并灵活调配学时。教师在教学过程中可参考下表分配各项目的学时。

项目	课程内容	学时分配/学时		
		讲 授	实训	合计
项目 1	Animate 制作基本功	12	20	32
项目 2	Banner 的设计与制作	8	12	20
项目 3	Animate 网站的设计与制作	6	10	16
项目 4	Animate 片头动画的设计与制作	6	10	16

本书由河南省教育科学规划与评估院组编，由马书群、门雅范担任主编，张慧敏、舒胤霖担任副主编，刘静、邹雨辰参与了本书的编写。

由于计算机技术突飞猛进，虽然编者力图做到精益求精，但书中难免存在不足之处，敬请广大读者批评指正。

编　者

CONTENTS

目　录

项目 1　Animate 制作基本功

项目 2　Banner 的设计与制作

项目 3 Animate 网站的设计与制作

项目 4 Animate 片头动画的设计与制作

Animate 制作基本功

项目背景

Animate 是 Adobe 公司为了适应移动互联网和跨平台数字媒体的应用需求，由原 Adobe AnimateProfessional 更名而来的一款集动画创作和应用程序开发于一体的二维动画编辑软件，缩写为 An。Animate 提供了直观且丰富的设计工具和命令，我们可以借助这些工具和命令，创建应用程序、广告、栩栩如生的动画人物等多媒体内容，并使其在屏幕上“动”起来。通过使用代码片段和代码向导，我们无须手动编写任何代码即可为动画添加交互功能。Animate 在继续支持 FashSWF 文件的基础上，加入了对 HTML5、WebGL 甚至虚拟现实（VR）的支持，为网页开发者提供了更适应现有网页应用的音频、图片、视频、动画等创作方案，其发布格式也具有很高的灵活性。Animate 为专业设计人员和业余爱好者制作动画作品等提供了很大的帮助，深受动画设计爱好者和网页设计人员的喜爱。

项目分析

制作 Animate 动画，需要从简单的入门开始，了解 Animate 的制作环境，掌握基本的制作工具，以及逐帧动画、补间动画、遮罩动画和引导层动画等基本动画的制作，为后续制作复杂及应用型动画奠定基础。

任务分解

本项目主要通过以下几个任务来实现。

任务 1：熟识 Animate 的特点、应用、制作环境与基本操作。

任务 2：常用工具的使用与角色绘制。

任务 3：逐帧动画和补间动画的制作。

任务 4：元件的制作与库的运用。

任务 5：遮罩动画的制作。

任务 6：引导层动画的制作。

任务 7：交互动画的制作。

任务 8：音频的导入与编辑。

下面先对这些任务的目标进行确认，然后对任务的实施给予理论与实际操作的指导并进行训练。

任务1 熟识 Animate 的特点、应用、制作环境与基本操作

Animate 是一款矢量动画编辑软件，本任务将介绍 Animate 的基本功能，使读者对 Animate 从陌生变为熟悉。

任务目标

（1）了解 Animate 的特点与应用。

（2）掌握 Animate 的制作环境。

（3）熟悉 Animate 的基本操作。

任务训练

一、了解 Animate 的特点与应用

Animate 是一款功能强大的矢量动画编辑软件，不仅可以对图片、文字、音乐、视频和应用程序组件等多种资源进行整合，具有强大的多媒体编辑功能，还可以实现动画与用户的交互。由于 Animate 使用矢量图形，存储空间小，播放效果好，因此被广泛地应用于网页动画的设计中，成为当前网页动画设计非常流行的软件。

Animate 的特点如下。

（1）Animate 采用矢量技术，生成的文件容量很小，非常适合网络传输。

（2）Animate 动画使用的是矢量图形，无论把它放大或缩小，都不会失真。

（3）Animate 动画采用流媒体播放技术，播放非常流畅，可以实现边下载边播放。

（4）Animate 动画可以将图形、文字、音频和视频等多媒体素材融合在一起，并且可以实现用户和动画的交互。

（5）Animate 不仅可以生成 HTML5 形式的动画文件，还可以直接嵌入网页的任意位置。

（6）Animate 操作简单，很容易上手，初学者也能制作出令人炫目的动画效果。

Animate 以其强大的动画编辑功能、灵活的操作界面，以及开放的结构，被广泛应用于多个领域。Animate 的应用主要包括以下几个方面。

（1）网站 Banner。Banner 在网站中无处不在，可以很好地表达网站的主题意义。Animate 可以将 Banner 所需要的设计元素整合起来，通过动画的形式进行表达，因此成为 Banner 设

计的首选。

（2）网络广告。在浏览网页时，各类宣传产品、服务或企业形象的 Animate 动画广告会呈现在人们面前。网络广告通常出现在人们所浏览的网页中，其体积小，播放流畅，可以多平台播放。

（3）产品演示。由于 Animate 具有强大的交互功能，因此很多公司喜欢使用它来制作演示产品的动画，用户可以通过方向键来选择产品，同时观看产品的外观并了解产品的功能等，互动的展示方式比传统的展示方式更直观，也更符合流行趋势。

（4）动漫设计。随着动漫市场的发展壮大，Animate 作为专业的动画设计软件，成为动漫设计师得力的助手。

（5）Animate 游戏。Animate 可以实现动画和声音的交互，通过其交互性可以制作“迷你”小游戏，把网络广告和网络游戏结合起来，让观众参与其中，从而大大增强广告效果。

（6）手机应用。智能手机的普及也为 Animate 的应用开辟了新的天地。手机屏保、主题、壁纸和应用工具等大多是使用 Animate 制作的。由于手机浏览器版本的不断升级，各款手机对 Animate 的技术支持不断增强，因此 Animate 会越来越多地应用于手机中。

（7）网站制作。在网络日新月异的今天，各类网站层出不穷，因此吸引广大用户的眼球十分重要。运用 Animate 制作的网页不但美观大方，而且动感十足。从视觉观感上来说，如果希望网站给用户留下深刻的影响，那么使用 Animate 制作网站是一种不错的方法。

（8）多媒体课件。利用 Animate 制作的课件，融合了图片、文字、视频和音频等多种元素，能更好地表达教学内容，寓教于乐，深受学生和老师的喜爱。

上面介绍了很多关于 Animate 的相关知识，读者对这款动画软件一定充满了好奇心，下面就带领读者走进 Animate 的神奇世界。

二、掌握 Animate 的制作环境

在学习 Animate 的操作之前，需要先启动 Animate 软件，认识它的工作界面。在 Windows 操作系统的任务栏中选择“开始”→“所有程序”→“Adobe”→“Adobe Animate 2023”命令，启动 Animate 软件，进入 Animate 的界面，如图 1-1-1 所示。

在 Animate 的界面中选择“文件”→“新建”选项后，选择好相应的预设或者自定义文档大小、单位、帧速率及平台类型，即可进入 Animate 2023 的工作界面，如图 1-1-2 所示。Animate 在每次版本升级后都会对界面进行优化，Animate 2023 的工作界面更具亲和力，使用也更加方便，本书采用 Animate 2023 进行讲解。

图 1-1-1　Animate 的界面

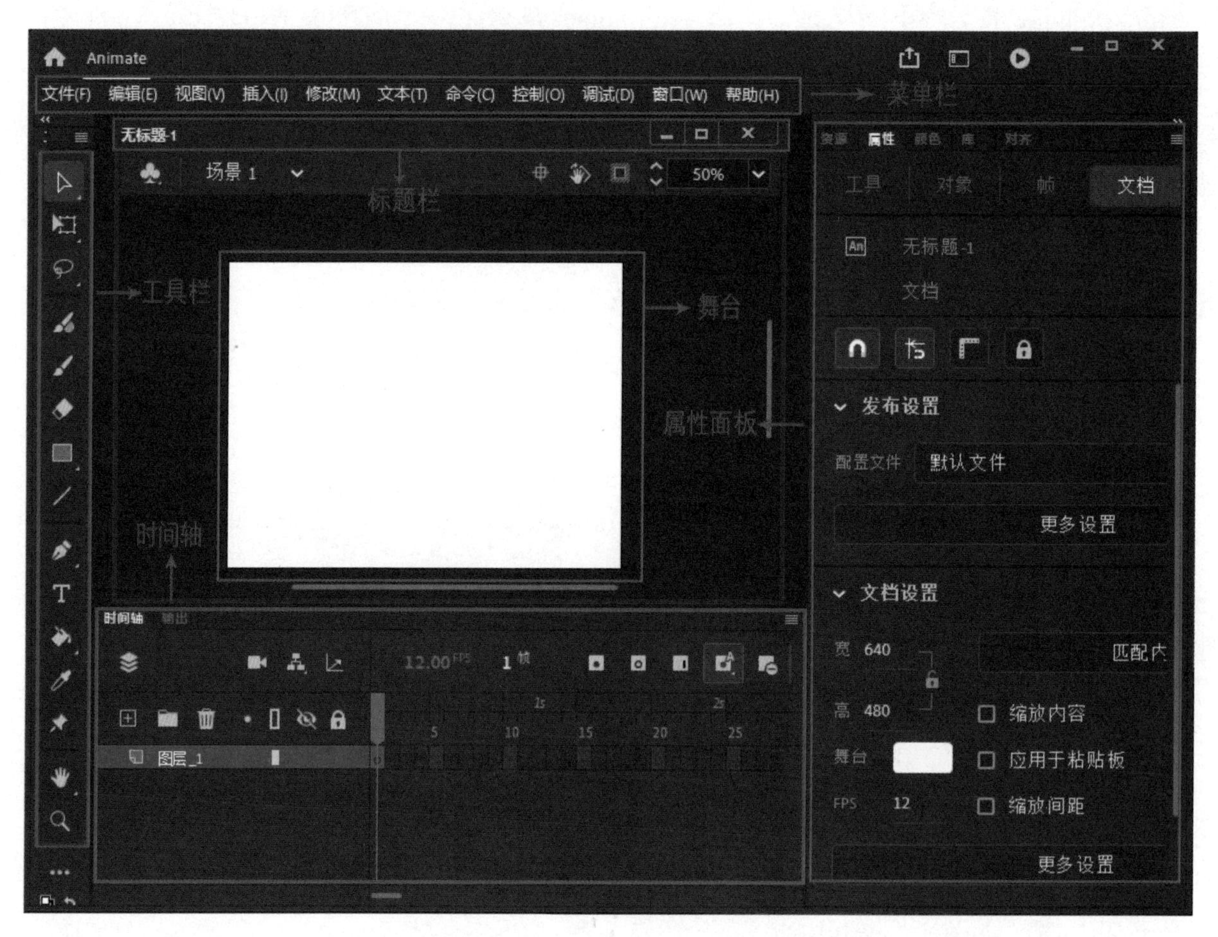

图 1-1-2　Animate 2023 的工作界面

提示

① 如果计算机中没有安装 Animate 软件，则可以从网上下载并安装，安装完成后才可以进行软件的操作。

② 进入 Animate 的工作界面有三种方式：打开最近的 Animate 文档、创建新的 Animate 文档、从模板中创建新的 Animate 文档。用户可以根据自己的实际需求进行选择。无论是创建新文档还是打开已有文档，都可以进入 Animate 的工作界面。

③ ActionScript 3.0：ActionScript 3.0 是 Adobe 公司为 Animate 设计的编程语言，简单来说就是用计算机懂得的语言为其下达指令，类似于 JavaScript，可以帮助用户在 Animate 中实现动画的交互、网页的制作和富互联网应用程序（Rich Internet Application，RIA）的开发等。

④ 本书中创建的 Animate 文档，如无说明，均使用 ActionScript 3.0。

Animate 的工作界面中除了包括 Windows 操作系统固有的标题栏、菜单栏，还包括工具栏、时间轴、舞台和各种面板。下面逐一介绍这几个组成部分。

（1）标题栏：从左至右依次显示文件名称，以及“最小化”按钮、“最大化”按钮和“关闭”按钮。

（2）菜单栏：在菜单栏中分类提供了 Animate 中所有的操作命令，几乎所有的可执行命令都可以在这里直接或间接地找到相应的操作选项。

（3）工具栏：工具栏也称为绘图工具箱，提供了 Animate 中所有的绘图操作工具，如笔触颜色、填充颜色及工具的相应设置选项，使用这些工具可以在 Animate 中执行绘图、填色、调整图形、查看或改变场景舞台视图等相应操作。

（4）时间轴：“时间轴”面板是制作 Animate 动画的核心，几乎所有的动画都是在“时间轴”面板中完成的。“时间轴”面板主要用于组织和控制不同的图层与帧中的动画内容，使内容随着时间的推移发生相应的变化，从而实现动画的设计与制作。“时间轴”面板主要包括图层、帧、播放指针和时间轴标尺等。

（5）舞台：即当前制作动画的区域，用来制作和编辑动画。制作动画所需要的对象包括矢量图形、图片、文字、按钮或视频等。舞台的大小决定了 Animate 动画成品的大小，可以通过其“属性”面板来修改舞台的大小和背景颜色等。

（6）面板：Animate 提供了大量常用的功能面板，用于帮助用户查看、编辑和组织内容。选择“窗口”命令，即可查看和打开 Animate 为用户提供的各类面板。可以根据用户的需求，将面板展现在 Animate 窗口的右边，如图 1-1-2 所示。

下面介绍几种常用的面板。

① “库”面板。在菜单栏中选择“窗口”→“库”命令，或者按“Ctrl+L”组合键，即可显示或隐藏“库”面板。“库”面板主要用于存储制作 Animate 动画所需要的图片、音频和视频等各类素材，以及创建的各类元件等。“库”面板示例如图 1-1-3 所示。

② “动作”面板。在菜单栏中选择“窗口”→“动作”命令，或者按 F9 键，即可显示或隐藏“动作”面板。“动作”面板主要用于 Animate 动画的动作脚本的编辑。使用“动作”面板可以在帧、按钮和影片剪辑元件上添加动作脚本，以实现各类动画效果。“动作”面板示例如图 1-1-4 所示。

图 1-1-3　“库”面板示例

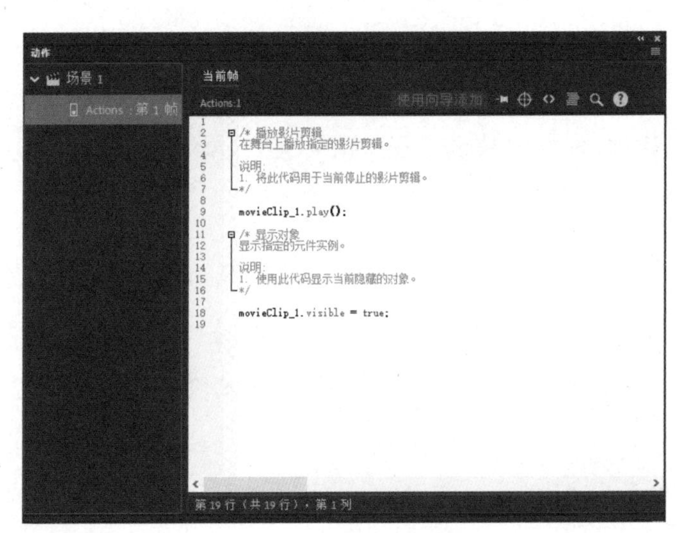

图 1-1-4　“动作”面板示例

③“颜色”面板/“样本”面板。在菜单栏中选择“窗口”→“颜色”/“样本”命令，即可显示或隐藏“颜色”面板/“样本”面板。“颜色”面板主要用于设置颜色类型、笔触颜色、填充颜色及 Alpha 值等；“样本”面板主要用于颜色样本的管理，单击“样本”面板右上角的小三角图标，即可打开“样本”面板的菜单，其中包含添加、删除和保存颜色，以及复制、删除样本等命令。“颜色”面板如图 1-1-5 所示，“样本”面板如图 1-1-6 所示。

图 1-1-5　“颜色”面板

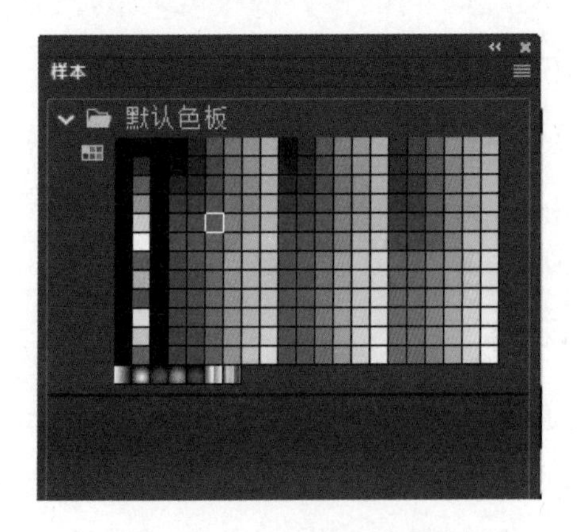

图 1-1-6　“样本”面板

④“对齐”面板。在菜单栏中选择“窗口”→“对齐”命令，或者按“Ctrl+K”组合键，即可显示或隐藏“对齐”面板。“对齐”面板主要用于对象的对齐和分布，既可以是相对于舞台对齐分布，又可以是对象与对象之间对齐分布。“对齐”面板如图 1-1-7 所示。

⑤ “信息”面板。在菜单栏中选择“窗口”→“信息”命令，或者按“Ctrl+I”组合键，即可显示或隐藏“信息”面板。“信息”面板主要用于显示当前选择对象的宽、高、位置、颜色及鼠标指针的位置等。“信息”面板如图 1-1-8 所示。

⑥ “变形”面板。在菜单栏中选择“修改”→“变形”命令，或者按“Ctrl+T”组合键，即可显示或隐藏“变形”面板。“变形”面板主要用于对象外形的编辑和操作，包括对象的宽高比、旋转角度和倾斜角度等。“变形”面板如图 1-1-9 所示。

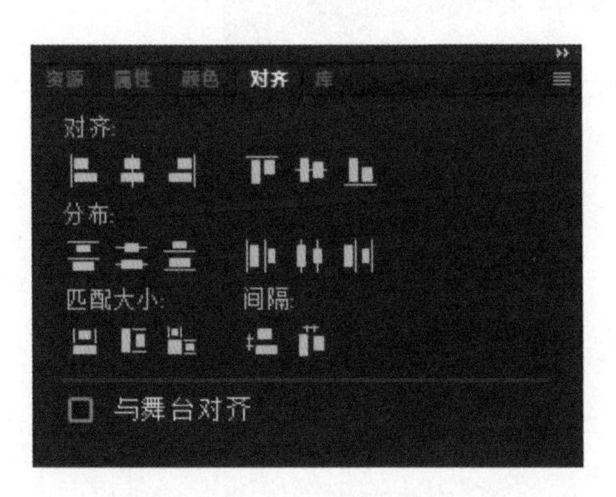

图 1-1-7　“对齐”面板

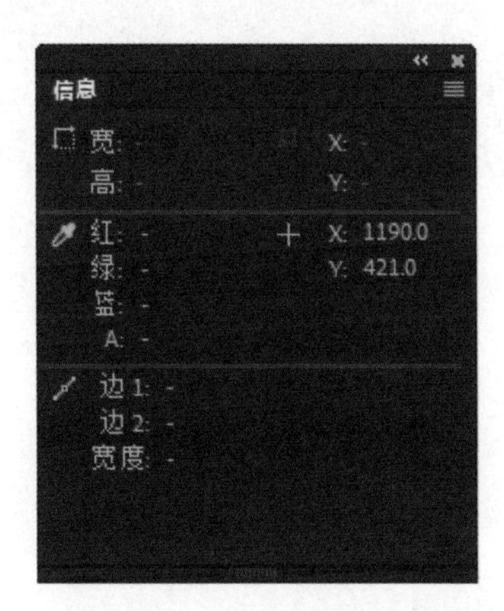

图 1-1-8　“信息”面板

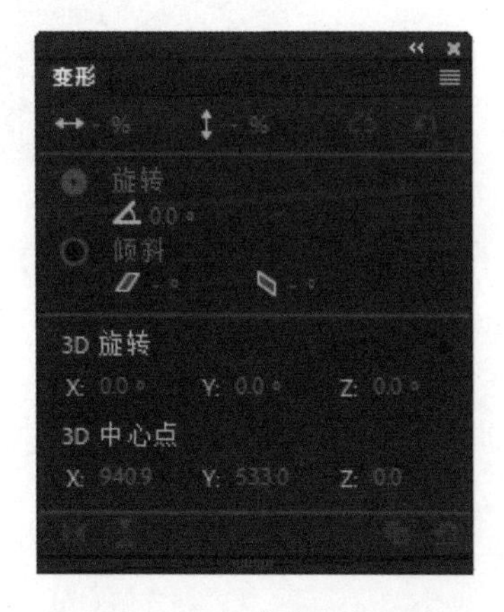

图 1-1-9　“变形”面板

三、熟悉 Animate 的基本操作

前面介绍了 Animate 的制作环境，下面介绍 Animate 的基本操作，包括新建文档、打开文件、保存文件和发布文件等。

1. 新建文档

创建新文档是制作 Animate 动画的第一步，新建文档的方法有很多种，常用的有以下两种。

方法一：启动 Animate，在界面中选择“文件”→“新建”选项，即可创建一个新的 Animate 文档。

方法二：在已打开的 Animate 窗口的菜单栏中选择“新建”命令，或者按“Ctrl+N”组合键，在弹出的“新建文档”对话框中选择相应“预设”或者自定义，即可创建一个新的 Animate 文档，如图 1-1-10 所示。

图 1-1-10 “新建文档”对话框

2. 打开文件

如果已经创建了 Animate 文档，操作完成且关闭文档后需要重新打开，则可以通过选择“打开”命令来实现。

方法一：在已经打开的 Animate 2023 界面中选择“打开”选项，找到 Animate 文档并打开即可，或者将文件直接拖入舞台，如图 1-1-11 所示。

图 1-1-11 在界面中打开文件

方法二：启动 Animate 2023，在菜单栏中选择“文件”→“打开”命令，或者按“Ctrl+O”组合键，在弹出的“打开”对话框中选择需要打开的文件即可，如图 1-1-12 所示。

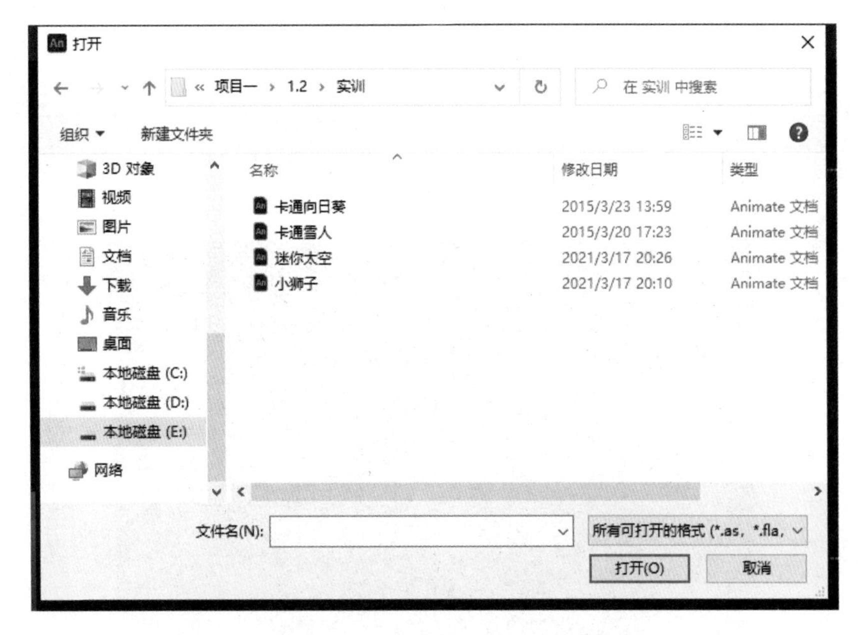

图 1-1-12　“打开”对话框

3. 保存文件

在完成 Animate 文档的编辑后，需要对文件进行保存。可以在菜单栏中选择“文件”→“保存”命令，或者按“Ctrl+S”组合键，在弹出的“另存为”对话框中选择存放文件的路径，输入文件的名称，如“向日葵”，并将“保存类型”设置为“Animate 文档(*.fla)”，如图 1-1-13 所示。

图 1-1-13　“另存为”对话框

4．发布文件

除了可以保存为 FLA 源文件格式，Animate 文档还可以发布 SWF 动画格式或其他文件格式，包括 HTML、GIF、JPG、PNG 等。

（1）在菜单栏中选择“文件”→“发布设置”命令，或者按“Ctrl+Shift+F12”组合键，在弹出的“发布设置”对话框中选择所需要保存的文件格式，如图 1-1-14 所示。

图 1-1-14　“发布设置”对话框

（2）在“发布”选项组中勾选所需要发布的文件格式的复选框，单击“发布”按钮，即可在相应的文件夹中发布生成的目标文件。

小知识

① 在初次保存 Animate 文档时，将弹出“另存为”对话框，再次保存时将直接按照初次保存文件时设置的保存路径、文件名及保存类型进行保存。

② SWF 格式的 Animate 文档容量较小，非常适合网络传播。

③ HTML 的英文全称为 Hyper Text Markup Language，即超文本标记语言，是常用的网页文件格式之一。

④ GIF 的英文全称为 Graphics Interchange Format，即图像互换格式。GIF 格式的图像数据是经过压缩的，由于采用的是无损压缩，因此其图像不超过 256 色，既可以减小文件所占的空间，又能保持图像的成像质量，并且支持动态效果，因此非常适合应用于互联网传输。

⑤ JPG 的英文全称为 Joint Photographic Experts Group，是常见的图像文件格式之一，也是压缩率很高的图像存储格式。在存储 JPG 格式的文件时，可以选择其压缩的级别，压缩比率越高，图像质量越低，压缩比一般为 20：1～10：1，既可以压缩文件，又可以保证图像质量。经过压缩的 JPG 格式的图像所占的空间很小，非常适合在网络中传输，常用浏览器均支持 JPG 格式的文件。

⑥ PNG 的英文全称为 Portable Network Graphic，用来代替 GIF 格式和 TIFF 格式。PNG 格式结合了 GIF 格式和 TIFF 格式的优点，所占空间小，采用无损压缩和全彩图像，支持透明效果，更有利于网络传输。

下面通过一个案例来介绍 Animate 文档的创建及常用面板的操作。

案例 1-1-1 制作“向日葵”动画

【情景模拟】打开“向日葵”Animate 文档，呈现的是欣欣向荣的向日葵的图片，其动画效果如图 1-1-15 所示。

图 1-1-15 “向日葵”的动画效果

【案例分析】制作一个 Animate 动画，最基本的操作步骤就是建立文档，导入需要的素材图片，并放在舞台的合适位置，调整图片的大小和位置。在制作过程中会使用“属性”面板和“对齐”面板。

【制作步骤】制作动画的步骤如下。

（1）打开 Animate 软件，新建一个 Animate 文档，默认的舞台大小为 400px×550px，帧速率为 24fps，如图 1-1-16 所示。

图 1-1-16　新建一个 Animate 文档

（2）文档创建完成后，选择“修改”→“文档”命令，或者按“Ctrl+J”组合键，打开文档设置对话框，设置舞台颜色为黑色，如图 1-1-17 所示。在“文档设置”对话框中也可以修改文档尺寸等内容。可参考小知识④。

（3）在菜单栏中选择“文件”→“导入”→“导入到舞台”命令，在弹出的“导入”对话框中将图片（向日葵.jpg）导入舞台中，如图 1-1-18 所示。

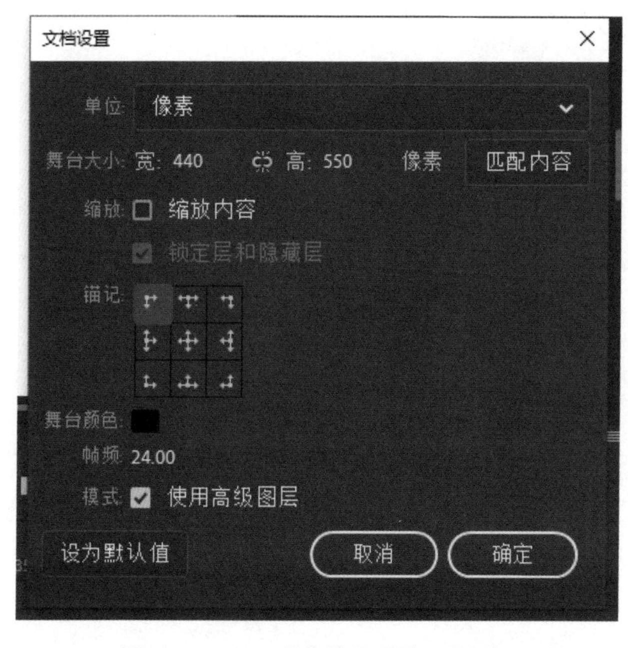

图 1-1-17　“文档设置”对话框

图 1-1-18　导入图片

（4）在菜单栏中选择“窗口”→“对齐”命令，或者按“Ctrl+K”组合键，打开“对齐”面板，选中导入的图片，在“对齐”面板中分别单击“匹配宽度”按钮和“匹配高度”按钮，或者直接单击“匹配宽和高”按钮，以使图片的大小与舞台的大小相匹配，如图 1-1-19 所示。

（5）选中导入的图片，在“对齐”面板中先勾选“与舞台对齐”复选框，再分别单击“水平中齐”按钮和“垂直中齐”按钮，将图片放在舞台中间，如图 1-1-20 所示。

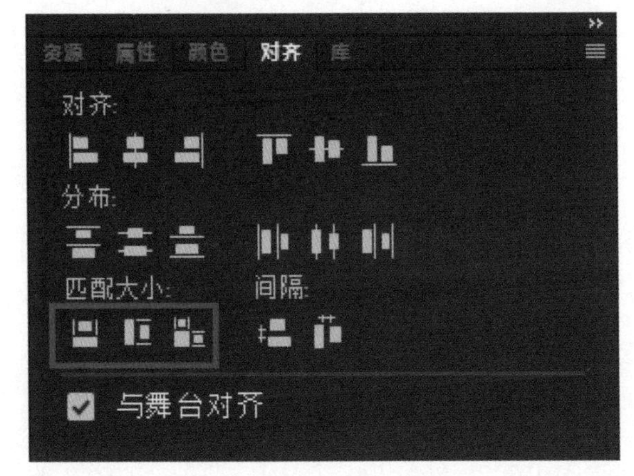

图 1-1-19　使图片的大小与舞台的大小相匹配

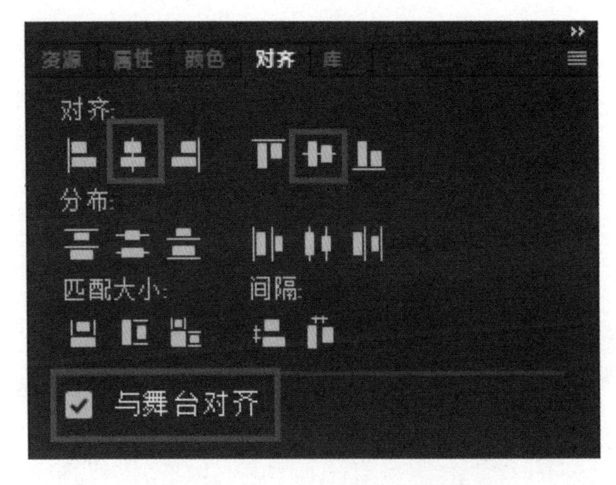

图 1-1-20　修改图片的位置

（6）在菜单栏中选择“文件”→“保存”命令，在弹出的“另存为”对话框中选择存放文件的路径，将“保存类型”设置为“Animate 文档(*.fla)”，如图 1-1-21 所示。

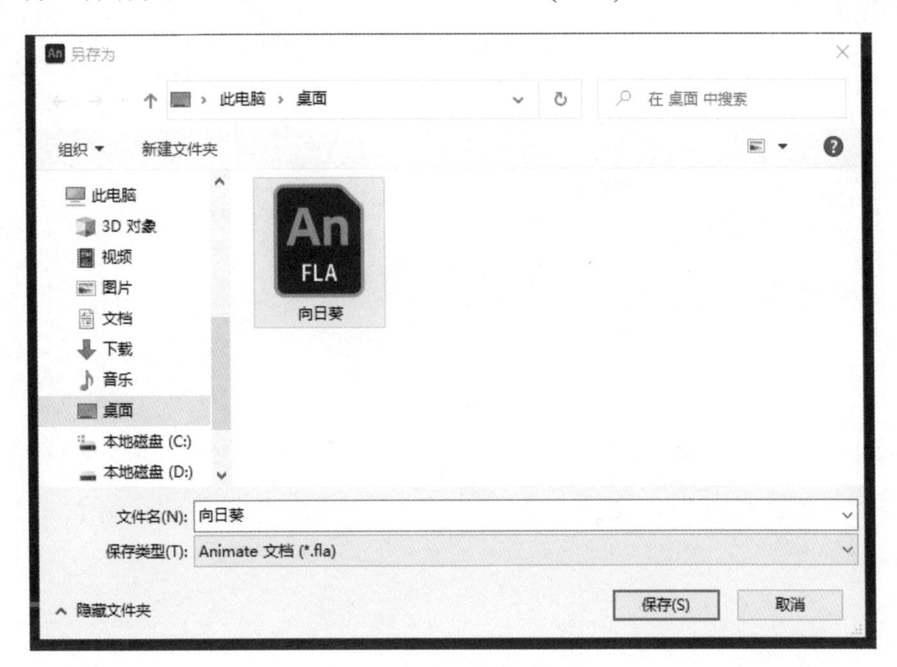

图 1-1-21　保存文档

（7）在菜单栏中选择“控制”→“测试影片”命令，或者按“Ctrl+Enter”组合键，测试动画效果。

小知识

① 导入素材的方法有两种：一种是选择“文件”→“导入”→“导入到舞台”命令，将素材直接导入舞台中；另一种是在菜单栏中选择“文件”→“导入”→“导入到库”命令，先将素材导入“库”面板中，然后在“库”面板中选中素材，将素材拖到舞台中。

② Animate 动画输出后，仅显示舞台区域内的画面，周围灰色区域的画面都不显示。

③ 只有先选中对象才可以进行对齐分布。对象间对齐分布时，要先选择所有要对齐分布的对象，再选择对齐分布方式；舞台对齐分布时，不仅要选择所有要对齐分布的对象，还要勾选“与舞台对齐”复选框，最后选择对齐分布方式。

④ 当新建文档后，如果要修改文档的大小、帧频、背景颜色等内容，可以选择“修改”→“文档”命令，或者按“Ctrl+J”组合键，打开文档设置对话框，进行修改。

任务小结

本任务主要介绍了 Animate 的基础知识，包括 Animate 的特点、应用、制作环境与基本操作，使读者初步了解 Animate，在此基础上引领读者创建一个简单的 Animate 文档，以学习如何新建、打开和保存 Animate 文档，引起读者的兴趣，为后续的学习奠定良好的基础。

模拟实训

一、实训目的

（1）掌握创建 Animate 文档的方法。

（2）掌握常用面板的使用方法。

（3）掌握保存源文件及发布动画的方法。

二、实训内容

制作“卡通头像”Animate 文档，将文档的尺寸设置为 400px×400px，背景颜色为黑色，帧频为 12fps，修改图片大小，使其与舞台大小一致，并将图片放在舞台中央。其效果如图 1-1-22 所示。

提示

在“属性”面板中设置文档属性，通过“对齐”面板修改图片的位置。

图 1-1-22 “卡通头像”Animate 文档的效果

任务 2 常用工具的使用与角色绘制

在设计与制作 Animate 动画的过程中，使用绘图工具绘制各类动画对象是动画设计的基础。如何利用 Animate 软件中的工具栏来绘制各种各样的图形和动画对象？本任务将介绍常用工具的使用和角色绘制。

任务目标

（1）了解位图与矢量图的基本概念。

（2）掌握绘图工具的使用。

（3）熟悉颜色填充方法。

（4）理解图层的基本概念。

任务训练

一、了解位图与矢量图的基本概念

位图与矢量图都是计算机存储图像文件的方式，常用的图像文件格式大多属于这两种类型。

1．位图

位图也可称为像素图或点阵图，是由一个个带有颜色信息的小方格组成的。当这些带有不同颜色信息的小方格紧密排列在一起时，就组成了位图图像，这些小方格也称为像素。单位面积上像素的多少决定了位图图像质量的好坏和文件的大小，每平方英寸上所包含的像素越多，图像就越清晰，颜色之间的混合就越平滑，文件所占的空间也就越大。

位图图像不仅可以更好地表现色彩的层次感，还可以很容易地模拟照片的真实效果。常见的位图编辑软件有 Photoshop 和 Painter 等。

2. 矢量图

矢量图也可称为向量图，通过一系列的直线和曲线来描述图像。矢量图所存储的是对象的形状、线条和色彩等，图形中的每个部分都是独立存在的。因此，矢量图的清晰度与分辨率无关，在缩放图像时不会出现图像失真的情况，且矢量图文件所占的空间很小，非常适合用于设计标志、图案和文字等。

常见的矢量图编辑软件有 Illustrator、CorelDRAW、Animate 和 AutoCAD 等。

3. 位图与矢量图的区别

位图与矢量图的最大区别如下：位图的图像受像素和分辨率的限制，在放大后会出现马赛克的情况；矢量图的图像则与分辨率无关，可以任意放大或缩小，图像清晰度不会受到影响。

二、掌握绘图工具的使用方法

Animate 工具栏中的绘图工具可以帮助用户绘制动画对象。在绘制图形时，先创建一个 Animate 文档，再选择合适的绘图工具绘制图形。下面通过具体的操作来介绍绘图工具的使用。

（1）新建一个 Animate 文档，将舞台大小设置为 550px×400px，背景颜色设置为白色，帧频设置为 24fps，如图 1-2-1 所示。

（2）将鼠标指针移到工具栏中的“矩形工具”上长按鼠标左键，在弹出的下拉列表中选择“椭圆工具”，如图 1-2-2 所示。

（3）在“属性”面板中设置“椭圆工具”的属性，将“笔触颜色”设置为无色，“填充颜色”设置为黄色（#FFFF00），如图 1-2-3 所示。

图 1-2-1 设置文档属性

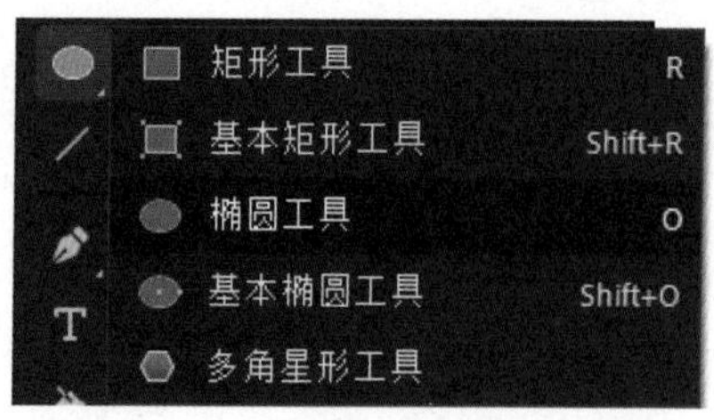

图 1-2-2 选择“椭圆工具”

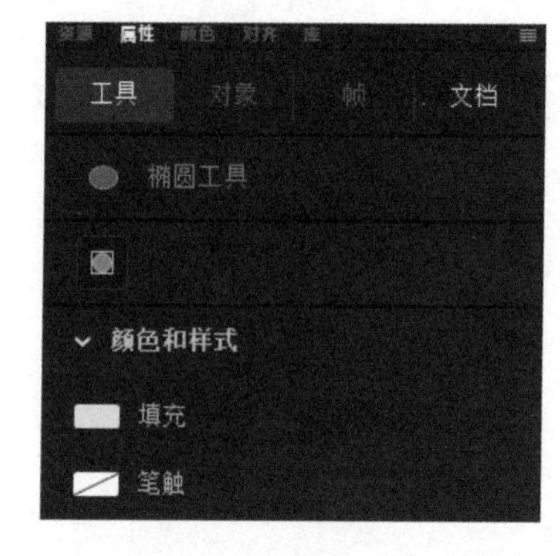

图 1-2-3 设置“椭圆工具”的属性

（4）在按住“Shift”键的同时按住鼠标左键进行拖放，在舞台中绘制一个正圆，如图 1-2-4 所示。

（5）使用“选择工具”，单击正圆，选中正圆，如图 1-2-5 所示。

图 1-2-4　绘制一个正圆

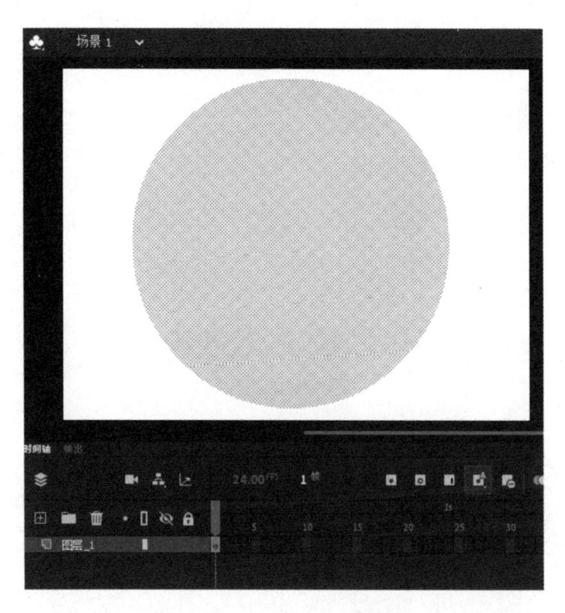

图 1-2-5　选中正圆

（6）在按住 Alt 键的同时拖动所选择的正圆，这样就可以复制一个正圆，如图 1-2-6 所示。

（7）拖动一定的距离后，释放鼠标左键，按 Delete 键删除新复制的正圆，这样就可以绘制出月亮图形，如图 1-2-7 所示。

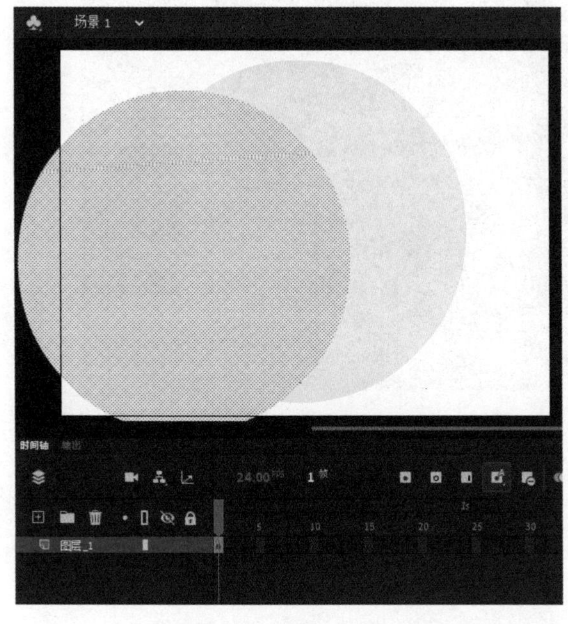

图 1-2-6　复制一个正圆

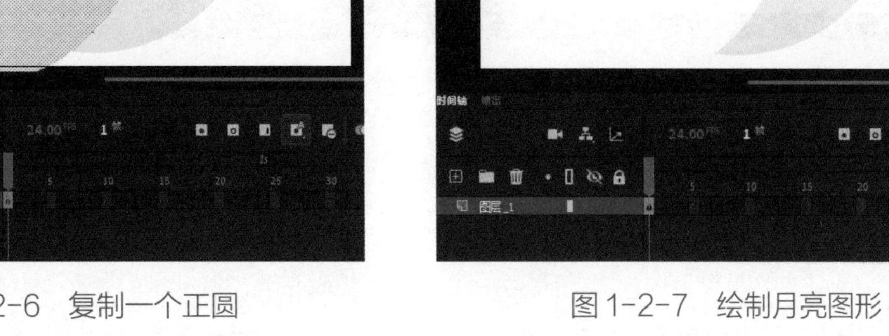

图 1-2-7　绘制月亮图形

（8）按“Ctrl+S”组合键保存文件。

小知识

① 使用绘图工具绘制图形的一般操作步骤如下：选择工具栏中的绘图工具，按住鼠标左键拖动即可绘制出直线、矩形和圆形等。在绘制完图形之后，将工具切换为“选择工具”即可选中图形，以对其进行编辑操作。

② 在使用“矩形工具”或“椭圆工具”绘制图形时，绘制出来的图形包含“笔触颜色”和“填充颜色”两部分。若希望绘制的图形不包含“笔触颜色”和“填充颜色”中的某一个，则可以在“属性”面板中将其设置为无色，如在绘制月亮图形时将“笔触颜色”设置为无色。

三、熟悉颜色填充方法

在绘制图形时，除了可以通过“属性”面板来设置图形的颜色，还可以使用“颜料桶工具”和“渐变变形工具”等对图形进行颜色的填充与改变，以达到特殊的图形效果。下面通过对图形进行渐变颜色填充来介绍填充颜色的方法。

（1）新建一个 Animate 文档，将舞台大小设置为 550px×400px，背景颜色设置为白色，帧频设置为 12fps，选择“矩形工具”，在“属性”面板的“工具”选项中将“笔触”设置为无色，在舞台中绘制一个矩形，如图 1-2-8 所示。

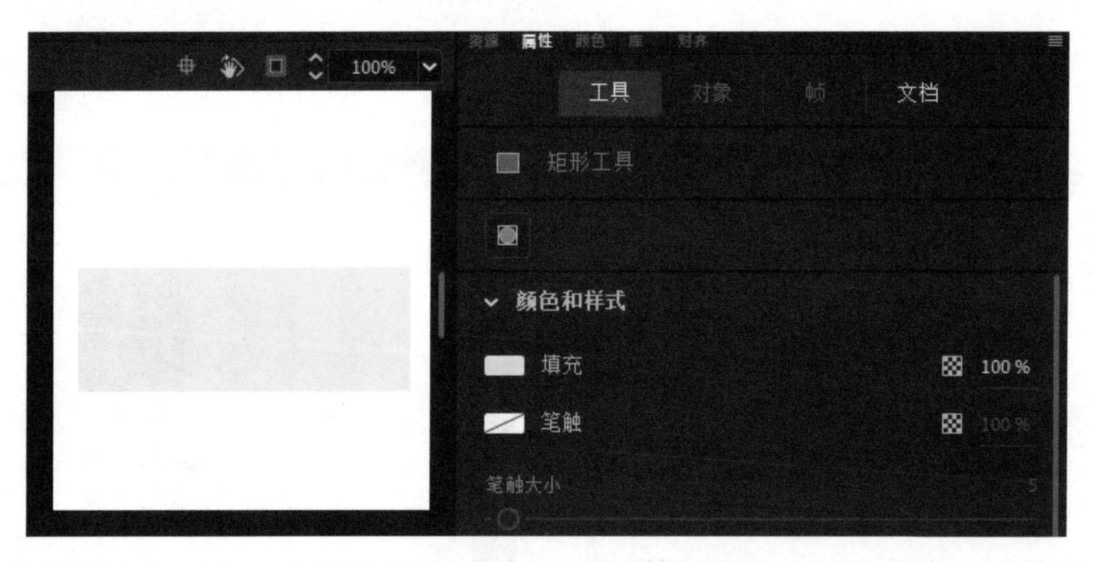

图 1-2-8　设置文档大小并绘制矩形

（2）在菜单栏中选择“窗口”→“颜色”命令，或者按“Shift+F9”组合键，打开“颜色”面板，如图 1-2-9 所示。

（3）在“颜色”面板中，将“类型”设置为“线性渐变”，如图 1-2-10 所示。

（4）在线性渐变的起始位置双击，将线性渐变的起始颜色设置为“#006600”，如图 1-2-11 所示。

（5）在线性渐变的结束位置双击，将线性渐变的结束颜色设置为“#000000”，如图 1-2-12 所示。

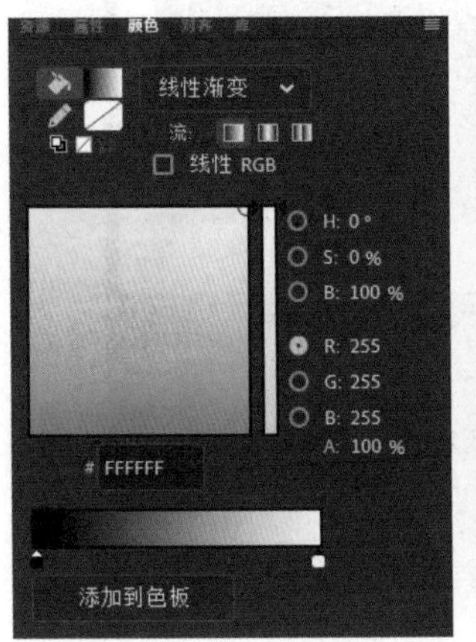

图 1-2-9 “颜色”面板

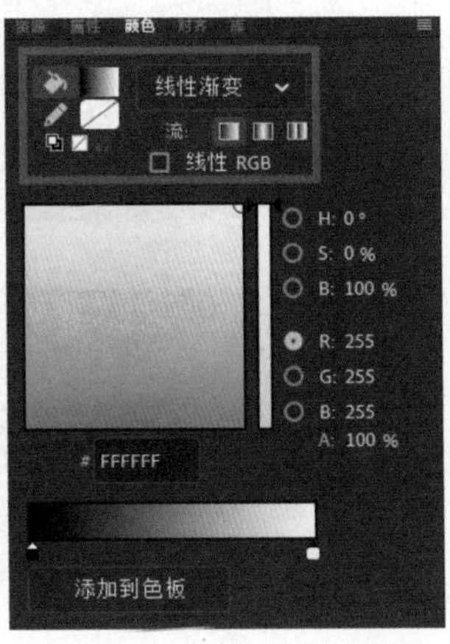

图 1-2-10 将“类型”设置为“线性渐变”

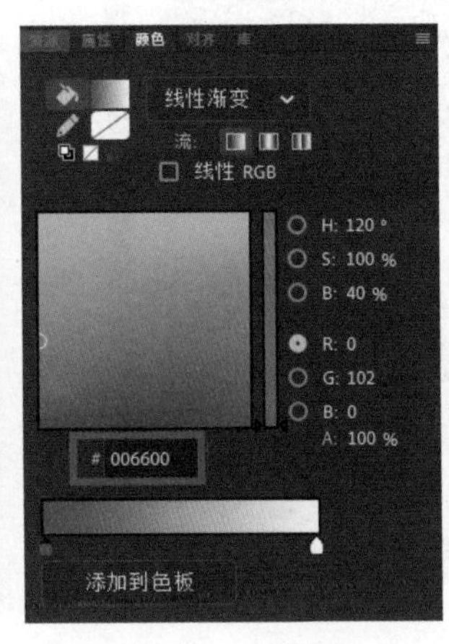

图 1-2-11 设置线性渐变的起始颜色

图 1-2-12 设置线性渐变的结束颜色

（6）选择“颜料桶工具”，在绘制的矩形中单击，矩形的颜色就变成设置的线性渐变颜色，如图 1-2-13 所示。

（7）选择“渐变变形工具”，如图 1-2-14 所示，在绘制的矩形框上单击，即可调出渐变变形框，如图 1-2-15 所示。

图 1-2-13 填充线性渐变颜色

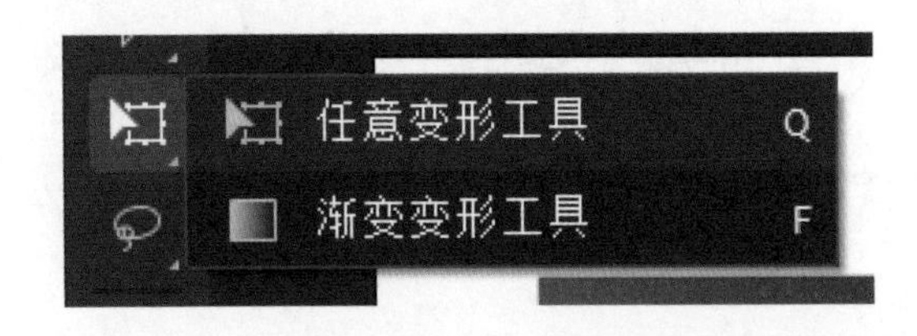

图 1-2-14 选择“渐变变形工具”

（8）调整渐变变形框，将“渐变方向”设置为从上至下，调整“渐变中心点”的位置，完成渐变填充，其效果如图 1-2-16 所示。

（9）按“Ctrl+S”组合键保存文件。

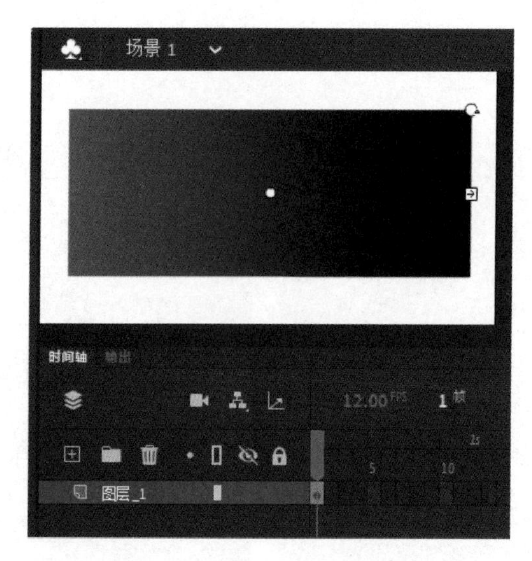

图 1-2-15　渐变变形框

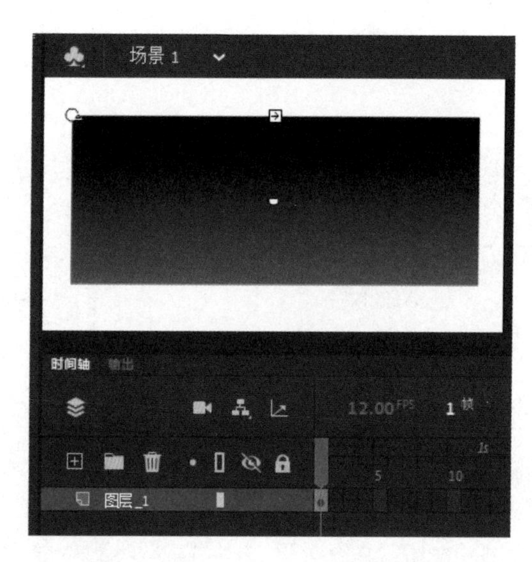

图 1-2-16　渐变填充的效果

下面通过一个案例来进一步介绍 Animate 动画角色的绘制。

案例 1-2-1　制作“小蜜蜂”动画

图 1-2-17　“小蜜蜂”的动画效果

【情景模拟】打开已完成的“小蜜蜂”Animate 文档，其动画效果如图 1-2-17 所示。

【案例分析】制作“小蜜蜂”动画时，先用绘图工具和“水平翻转”命令等绘制外形，再利用“颜料桶工具”和“渐变变形工具”填充颜色。在制作过程中需要注意调整图层的顺序，并且将不同的图形放在不同的图层上，以方便进行绘制或修改。

【制作步骤】制作动画的步骤如下。

（1）新建一个 Animate 文档，将舞台大小设置为 330px×400px，背景颜色设置为白色，帧频设置为 24fps，如图 1-2-18 所示。

（2）选择“椭圆工具”，如图 1-2-19 所示。

（3）在“属性”面板中设置“椭圆工具”的属性，将“笔触颜色”设置为棕色（#8F1900），“笔触大小”设置为 5，“填充颜色”设置为黄色（#FFDD1B），如图 1-2-20 所示。

（4）在舞台中央按住鼠标左键进行拖动，绘制一个椭圆，如图 1-2-21 所示。

（5）单击“图层”面板中的“插入图层”按钮，创建“图层 2”，如图 1-2-22 所示。

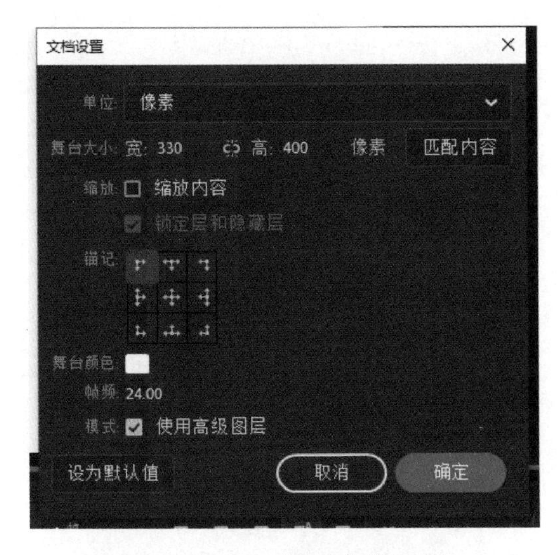

图 1-2-18 设置文档属性

图 1-2-19 选择“椭圆工具”

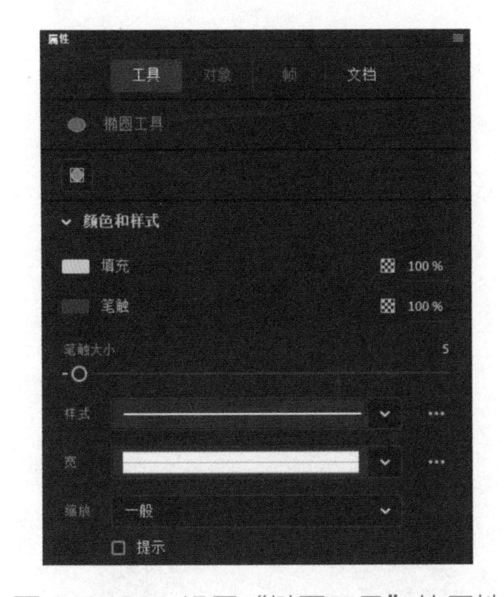

图 1-2-20 设置“椭圆工具”的属性

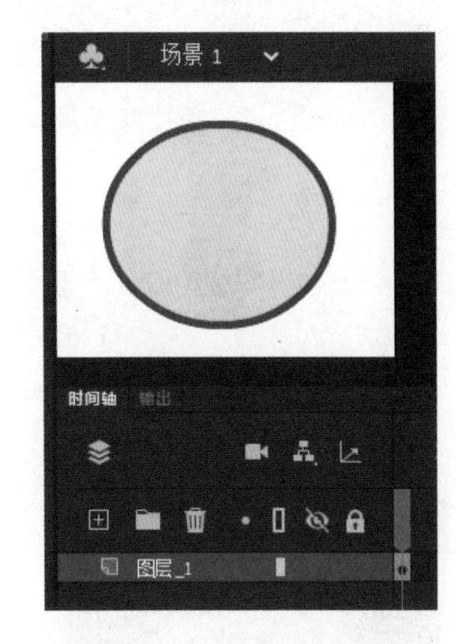

图 1-2-21 绘制一个椭圆

（6）再次选择“椭圆工具”，绘制一个椭圆，并填充为黑色（#000000），如图 1-2-23 所示。

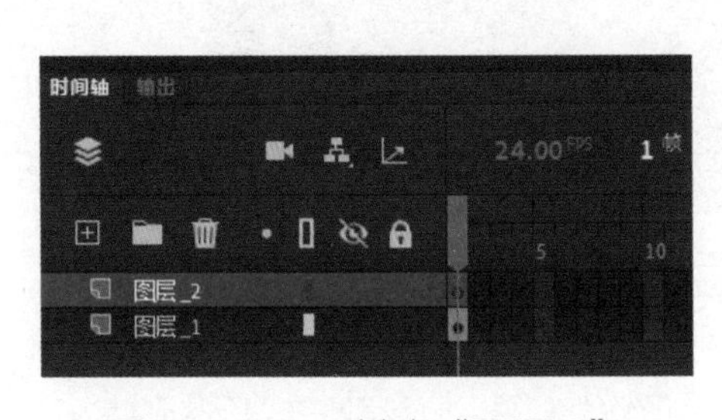

图 1-2-22 创建“图层 2”

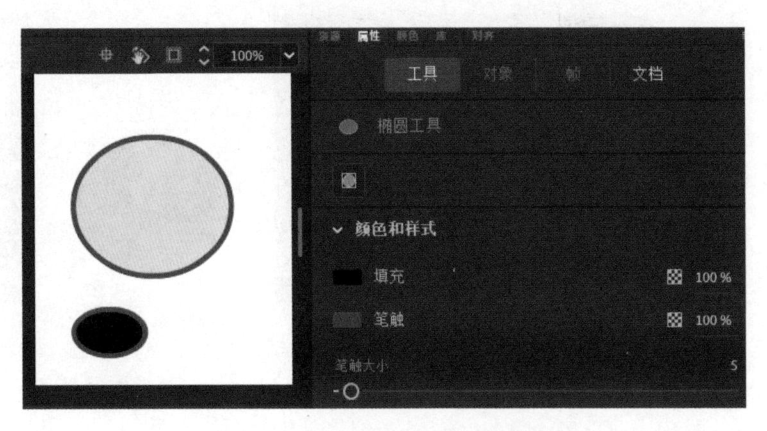

图 1-2-23 再次绘制一个椭圆

（7）选中上一个步骤中绘制的椭圆，选择“任意变形工具”，设置旋转角度为 45°，如图 1-2-24 所示，同时复制一个椭圆，在菜单栏中选择“修改”→“变形”→“水平翻转”命令，将椭圆放在相应位置，如图 1-2-25 所示。

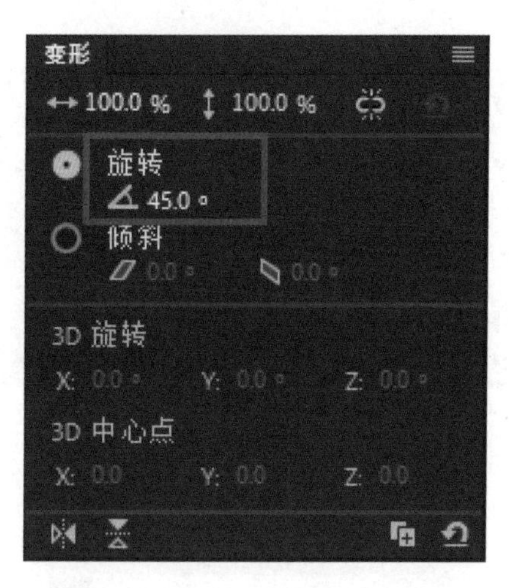

图 1-2-24　设置旋转角度

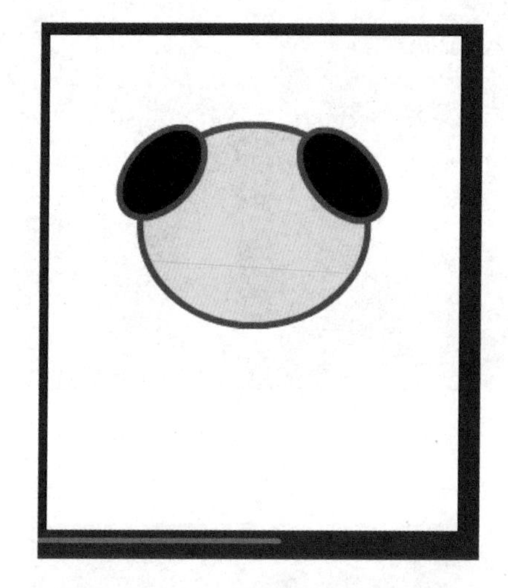
图 1-2-25　调整椭圆的位置

（8）新建“图层 3”，并选中“图层 3”作为当前图层，在舞台外绘制椭圆。将“笔触颜色”设置为棕色（#8F1900），“笔触高度”设置为 5，“填充颜色”设置为黄色（#FFE0BB），绘制“小蜜蜂”的脸部，如图 1-2-26 所示。

（9）先用“铅笔工具”绘制“小蜜蜂”的两只眼睛，再选择“椭圆工具”，使用前面绘制“月亮”的方法绘制“小蜜蜂”的嘴巴，如图 1-2-27 所示。

图 1-2-26　绘制“小蜜蜂”的脸部

图 1-2-27　绘制“小蜜蜂”的眼睛和嘴巴

（10）新建“图层 4”，绘制“小蜜蜂”的身体，选择“钢笔工具”，绘制一个大梯形，并在其中间嵌套绘制一个小梯形，小梯形填充黄色（#FFDD1B），大梯形的其余部分填充黑色（#000000），如图 1-2-28 所示。

（11）新建“图层 5”，绘制一个椭圆，并填充黄色（#FFE0BB），按“Ctrl+C”组合键复制图形，再按“Ctrl+V”组合键粘贴图形，将“图层 5”放置在“图层 4”的下面，完成“小蜜蜂”双腿的绘制，如图 1-2-29 所示。

图 1-2-28　填充梯形

图 1-2-29　调整图层位置并锁定图层

（12）选择“椭圆工具”，绘制“小蜜蜂”的胳膊，并填充黄色（#FFE0BB），按“Ctrl+C”组合键复制“小蜜蜂”的胳膊图形，按“Ctrl+V”组合键进行粘贴，选择“任意变形工具”将“小蜜蜂”的两个胳膊图形中的一个胳膊倾斜 30°，另一个胳膊倾斜-30°，并拖到合适位置，如图 1-2-30 所示。

图 1-2-30　绘制“小蜜蜂”的胳膊

（13）新建“图层 6”，将“图层 6”放在“图层 5”的下面，使用同样的方法绘制“小蜜蜂”的翅膀，并填充蓝色（#BDCEE1），如图 1-2-31 所示。

（14）继续在“图层 6”中使用“铅笔工具”和“椭圆工具”绘制“小蜜蜂”的触角，并填充黄色（#FFDD1B），如图 1-2-32 所示。

（15）按“Ctrl+S”组合键保存文件。

（16）在菜单栏中选择“控制”→“测试影片”命令，或者按“Ctrl+Enter”组合键，测试动画效果。

图 1-2-31　绘制“小蜜蜂”的翅膀

图 1-2-32　绘制“小蜜蜂”的触角

本案例在图层中运用了工具栏中的多种绘图工具，使用了颜色填充及图层顺序的调整，综合介绍了 Animate 工具栏中多个工具的使用。

小知识

① 图层的概念：在 Animate 动画中，可以将图层看作一张张透明的纸，每张纸上都有不同的内容，将这些纸叠在一起就组成了一幅比较复杂的画面。在某个图层中添加内容时，会遮住下一个图层中相同位置的内容。如果其上一个图层的某个位置没有内容，那么透过这个位置就可以看到下一个图层相同位置的内容。

② Animate 中的图层都是相互独立的，拥有独立的时间轴，包含独立的帧，可以在图层中绘制和编辑对象，并且不会影响其他图层中的对象。

③ 创建新图层的方法：单击“图层”面板中的“新建图层”按钮，或者在菜单栏中选择“插入”→“时间轴”→“图层”命令，即可创建一个新的图层。

④ 选中图层的方法：单击“图层”面板中需要选中的图层名称，或者在时间轴上单击任意一帧，即可选中该帧所在的图层。当需要同时选中多个图层时，单击需要选择的第一个图层，在按住 Shift 键的同时单击需要选择的最后一个图层，即可选中多个连续的图层；在按住 Ctrl 键的同时单击需要选择的图层，即可选中多个不连续的图层。

⑤ 删除图层：选中需要删除的图层，单击“图层”面板上面的“删除”按钮，或者在需要删除的图层上右击，在弹出的快捷菜单中选择“删除图层”命令即可。

⑥ 重命名图层：在需要重命名的图层名称上双击，在出现的文本框中输入新的图层名称即可。

⑦ 如果图层的背景颜色为蓝色，则表示当前的图层是被选中的。

⑧ 图层从上到下依次叠加，如果上一个图层的图像比下一个图层的图像小，或者上一

个图层的图像是透明的，就可以显示出下一个图层的图像；否则下一个图层的图像将被上一个图层的图像遮挡。在制作 Animate 动画时，建议把不同的动画对象放置在相应的图层中，以便于后期进行修改。

任务小结

本任务首先介绍了 Animate 工具栏中基本绘图工具的使用，包括“椭圆工具”“矩形工具”“钢笔工具”“任意变形工具”等；其次介绍了对绘制的图形填充颜色的方法，包括填充纯色和渐变色；最后以案例的形式介绍了图层的创建及应用。

任务训练

一、实训目的

（1）掌握基本绘图工具的使用方法。

（2）掌握填充颜色的方法。

（3）掌握图层顺序的调整方法。

（4）能够绘制较为简单的图形。

二、实训内容

（1）绘制“卡通雪人”图形，其效果如图 1-2-33 所示。

提示

使用绘图工具绘制外形，需要注意渐变颜色的设置和图层的顺序。

（2）绘制“卡通向日葵”图形，其效果如图 1-2-34 所示。

提示

先使用绘图工具绘制向日葵的外形，再使用“颜料桶工具”和“渐变变形工具”填充颜色。在制作过程中，需要注意调整图层的前后顺序，并将不同的图形放在不同的图层上，以方便绘制或修改。

（3）绘制“小狮子”图形，其效果如图 1-2-35 所示。

提示

先使用“多角星形工具”绘制“小狮子”的头，再使用各种形状工具绘制“小狮子”身体的各个部分，并使用“选择工具”及“部分选取工具”对绘制的图形进行修改。

（4）绘制“太空飞船”图形，其效果如图 1-2-36 所示。

提示

先使用“钢笔工具”绘制“太空飞船”的轮廓，并使用“颜料桶工具”填充图形颜色，使用“任意变形工具”，旋转图形的角度，再使用“多角星形工具”和“椭圆工具”分别绘制五角星和圆形的装饰图形。

图 1-2-33 “卡通雪人”的效果

图 1-2-34 “卡通向日葵”的效果

图 1-2-35 “小狮子”的效果

图 1-2-36 “太空飞船”的效果

任务 3 逐帧动画和补间动画的制作

逐帧动画和补间动画是 Animate 动画的两大重要组成部分。人们制作的动画之所以能够动起来，就是依靠逐帧动画和补间动画来实现的。那么，逐帧动画和补间动画是如何制作的呢？本任务将详细讲解这两种动画的制作方法和技巧。

任务目标

（1）了解关键帧、空白关键帧和普通帧的概念。

（2）熟悉逐帧动画的制作方法。

（3）熟悉形状补间动画的制作方法。

（4）熟悉传统补间动画的制作方法。

任务训练

一、熟悉逐帧动画的制作方法

1. 逐帧动画的概念

逐帧动画是一种常见的动画形式，是指在每一帧上绘制不同的舞台内容，这些帧在时间轴上连续排列起来，按顺序播放就形成了动画效果。逐帧动画形式源于传统的动画绘制，非常适合表现细腻、动作复杂的动画。

2. 普通帧、关键帧和空白关键帧

帧是 Animate 动画的基本单位，包括普通帧、关键帧和空白关键帧这 3 种类型，在制作动画时，应根据不同的需求选择不同的帧。

普通帧：用来延长显示左边离它最近的关键帧或空白关键帧的动画内容，但是不能对动画内容进行编辑。在“时间轴”面板中右击，在弹出的快捷菜单中选择“插入帧”命令，或者按 F5 键，即可插入普通帧。

关键帧：制作 Animate 动画过程中最重要的帧，用来放置动画内容，并且其所包含的内容可以编辑。它可以用来定义动画对象的变化，更改动画对象的开始和结束。在“时间轴”面板中右击，在弹出的快捷菜单中选择“插入关键帧”命令，或者按 F6 键，即可插入关键帧。

空白关键帧：是指没有添加动画内容的关键帧。在空白关键帧中添加内容，即可将空白关键帧自动转换为关键帧；反之，删除关键帧中的内容，关键帧就会转换为空白关键帧。是否有动画内容，是关键帧和空白关键帧最大的区别。在“时间轴”面板中右击，在弹出的快捷菜单中选择“插入空白关键帧”命令，或者按 F7 键，即可插入空白关键帧。

3. 逐帧动画的类型

逐帧动画一般分为以下 4 种类型。

（1）使用图片制作的逐帧动画。给连续多个帧分别导入多张静态图片，即可制作一个逐帧动画，导入图片的格式一般为 JPG、PNG 等。

（2）使用绘制的矢量图制作的逐帧动画。使用工具栏中的工具在舞台中给每一帧绘制动画内容，连续播放这些帧，就是一个逐帧动画。

（3）使用文字制作的逐帧动画。文字也可以作为制作逐帧动画的素材元素，在舞台中输入文字，将这些文字添加到各个帧中即可，文字逐帧动画可以实现文字的旋转、跳跃等

效果。

（4）使用序列图片制作的逐帧动画。将 GIF 图片、SWF 动画文件等素材导入 Animate，按动画顺序把这些成序列的图片逐个放在不同的帧上，就可以制作成一个逐帧动画。

4. 逐帧动画的制作

制作简单的逐帧动画，只需要将多个连续的素材导入 Animate，并将导入的素材按顺序添加到各个关键帧中即可。下面通过具体的操作来讲解逐帧动画的制作。

（1）新建一个 Animate 文档，通过“新建”命令，将舞台大小设置为 400px×400px，背景颜色设置为白色，帧频设置为 12fps。

（2）选择“文件”→“导入”→“导入到库”命令，弹出“导入”对话框，将图片“表情 1.jpg”、“表情 2.jpg”和“表情 3.jpg”导入“库”面板中，如图 1-3-1 所示。

（3）按住鼠标左键，将图片“表情 1.jpg”从“库”面板拖到舞台中，如图 1-3-2 所示。

图 1-3-1　将素材导入“库”面板中

图 1-3-2　将图片“表情 1.jpg”从“库”面板拖动到舞台中

此时，“图层 1”上的第 1 帧从普通帧变成关键帧，这表明第 1 帧已经添加了内容，即刚刚从“库”面板中拖动的图片“表情 1.jpg”。

（4）选择“窗口”→“对齐”命令，或者按“Ctrl+K”组合键，打开“对齐”面板，选中舞台中的图片，在“对齐”面板中依次单击“匹配宽和高”按钮、“水平中齐”按钮、“垂直中齐”按钮，将图片大小设置为与舞台大小相同并覆盖整个舞台，如图 1-3-3 所示。也可以使用“选择工具”和“任意变形工具”来进行缩放与对齐。

（5）选中时间轴上的第 2 帧并右击，在弹出的快捷菜单中选择“插入空白关键帧”命令，或者按 F7 键，插入第 2 个空白关键帧，如图 1-3-4 所示。

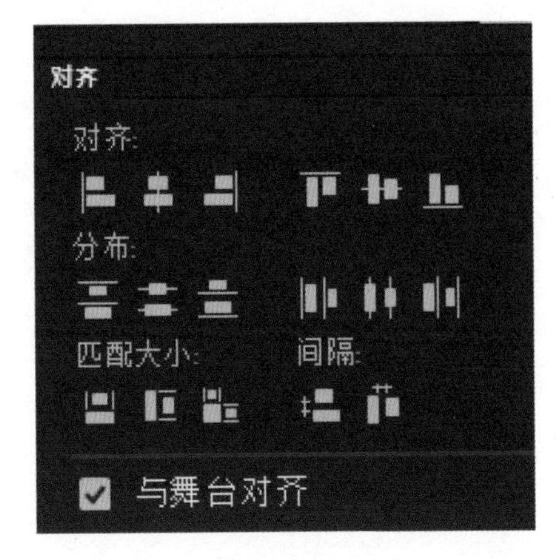

图 1-3-3　修改图片的大小和位置

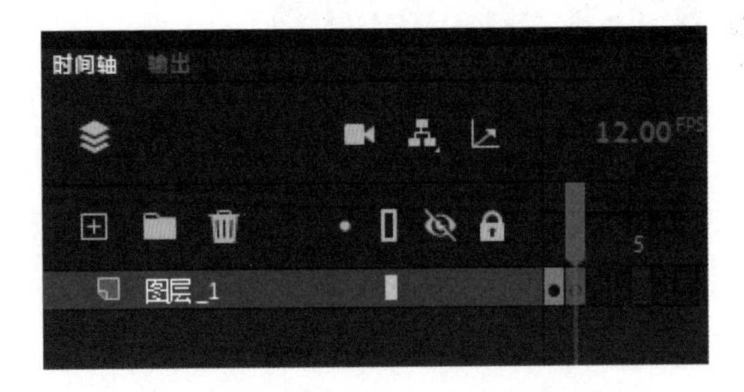

图 1-3-4　插入第 2 个空白关键帧

（6）将图片“表情 2.jpg”从“库”面板拖到舞台中，选中图片“表情 2.jpg”，使用同样的方法进行缩放和对齐，使其覆盖整个舞台。

（7）同样，在第 3 帧插入空白关键帧，将图片“表情 3.jpg”拖到舞台中，仿照步骤（6）中的方法调整图片的大小和位置。

（8）按“Ctrl+S”组合键保存文件，按“Ctrl+Enter”组合键测试动画效果。

通过此例的操作，读者可以看到逐帧动画通过在连续的关键帧中添加内容来制作动画播放效果，对象内容包括图片、文字和图形等。

小知识

① 插入关键帧与插入空白关键帧的区别：插入关键帧，是在插入一个空白关键帧的同时，将前一个关键帧的内容复制到当前关键帧中，若不想要此内容，则可以在选中当前帧的同时，按 Delete 键将其删除；插入空白关键帧，只是插入一个空白关键帧，不复制前一个关键帧的内容。

② 在插入关键帧时，如果前、后两帧的内容差别较小，则建议使用“插入关键帧”命令，在前一个关键帧内容的基础上进行简单修改，即可完成当前关键帧内容的编辑；如果前、后两帧的内容差别较大，则建议直接使用“插入空白关键帧”命令，并重新编辑当前关键帧的内容。

③ 制作逐帧动画的一般方法：先在时间轴上依次插入关键帧，在这些关键帧中添加或编辑对象，然后设置对象的大小和位置就可以制作出一段逐帧播放的动画。

下面通过一个案例来进一步介绍逐帧动画的制作方法。

案例 1-3-1　制作“打字机”动画

图 1-3-5　“打字机”动画的效果

【情景模拟】使“romantic”中的字母一个一个地跳出来，类似于用打字机打字的效果，如图 1-3-5 所示。

【案例分析】设置舞台的大小及背景，插入 8 个关键帧，并输入字母作为每个关键帧的内容。

【制作步骤】制作动画的步骤如下。

（1）新建一个 Animate 文档，将舞台大小设置为 550px×200px，背景颜色设置为黑色，帧频设置为 12fps。

（2）选择“文本工具”，在“属性”面板的“对象”选项中，将“字符”选项组中的“字体”设置为“Arial”，“样式”设置为“Black”，“大小”设置为“75pt”，“颜色”填充为白色（#FFFFFF），如图 1-3-6 所示。

（3）将鼠标指针移动到舞台的左侧并单击，在弹出的文本框中输入字母“r”，如图 1-3-7 所示。

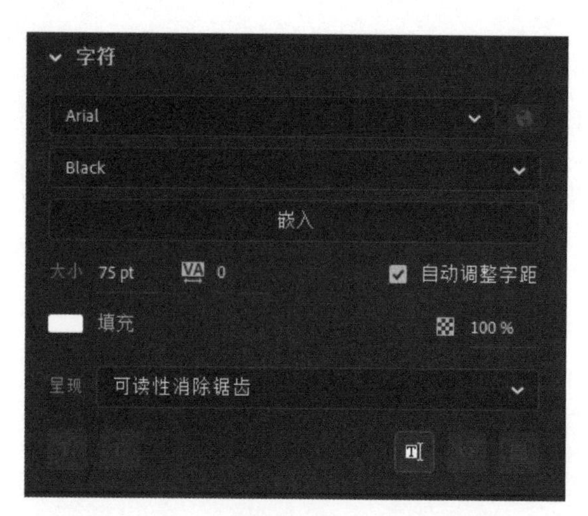

图 1-3-6　设置“文本工具”的属性

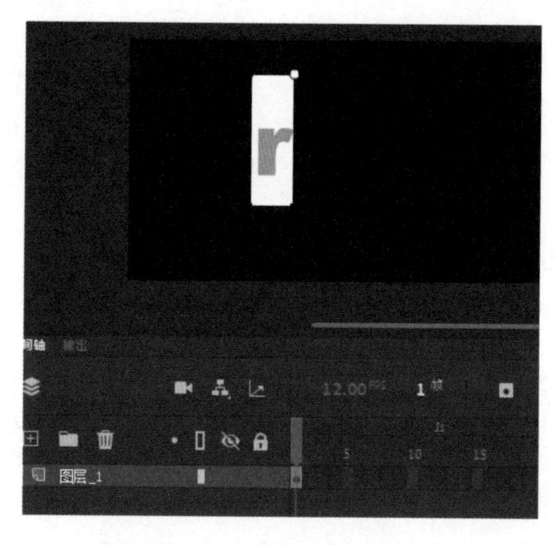

图 1-3-7　输入字母“r”

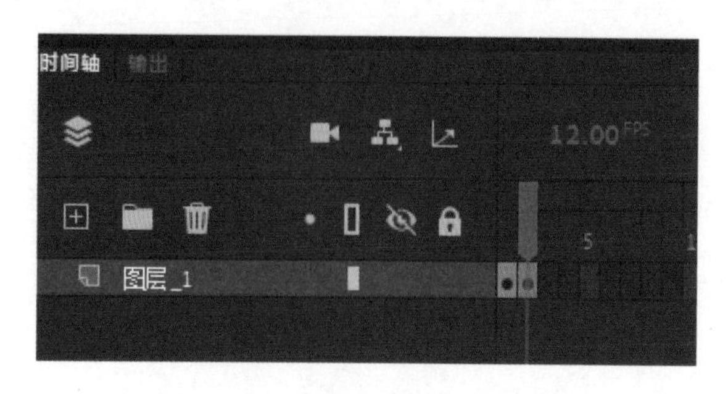

图 1-3-8　插入第 2 个关键帧

（4）将鼠标指针放在时间轴上的第 2 帧并右击，在弹出的快捷菜单中选择“插入关键帧”命令，或者按 F6 键，插入第 2 个关键帧，如图 1-3-8 所示。

（5）选择“文本工具”，在字母“r”后单击，输入字母“o”，如图 1-3-9 所示。

（6）按照上面的操作，依次插入关键帧，

并分别输入字母“m”、“a”、“n”、“t”、“i”和“c”，如图 1-3-10 所示。

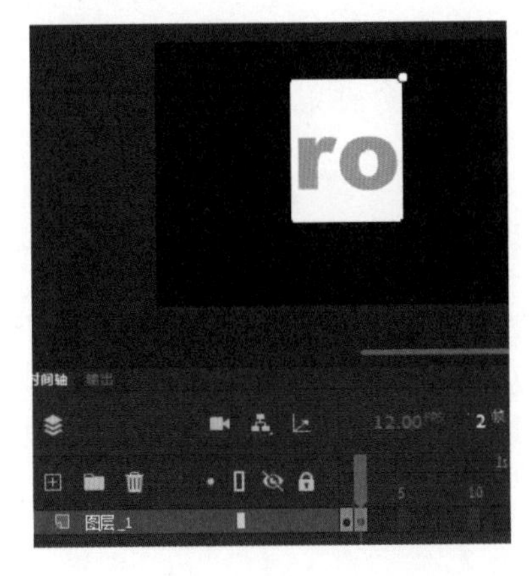

图 1-3-9　输入字母“o”

图 1-3-10　在依次插入的关键帧中输入字母

（7）把鼠标指针移到第 1 个关键帧上，拖动鼠标选中时间轴上的所有关键帧，如图 1-3-11 所示。

（8）将鼠标指针移到被选中的关键帧上，再按住鼠标左键，将被选中的关键帧向后拖动两帧，如图 1-3-12 所示，此时前两帧变为不包含内容的帧。这样做的目的是在动画开始前，使屏幕上没有文字。

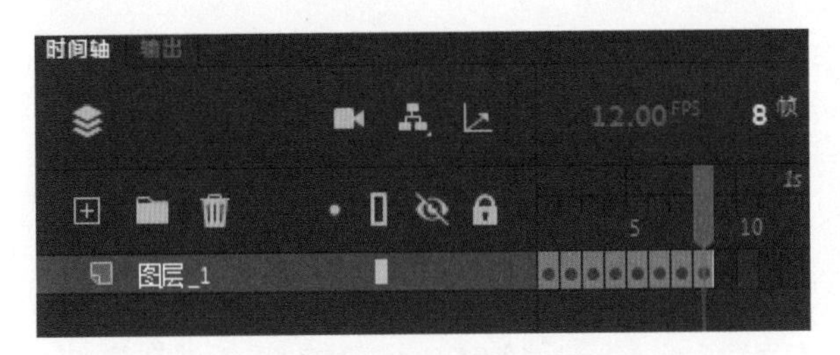

图 1-3-11　选中时间轴上的所有关键帧

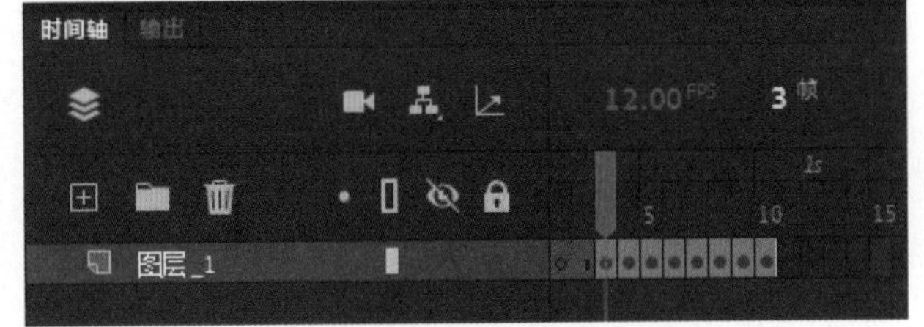

图 1-3-12　将所有关键帧后移两帧

（9）按“Ctrl+S”组合键保存文件，按“Ctrl+Enter”组合键测试动画效果。

小知识

① 输入文字的方法：选择“文本工具”，在“属性”面板中根据动画需要设置文字的属性，包括静态文本、动态文本、字体、字号、字体颜色等，并在舞台中单击，在弹出的文本框中输入文字即可。

② 关于帧的操作。

选中单帧：在时间轴上单击即可选中该位置上的帧，被选中的帧的背景为深色。

选中连续的多个帧：在时间轴上从第 1 帧开始按住鼠标左键移到最后一帧，或者先选中第 1 帧，再按住 Shift 键单击需要选择的最后一帧，即可选中连续的多个帧。

选中不连续的多个帧：单击第 1 帧，再按住 Ctrl 键单击剩余需要选择的帧，即可选中不连续的多个帧。

选中同一图层中的所有帧：单击某个图层名称，即可选中该图层中的所有帧。

复制帧：在制作动画时，可以使用复制帧功能来简化动画的制作过程。选中需要复制的帧并右击，在弹出的快捷菜单中选择“复制帧”命令；在需要粘贴的帧上右击，在弹出的快捷菜单中选择“粘贴帧”命令即可。

删除帧：选中需要删除的帧并右击，在弹出的快捷菜单中选择“删除帧”命令即可。

翻转帧：当需要把多个帧的顺序翻转过来时，可以右击，在弹出的快捷菜单中选择“翻转帧”命令。“翻转帧”命令只有在选中两个及两个以上的关键帧时才能使用。

强化案例 1-3-1　制作“舞动蝴蝶”动画

【情景模拟】制作动画模仿蝴蝶停留不飞行时翅膀不停扇动的效果，其效果如图 1-3-13 所示。

图 1-3-13　“舞动蝴蝶”动画的效果

二、熟悉形状补间动画的制作方法

形状补间动画用来表现动画对象从一种物体状态到另一种物体状态的变化，如动画对象之间颜色、大小、形状和位置的改变。它的操作对象必须是像素，对于文字或从外部导入的图形，可以通过 Animate 提供的“分离”命令，将其分离为像素。

制作形状补间动画，只需要制作动画变形前和变形后的画面，中间的变化过程由计算机自动完成。

小知识

文字和图形的“分离”操作：选中要转换为像素的文字或图形，在菜单栏中选择“修改”→“分离”命令，或者按“Ctrl+B”组合键，就可以将选中的对象分离。分离后的对象是由无数的像素组成的，可以进行编辑；未分离的对象是一个整体，不能直接进行编辑。

在制作形状补间动画时，先在开始关键帧和结束关键帧中添加动画内容，再在两个关键帧之间添加形状补间即可。下面通过具体的操作来介绍形状补间动画的制作方法。

（1）新建一个 Animate 文档，将舞台大小设置为 400px×400px，背景颜色设置为白色，帧频设置为 12fps。

（2）选择“矩形工具”，将正方形边框设置为黑色（#000000），正方形内部填充为黄色（#FFFF00），如图 1-3-14 所示。

此时，开始关键帧中的动画对象就绘制完成了，下面绘制结束关键帧中的动画对象。

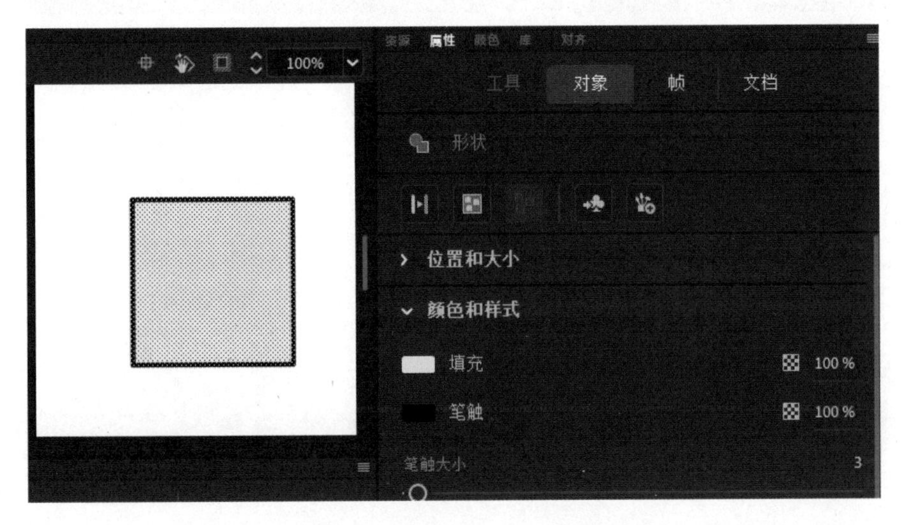

图 1-3-14　绘制一个正方形

（3）选中“图层 1”的第 20 帧并右击，在弹出的快捷菜单中选择“插入空白关键帧”命令，或者按 F7 键，插入空白关键帧，如图 1-3-15 所示。

（4）选择“椭圆工具”，将正圆边框设置为黑色（#000000），正圆内部填充为绿色（#00FF00），如图 1-3-16 所示。

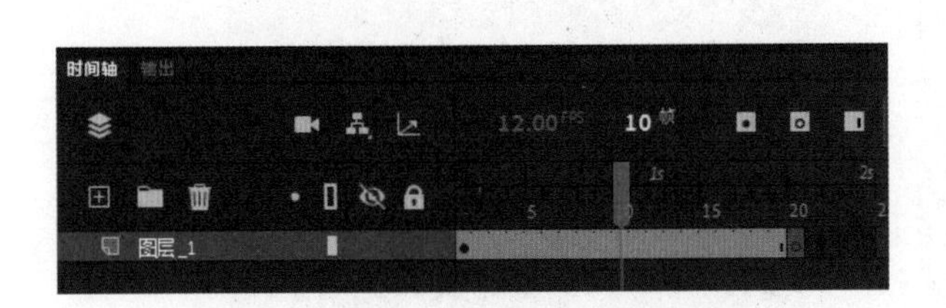

图 1-3-15　插入空白关键帧

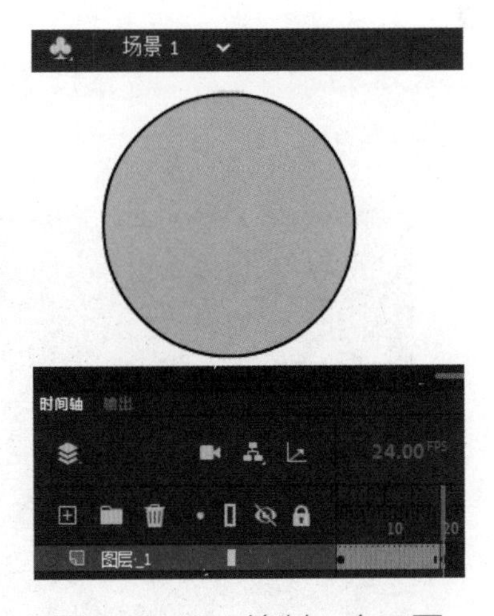

图 1-3-16　绘制一个正圆

此时，结束关键帧中的动画对象绘制完成，需要在这两个关键帧之间添加形状补间动画。

（5）选中“图层 1”的第 1 帧，在时间轴面板上选择“插入形状补间”按钮，如图 1-3-17 所示。

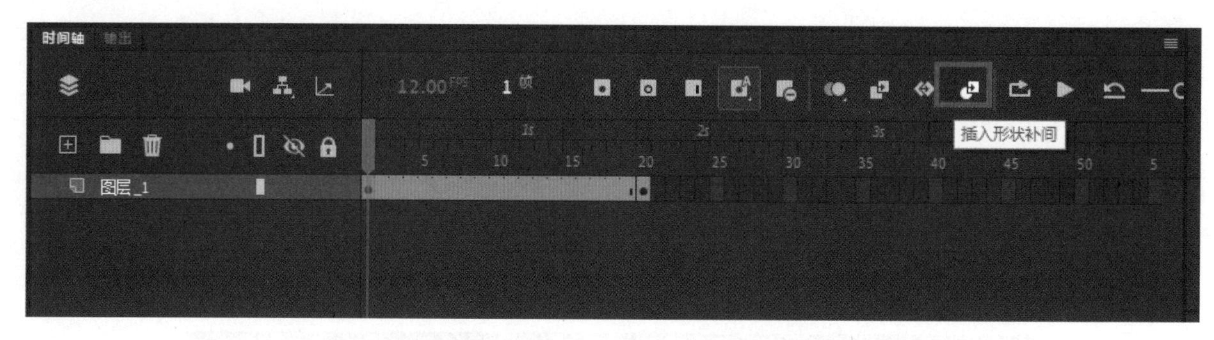

图 1-3-17　在时间轴面板上选择“插入形状补间”按钮

（6）至此，完成了形状补间动画的制作，按“Ctrl+S”组合键保存文件，按“Ctrl+Enter”组合键测试动画效果。

小知识

制作形状补间动画的一般步骤如下。

① 在开始关键帧中绘制或添加对象（非像素图像需要进行分离）。

② 在结束关键帧中绘制或添加对象（非像素图像需要进行分离）。

③ 选中两个关键帧之间的任意一帧并右击，在弹出的快捷菜单中选择“创建补间形状”命令，或者在时间轴面板上选择“插入形状补间”按钮，即可创建形状补间动画。若形状补间动画创建成功，则两个关键帧之间会出现一条带箭头的直线；反之，则会出现一条虚线。

下面通过一个案例来进一步介绍形状补间动画的制作方法。

案例 1-3-2　制作“魔幻线条”动画

【情景模拟】制作“魔幻线条”动画，在漆黑的背景下，迷彩线条尤其夺目，像魔术师的魔术棒一样变化无常，其效果如图 1-3-18 所示。

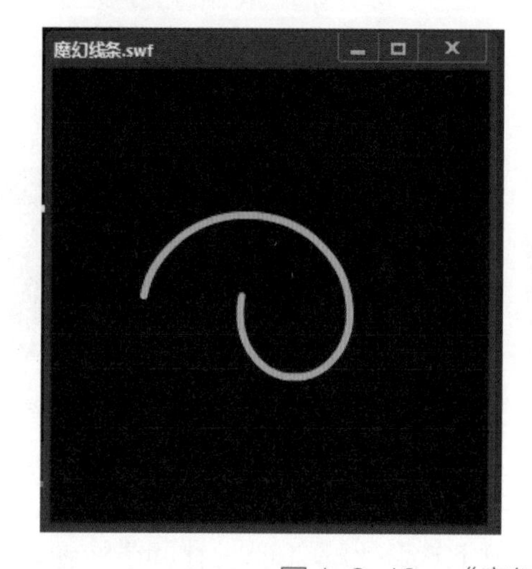

图 1-3-18　“魔幻线条”动画的效果

【案例分析】通过 5 个连续的形状补间动画，来展示形状补间动画的美。在每个形状补间动画的开始关键帧和结束关键帧中分别设置不同颜色与形状的线条图形，并创建形状补间动画，其中，前一个形状补间动画的结束关键帧及其图形就是后一个形状补间动画的开始关键帧及其图形。由于图形之间的过渡变化部分是由计算机自动生成的，因此其千变万化、丰富多彩，给人以魔幻效果。

【制作步骤】制作动画的步骤如下。

（1）新建一个 Animate 文档，将舞台大小设置为 300px×300px，背景颜色设置为黑色，帧频设置为 12fps。

（2）选择“线条工具”，在舞台中心绘制一条直线，将颜色设置为黄色（#FFFF00），在第 10 帧中添加空白关键帧，创建开始关键帧动画，如图 1-3-19 所示。

（3）选中第 10 帧，在舞台中心绘制一个正圆，将颜色设置为橙色（#FF9900），选中第 1 帧并右击，在弹出的快捷菜单中选择“创建形状补间”命令，创建第 1 个形状补间动画，在第 20 帧中再次添加空白关键帧，如图 1-3-20 所示。

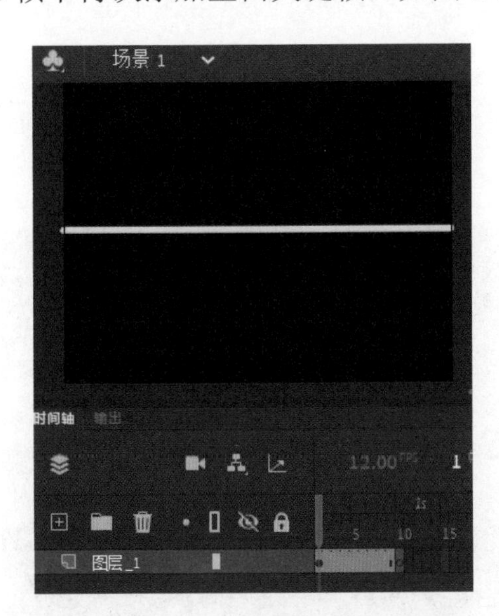

图 1-3-19 创建开始关键帧动画

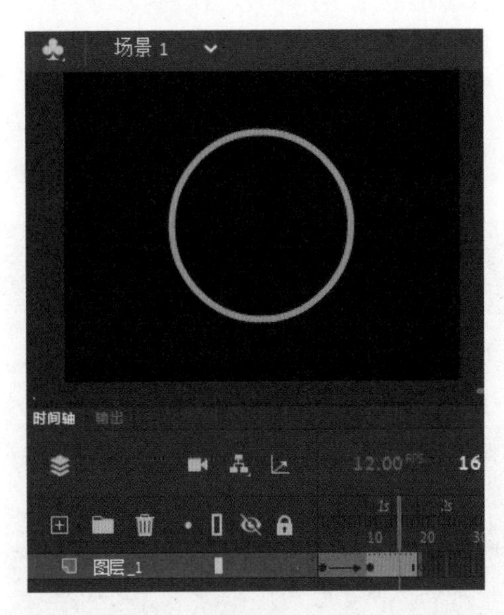

图 1-3-20 创建第 1 个形状补间动画

（4）在第 20 帧的舞台中心绘制一个正方形，将颜色设置为蓝色（#0033CC），选中第 10 帧并右击，创建补间形状，在第 30 帧中再次添加空白关键帧，创建第 2 个形状补间动画，如图 1-3-21 所示。

（5）在第 30 帧的舞台中心绘制一个六边形，将颜色设置为红色（#FF0000），选中第 20 帧并右击，创建补间形状，在第 40 帧中再次添加空白关键帧，创建第 3 个形状补间动画，如图 1-3-22 所示。

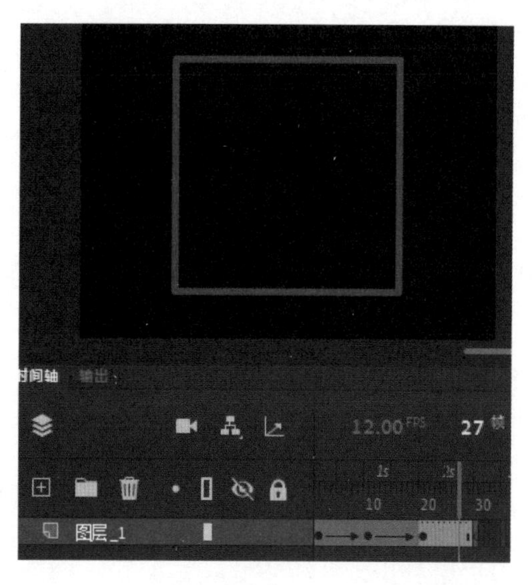

图 1-3-21　创建第 2 个形状补间动画

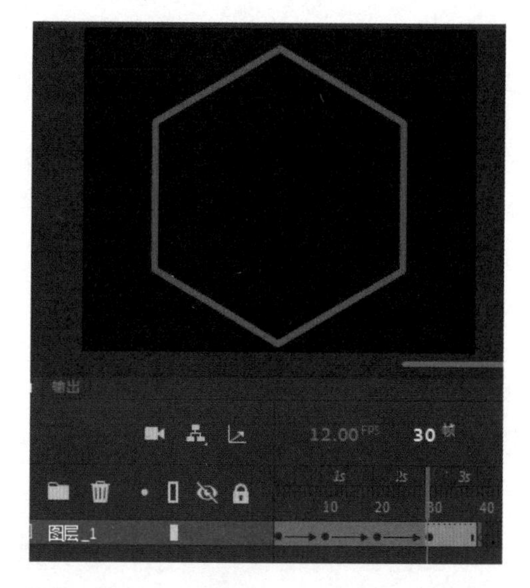

图 1-3-22　创建第 3 个形状补间动画

（6）在第 40 帧的舞台中心绘制一个八角星形，将颜色设置为红色（#FF0000），选中第 30 帧，创建形状补间动画，在第 50 帧中再次添加空白关键帧，创建第 4 个形状补间动画，如图 1-3-23 所示。

（7）在第 50 帧的舞台中心绘制一条直线，将颜色设置为粉色（#FF99FF），选中第 40 帧，创建第 5 个形状补间动画，如图 1-3-24 所示。

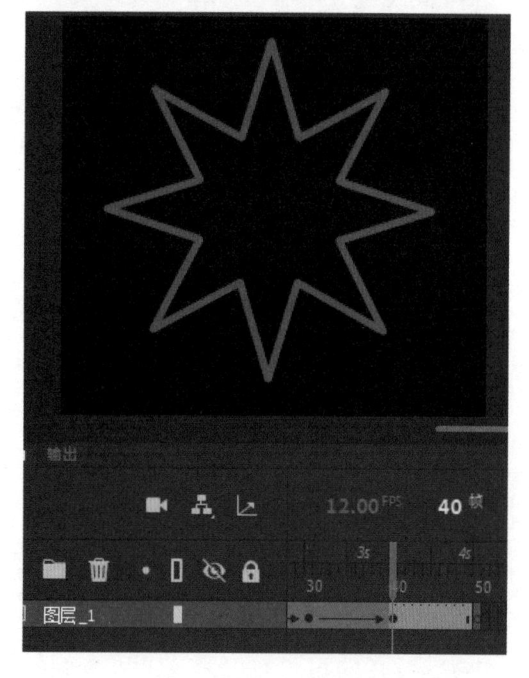

图 1-3-23　创建第 4 个形状补间动画

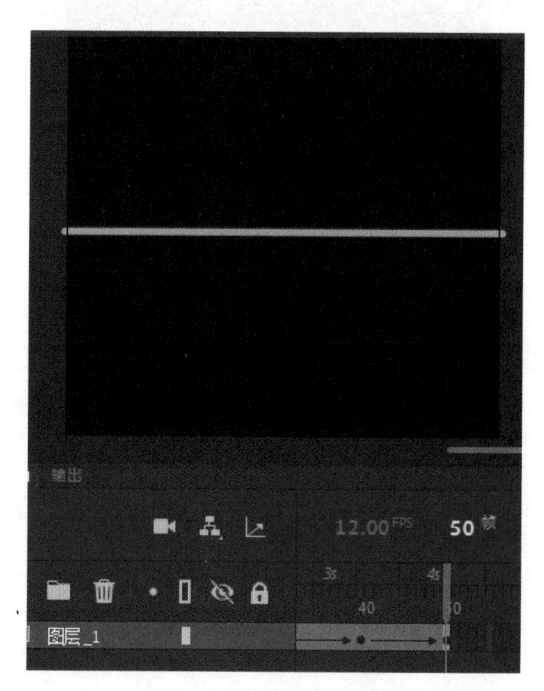

图 1-3-24　创建第 5 个形状补间动画

（8）按“Ctrl+S”组合键保存文件，按“Ctrl+Enter”组合键测试动画效果。

下面通过一个案例来介绍如何控制动画中间变化的过程。

案例 1-3-3 制作“变形文字”动画

【情景模拟】文字是动画的主要构成元素，在“变形文字”动画中，大写的“T”从一种字体变成另一种字体，这个过程可以通过文字变形的设置来控制。“变形文字”动画的效果如图 1-3-25 所示。

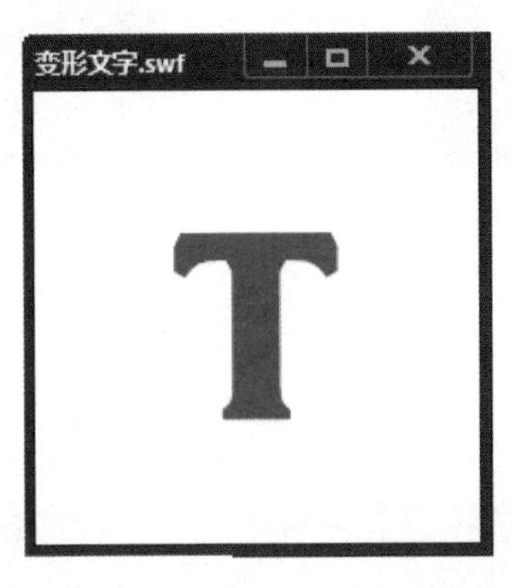

图 1-3-25 “变形文字”动画的效果

【案例分析】在动画的开始关键帧和结束关键帧中分别输入文字，设置文字的字体和颜色，并创建形状补间。由于中间的过渡部分是计算机自动生成的，因此中间的过渡过程是千变万化、丰富多彩的。如果想控制中间过程的变化，则可以选择“修改”→“形状”→“添加形状提示”命令来对文字的变形进行控制，以达到想要的中间变化过程。

【制作步骤】制作动画的步骤如下。

（1）新建一个 Animate 文档，将舞台大小设置为 200px×200px，背景颜色设置为白色，帧频设置为 12fps。

（2）选择“文本工具”，在“属性”面板的“对象”中，将“字符”选项组中的“字体”设置为“Arial”，“样式”设置为“Black”，“大小”设置为“120pt”，“颜色”填充为蓝色（#000066），输入文字“T”，将文字对齐到舞台中央，创建开始关键帧中的文字，如图 1-3-26 所示。

（3）选中第 20 帧并右击，在弹出的快捷菜单中选择“插入关键帧”命令，在“属性”面板的“对象”选项中，将“字符”选项组中的“字体”设置为“Cambria”，“样式”设置为“Bold”，“大小”设置为“120pt”，“颜色”填充为浅蓝色（#6699FF），创建结束关键帧中的文字，如图 1-3-27 所示。

（4）选中第 1 帧，在菜单栏中选择“修改”→“分离”命令，或者按“Ctrl+B”组合键，将文字分离为矢量图形。

（5）利用同样的方法，对第 20 帧中的文字进行分离。

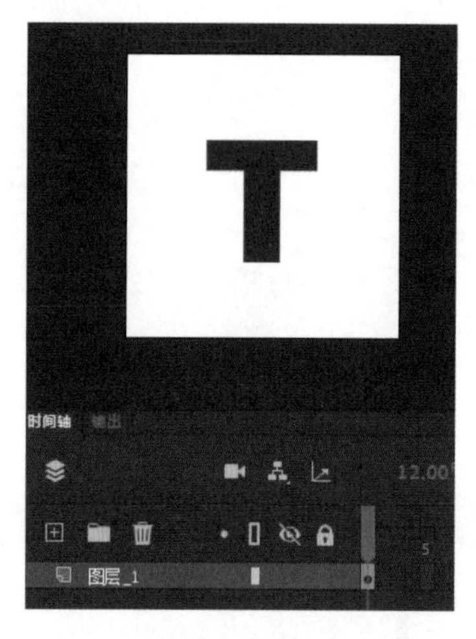

图 1-3-26　创建开始关键帧中的文字

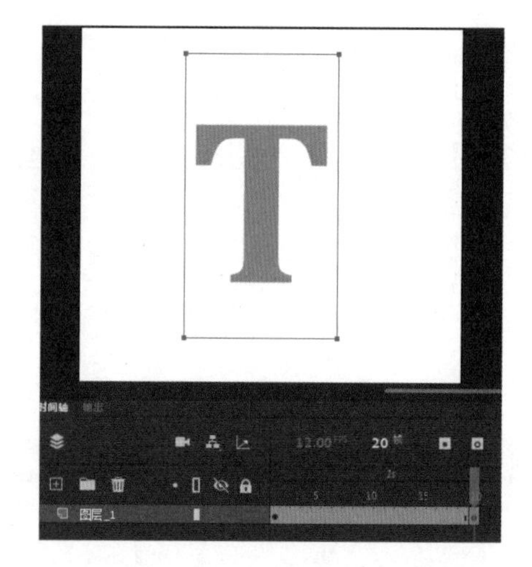

图 1-3-27　创建结束关键帧中的文字

（6）选中“图层 1”中除了 20 帧以外的任意一帧，在时间轴面板上单击“插入形状补间”按钮，创建形状补间动画，如图 1-3-28 所示。

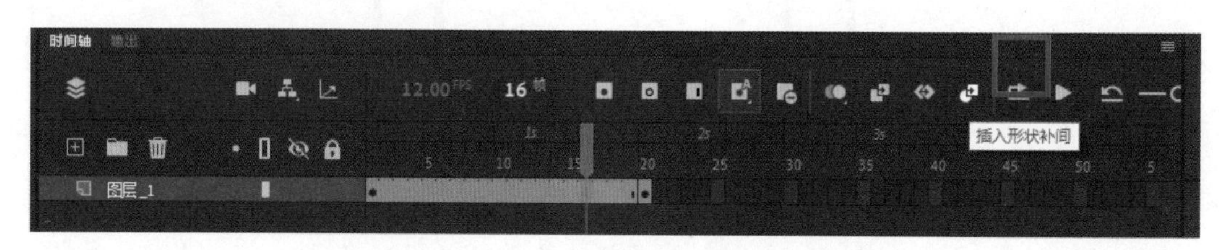

图 1-3-28　创建形状补间动画

（7）按“Ctrl+Enter”组合键测试动画效果。此时可以发现文字的变形效果并不是我们需要的。下面通过选择“修改”→“形状”→“添加形状提示”命令来对文字的变形进行设置。

（8）选中第 1 帧，在菜单栏中选择“修改”→“形状”→“添加形状提示”命令，或者按“Ctrl+Shift+H”组合键，舞台中对象的中心会出现一个红色的形状提示符，如图 1-3-29 所示。

（9）将红色的形状提示符移动到“T”的左上角，调整其位置，如图 1-3-30 所示。

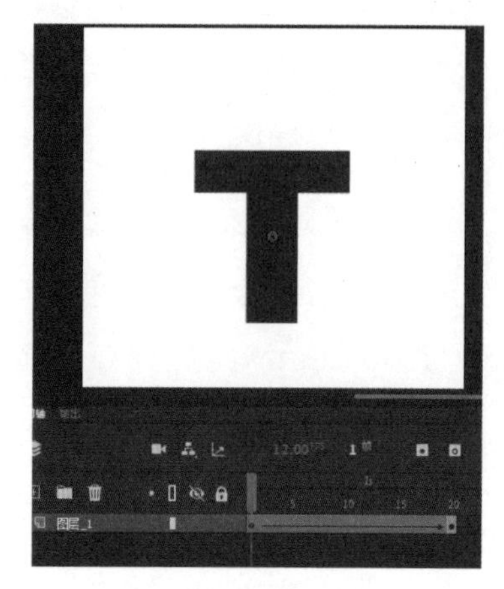

图 1-3-29　在第 1 帧对象上添加红色的形状提示符

图 1-3-30　调整第 1 帧对象上红色的形状提示符的位置

（10）选中第 20 帧，舞台中对象的中心也有一个红色的形状提示符，如图 1-3-31 所示。

（11）将这个红色的形状提示符同样移到“T”的左上角，此时形状提示符的颜色由红色变为绿色，如图 1-3-32 所示。

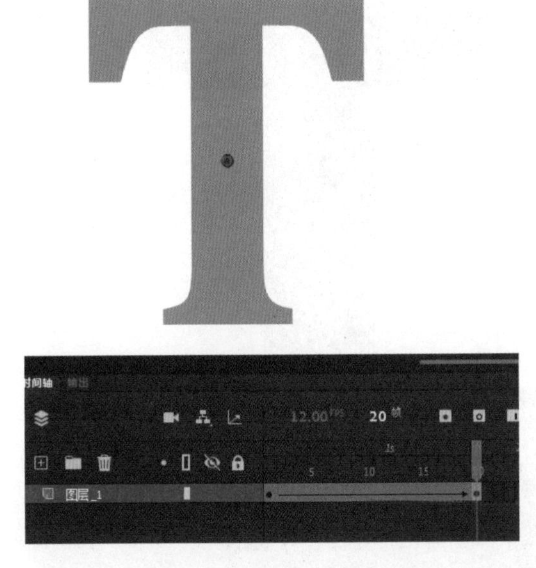

图 1-3-31　第 20 帧对象上红色的形状提示符

图 1-3-32　调整第 20 帧对象上形状提示符的位置

（12）选中第 1 帧，此时形状提示符的颜色由红色变为黄色，如图 1-3-33 所示。

（13）重复步骤（8）～步骤（12），在第 1 帧对象上再添加两个形状提示符，分别调整形状提示符的位置，如图 1-3-34 所示。

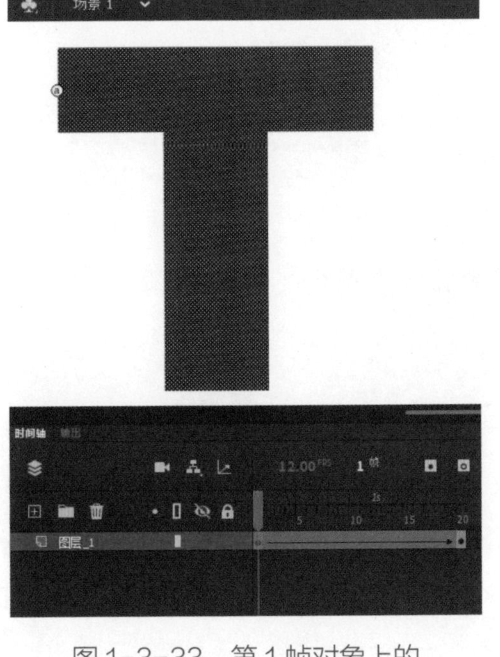

图 1-3-33　第 1 帧对象上的形状提示符变为黄色

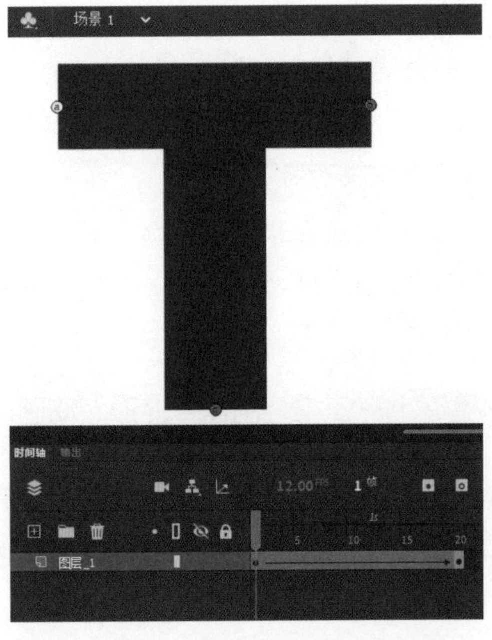

图 1-3-34　在第 1 帧对象上再添加两个形状提示符并调整位置

（14）调整第 20 帧对象上的两个形状提示符的位置，如图 1-3-35 所示。

（15）从第 20 帧回到第 1 帧，形状提示符全部变为黄色，如图 1-3-36 所示。

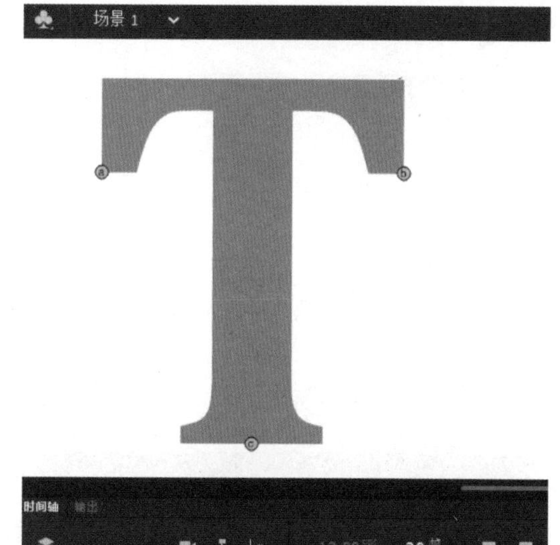

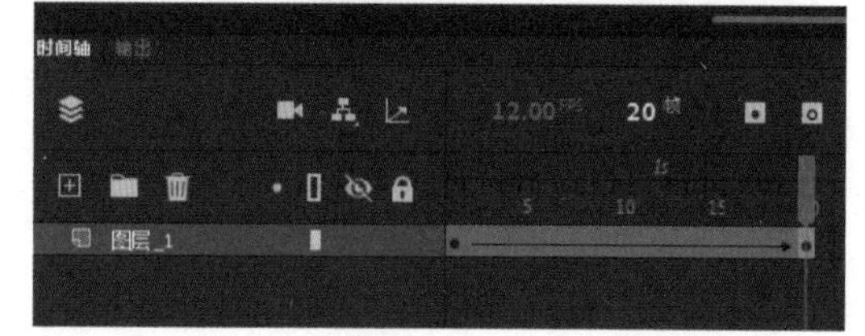

图 1-3-35　调整第 20 帧对象上的两个形状提示符的位置

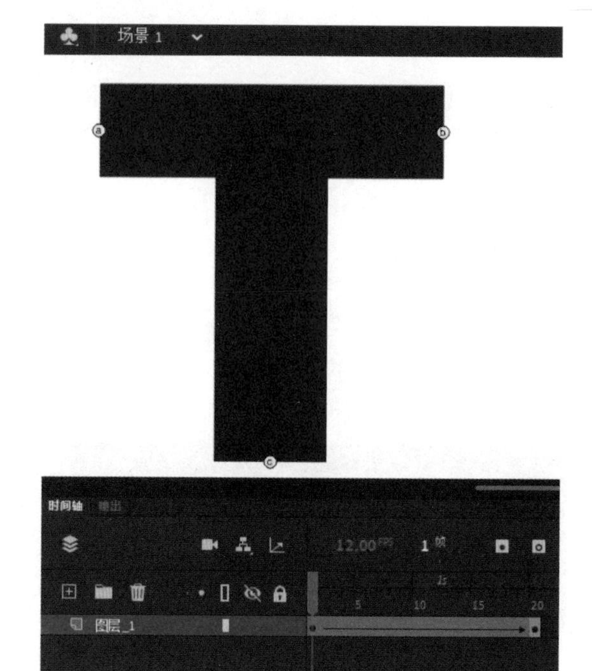

图 1-3-36　第 1 帧对象上的形状提示符全部变为黄色

（16）按“Ctrl+S”组合键保存文件，按“Ctrl+Enter”组合键测试动画效果。

小知识

添加形状提示符的注意事项如下。

① 选择“修改”→“形状”→“添加形状提示”命令，或者按“Ctrl+Shift+H”组合键，就可以添加形状提示符。

② 只有在创建形状补间动画之后才能使用形状提示符。

③ 形状提示符通过设置开始关键帧和结束关键帧的位置来确定变形效果。

强化案例 1-3-2　制作“变形”动画

【情景模拟】孙悟空有七十二变，这里有 3 个变化，彩色的“树叶”变成“花花猪”，又变成“花花牛”。你能做几个变化呢？“变形”动画的效果如图 1-3-37 所示。

图 1-3-37 “变形”动画的效果

三、熟悉补间动画的制作方法

在 Animate 的“时间轴”面板上，先在一个时间点（关键帧）放置一个实例，然后在另一个时间点（关键帧）改变这个实例的位置、大小、颜色、透明度等参数，Animate 根据两者之间帧的值创建的动画被称为补间动画，本书创建的补间动画均为传统补间动画。

补间动画和形状补间动画最大的区别就是补间动画的对象是元件，形状补间动画的对象是像素。元件的种类很多，常见的有图形、文字、图像、按钮和影片等。补间动画最大的优点是在不改变补间动画的情况下，直接修改元件即可对动画进行修改。

元件是 Animate 动画的主要元素，本任务主要使用的是图形元件，会在后面的项目中进行详细讲解。

在创建补间动画时，首先要把素材转换为元件，并存放在“库”面板中，然后把元件拖到舞台中，在时间轴上添加开始关键帧和结束关键帧，分别设置元件的位置、大小、颜色和透明度等，设置完成后在两个关键帧之间创建补间动画。下面通过具体的操作来讲解补间动画的制作方法。

（1）新建一个 Animate 文档，将舞台大小设置为 400px×400px，背景颜色设置为白色，帧频设置为 12fps。

（2）在菜单栏中选择“插入”→“新建元件”命令，或者按“Ctrl+F8”组合键，在弹出的“创建新元件”对话框中创建“名称”为“矩形条”、“类型”为“图形”的元件，如图 1-3-38 所示。

（3）单击“确定”按钮，进入图形元件“矩形条”编辑区。选择“矩形工具”，将“笔触颜色”设置为无色，“填充颜色”设置为黑色（#000000），在舞台中绘制一个矩形，如图 1-3-39 所示。

（4）返回“场景 1”，在“库”面板中会出现名为“矩形条”的图形元件，如图 1-3-40 所示。

（5）选中“图层 1”的第 1 帧，把“矩形条”图形元件拖到舞台中央，如图 1-3-41 所示。

图 1-3-38　“创建新元件”对话框

图 1-3-39　绘制一个矩形

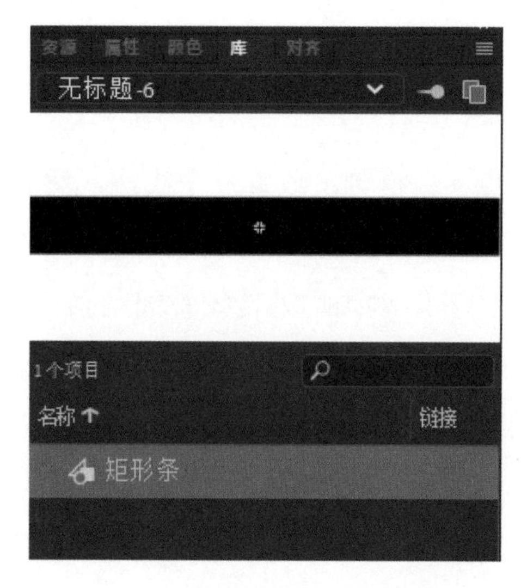

图 1-3-40　创建图形元件之后的“库”面板

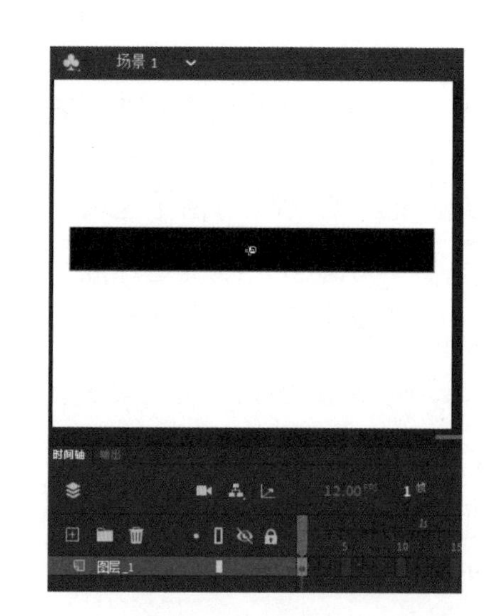

图 1-3-41　把“矩形条”图形元件拖到舞台中央

（6）选中“图层 1”的第 20 帧并右击，在弹出的快捷菜单中选择“插入关键帧”命令，或者按 F6 键，插入关键帧，如图 1-3-42 所示。

（7）在“图层 1”的第 1 帧中，选中“矩形条”实例，在“属性”面板的“对象”选项中，在“色彩效果”选项组的下拉列表中选择“Alpha”选项，将 Alpha 值（即透明度）设置为 0，如图 1-3-43 所示。

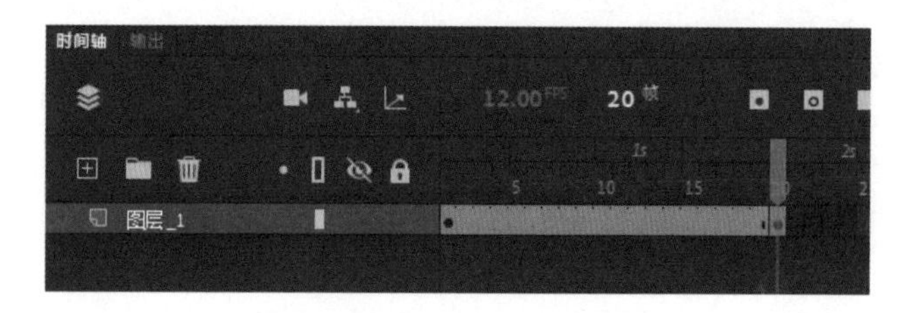

图 1-3-42　插入关键帧

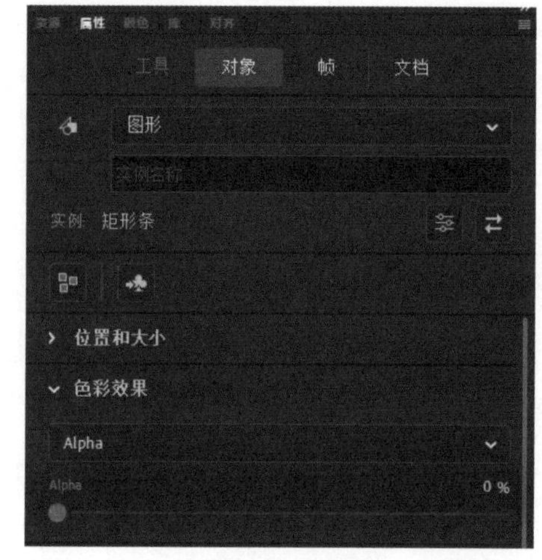

图 1-3-43　设置图形元件第 1 帧的透明度

图形元件的 Alpha 值默认是 100%，第 20 帧图形元件的 Alpha 值采用默认值，此时完成了图形元件开始关键帧和结束关键帧的动画效果（即图形元件从不显示到完全显示）的设置。下面开始创建补间动画，从而实现开始关键帧和结束关键帧之间的过渡动画效果。

（8）选中“图层 1”的第 1 帧并右击，在弹出的快捷菜单中选择“创建传统补间”命令，创建补间动画，如图 1-3-44 所示。

（9）如果想使矩形条在从不显示到显示的动画过程中添加原地旋转的动画效果，则可以选中“图层 1”的第 1 帧，在“属性”面板的“帧”选项中，“补间”选项组的“旋转”下拉列表中选择“顺时针”选项，设置“次数”为“1”，如图 1-3-45 所示。

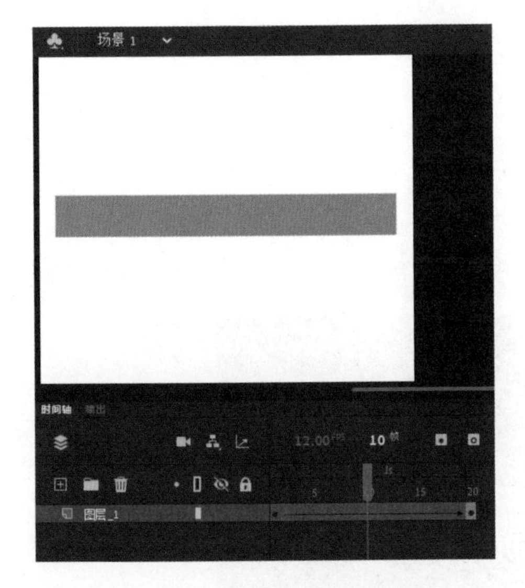

图 1-3-44　创建补间动画

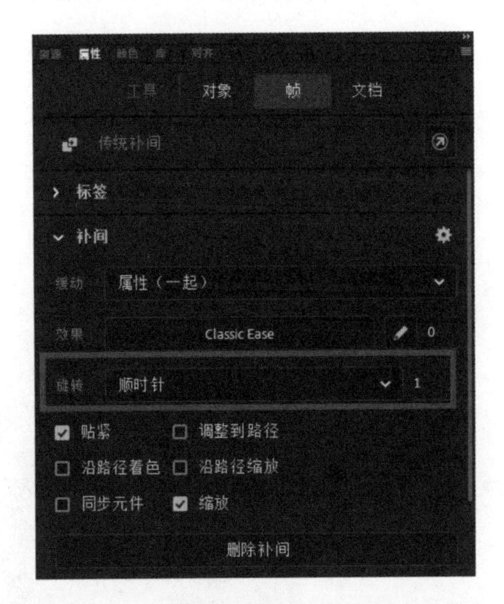

图 1-3-45　设置图形元件顺时针旋转 1 次

（10）按“Ctrl+S”组合键保存文件，按“Ctrl+Enter”组合键测试动画效果。

小知识

各种补间动画之间的区别如下。

① 补间动画，可以完成传统补间动画及 3D 补间动画的效果。

② 形状补间动画，可以对像素进行任意变化操作。

③ 传统补间动画，可以对实例的位置、大小、颜色、透明度等参数进行变化操作。

3 种补间动画在时间轴上的表现形式如图 1-3-46 所示。

图 1-3-46　3 种补间动画在时间轴上的表现形式

制作补间动画的一般步骤如下。

（1）创建元件，元件既可以是图形、文字和图片，又可以是按钮和影片等。

（2）添加开始关键帧和结束关键帧，分别设置它们的位置、大小、颜色和透明度等，使两个关键帧上同一元件的显示状态发生改变。

（3）选中两个关键帧之间的任意一帧并右击，在弹出的快捷菜单中选择“创建传统补间”命令，即可创建补间动画。若补间动画创建成功，则两个关键帧之间会出现一条带箭头的直线；反之，则会出现一条虚线。

（4）补间动画必须是同一个元件的动画，不同的元件之间不能创建补间动画。

下面通过案例进一步介绍补间动画的制作方法。

案例 1-3-4　制作“镜头效果”动画

【情景模拟】模仿镜头的推拉和旋转，实现“古堡”图片在显示时先放大，再旋转、移动的效果，犹如电影一样，其效果如图 1-3-47 所示。

图 1-3-47　“镜头效果”动画的效果

【案例分析】将素材转换为元件，添加 4 个关键帧，分别调整各个关键帧中对象的位置、角度和大小，从而创建补间动画。

【制作步骤】制作动画的步骤如下。

（1）新建一个 Animate 文档，将舞台大小设置为 550px×400px，背景颜色设置为白色，帧频设置为 12fps。

（2）把图片“古堡.jpg”导入“库”面板中，按“Ctrl+F8”组合键，在弹出的“创建新元件”对话框中创建“名称”为“元件 1”，“类型”为“图形”的元件，单击“确定”按钮，进入“元件 1”编辑区。

（3）把“库”面板中的图片“古堡.jpg”拖到“元件 1”编辑区中。按“Ctrl+K”组合键打开“对齐”面板，使图片“古堡.jpg”的中心对齐舞台中心，如图 1-3-48 所示。

（4）单击左上角的“场景 1”按钮，返回场景编辑区。

（5）选中“图层 1”的第 1 帧，把“元件 1”拖到舞台中，在“对齐”面板中依次单击“匹配宽和高”按钮、“水平中齐”按钮、“垂直中齐”按钮，如图 1-3-49 所示。

图 1-3-48　制作“元件 1”

图 1-3-49　设置“元件 1”的对齐方式

（6）分别选中“图层 1”的第 10 帧、第 20 帧和第 30 帧并右击，在弹出的快捷菜单中依次选择“插入关键帧”命令，或者按 F6 键，依次插入关键帧，如图 1-3-50 所示。

（7）选中“图层 1”的第 10 帧，选择“任意变形工具”，在按住 Shift 键的同时按住鼠标左键拖动，对元件实例进行等比例放大，并且在“对齐”面板中使其相对于舞台右对齐。

（8）选中“图层 1”的第 20 帧，再次对元件实例进行等比例放大，顺时针调整“元件 1”的旋转角度，并且在“对齐”面板中使其相对于舞台左对齐。

（9）分别选中“图层 1”的第 1 帧、第 10 帧和第 20 帧并右击，在弹出的快捷菜单中依次选择“创建传统补间”命令，创建 3 个补间动画，如图 1-3-51 所示。

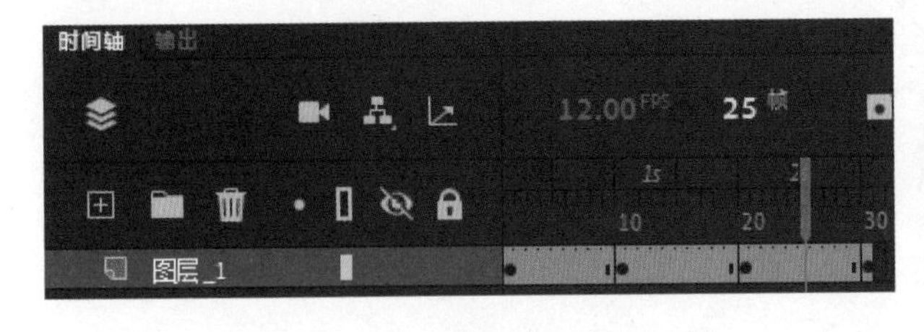

图 1-3-50　依次插入关键帧

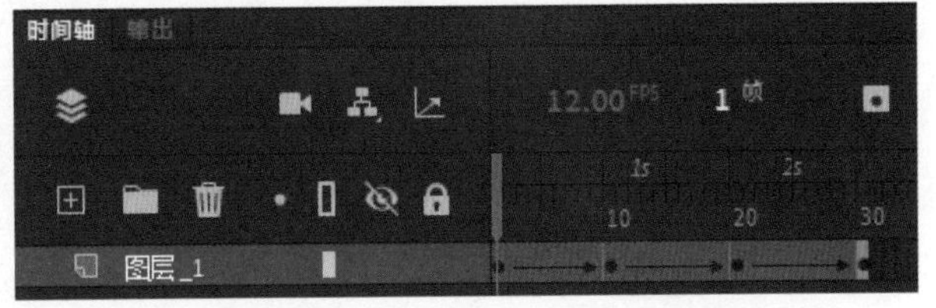

图 1-3-51　创建 3 个补间动画

（10）按“Ctrl+S”组合键保存文件，按“Ctrl+Enter”组合键测试动画效果。

小知识

补间动画“属性”面板“帧”选项的“补间”选项组中的设置如下。

① 缓动：设置对象在渐变运动中加速或减速。

② 旋转：在其下拉列表中设置对象的旋转运动。其中，“无”表示对象不进行旋转；“自动”表示对象以最小的角度旋转到终点；“顺时针”或“逆时针”表示对象沿着顺时针或逆时针的方向旋转到终点，可以在其后的文本框中输入所需的旋转次数。

③ 贴紧：选中该复选框，可以使对象在沿路径运动时自动与路径对齐。

④ 调整到路径：选中该复选框后，对象可以沿着设定的路径运动，并且随着路径的改变调整对象的角度，主要用于引导线动画。

⑤ 同步：选中该复选框，可以使动画首尾相连地进行播放。

⑥ 缩放：可以设置对象在运动时按比例缩放。

强化案例 1-3-3　制作“林院茶语”动画

【情景模拟】闲暇时候沏杯茶，清香溢满小屋，文字与茶杯懒洋洋地凑了上来，桃花也缓缓地浮过来，仿佛可以感觉到它的清香，其效果如图 1-3-52 所示。

图 1-3-52　“林院茶语”动画的效果

强化案例 1-3-4 制作“风车”动画

【情景模拟】广阔的麦田里，阳光明媚，春风吹醒了花儿，到处是一派欣欣向荣的景象。瞧，风车在飞快地运转着，宛如一幅美丽的画卷，其效果如图 1-3-53 所示。

图 1-3-53 “风车”动画的效果

任务小结

本任务主要介绍了逐帧动画的基本概念、帧的分类、帧的编辑、形状补间动画和传统补间动画的制作方法。通过本任务，读者可以了解逐帧动画的制作方法，以及补间动画的各项属性的设置等。

模拟实训

一、实训目的

（1）掌握逐帧动画的制作方法。

（2）学会制作形状补间动画和传统补间动画。

二、实训内容

（1）制作“行走的鸭子”动画，其效果如图 1-3-54 所示。

提示

先将 GIF 格式的图片导入“库”面板中，添加若干关键帧，然后将每张图片依次添加到各个关键帧中。

图 1-3-54 “行走的鸭子”动画的效果

（2）制作变化的文字，即从一组文字逐渐变化为另一组文字，如图 1-3-55 所示。

提示

分别在开始关键帧和结束关键帧中输入不同的文字，“分离”文字后，创建补间形状。“分离”操作要执行两次，第一次是把一组文字打散成单个的文字，第二次是把文字转换成像素。

图 1-3-55 变化的文字

（3）制作“海底世界”4 个文字逐个显示的动画，其效果如图 1-3-56 所示。

提示

导入素材，把文字制作成元件，分别放在不同的图层中，设置元件的透明度，创建传统补间动画，注意添加普通帧以延长各个图层的显示时间。

图1-3-56 “海底世界”动画的效果

任务4 元件的制作与库的运用

在本项目的任务3中，制作补间动画时使用了元件，元件是制作动画的重要元素。那么，元件到底有什么用途呢？Animate 动画中有哪些元件？不同类型的元件又有什么特性？存放元件的库有什么特异之处？读者可以通过本任务来详细了解。

任务目标

（1）了解元件的概念与分类。

（2）熟悉各类元件的制作方法。

（3）掌握库的概念及运用。

任务训练

一、熟悉图形元件与影片剪辑元件的制作方法

所谓元件，就是在制作动画的过程中可以反复使用或编辑的一种部件，存放在“库”面板中。在 Animate 中，元件可以被多次重复使用，这便于动画的修改，而重复使用不会增大动画所占的空间，更便于网络传输。

元件分为3种类型：图形元件、按钮元件和影片剪辑元件。

1. 图形元件

图形元件主要用于创建静态的动画使用对象，不能用作交互。创建图形元件的步骤如下。

（1）新建一个 Animate 文档，在菜单栏中选择“插入”→“新建元件”命令，或者按“Ctrl+F8”组合键，弹出“创建新元件”对话框，如图 1-4-1 所示。

（2）在“名称”文本框中输入图形元件的名称“太阳”，在“类型”下拉列表中选择“图形”选项。

（3）单击“确定”按钮，创建名称为“太阳”的图形元件，并进入元件编辑区。在元件编辑区中绘制图形元件，如图 1-4-2 所示。

图 1-4-1 “创建新元件”对话框

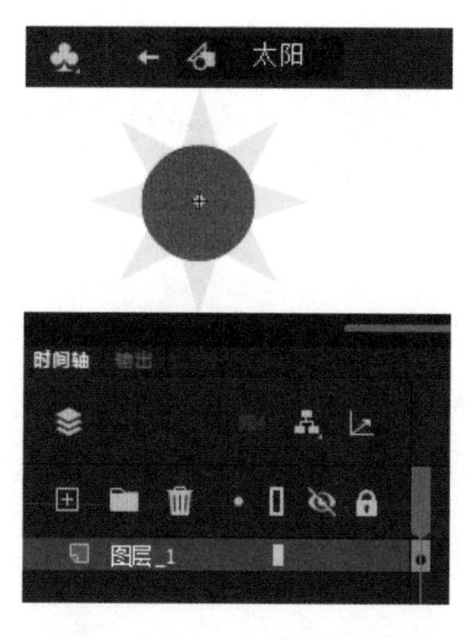

图 1-4-2 绘制图形元件

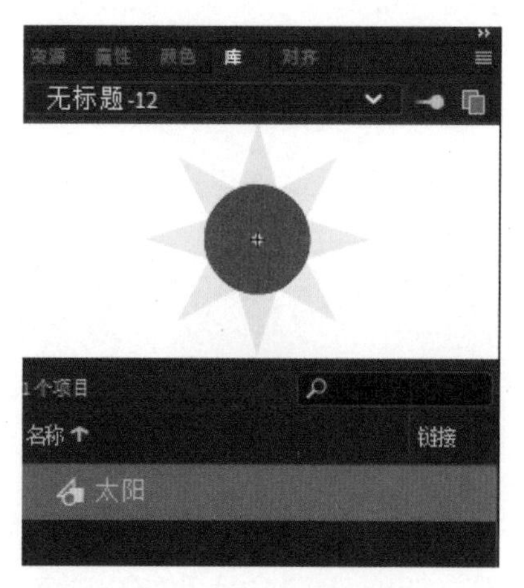

图 1-4-3 “库”面板中的元件

（4）在菜单栏中选择“窗口”→“库”命令，打开“库”面板，可以看到绘制的图形元件自动进入“库”面板中，“库”面板中的元件如图 1-4-3 所示。

此外，已经创建好的对象也可以直接转换为元件，操作步骤如下。

（1）新建一个 Animate 文档，在舞台中绘制图形。

（2）选中绘制好的图形并右击，在弹出的快捷菜单中选择“转换为元件”命令，或者在菜单栏中选择“修改”→“转换为元件”命令，或者按 F8 键，弹出“转换为元件”对话框。

（3）在“名称”文本框中输入图形元件的名称“小鸟”，在“类型”下拉列表中选择“图形”选项，如图 1-4-4 所示。

图 1-4-4 “转换为元件”对话框

2. 按钮元件

按钮元件是 Animate 影片中创建互动功能的重要组成部分，它只对鼠标动作做出响应，用于建立交互按钮。按钮元件的制作与应用将在后续进行介绍。

3. 影片剪辑元件

影片剪辑元件就是包含可以独立播放动画的元件。影片剪辑是包含在 Animate 影片中的影片片段，有其时间轴和属性，具有交互性，是用途最广、功能最多的部分。影片剪辑元件既可以包含交互控制、声音及其他影片剪辑的实例，又可以放置在按钮元件的时间轴上用来制作动画按钮。较为复杂的动画经常用多个影片剪辑元件来简化动画的制作过程。

下面以制作“愤怒的小孩”为例来介绍影片剪辑元件的制作方法。

（1）新建一个 Animate 文档，将舞台大小设置为 550px×400px，背景颜色设置为白色，帧频设置为 12fps。

（2）在菜单栏中选择“插入”→“新建元件”命令，或者按“Ctrl+F8”组合键，弹出“创建新元件”对话框，在“名称”文本框中输入“愤怒的小孩”，在“类型”下拉列表中选择“影片剪辑”选项，如图 1-4-5 所示。

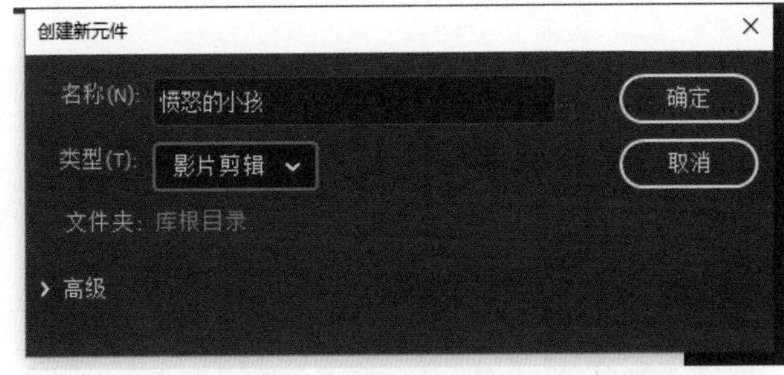

图 1-4-5 “创建新元件”对话框

（3）单击“确定”按钮，进入该元件编辑区。在菜单栏中选择“文件”→“导入”→“导入到库”命令，将图片“小孩.gif”导入“库”面板中，如图 1-4-6 所示。

（4）在“愤怒的小孩”影片剪辑元件编辑区中，将图片“小孩-0”拖到舞台中，将图片中心和舞台中心对齐，如图 1-4-7 所示。

图 1-4-6　将图片“小孩.gif”导入“库”面板中

图 1-4-7　拖动并对齐图片

（5）分别在第 3 帧和第 5 帧中插入空白关键帧，依次将素材图片“小孩-1”和“小孩-2”拖到舞台中，将图片中心和舞台中心对齐，时间轴的效果如图 1-4-8 所示。

（6）一个逐帧动画的影片剪辑元件制作完成，按 Enter 键可以看到动画的效果。

（7）返回“场景 1”，将“愤怒的小孩”影片剪辑元件拖放两个，并且并排放在舞台中，其效果如图 1-4-9 所示。

图 1-4-8　时间轴的效果

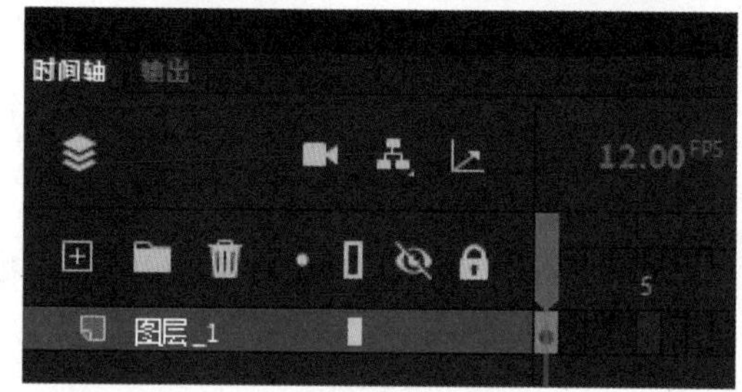

图 1-4-9　“愤怒的小孩”动画的效果

（8）按“Ctrl+Enter”组合键测试动画效果。

小知识

① 不管影片剪辑元件内部包含多少帧，其在主场景中都只占用 1 帧，只要时间停留在该帧，影片剪辑中的动画就可以完全播放。

② 复制多个实例的方法有以下几种。

方法一：在舞台中选中影片剪辑实例，在按住 Alt 键时拖动对象即可。

方法二：直接将影片剪辑元件从“库”面板多次拖到舞台中，这样就可以产生多个实例对象。

方法三：在舞台中复制实例对象，并进行多次粘贴操作即可。

4. 元件与实例的关系

将元件从“库”面板拖到舞台中，舞台中会自动生成该元件的一个实例，复制元件的过程就是创建实例的过程。将元件拖到舞台中，选中该元件的实例，其“属性”面板中就会出现与实例相对应的属性，如名称、颜色和大小等，如图 1-4-10 所示。

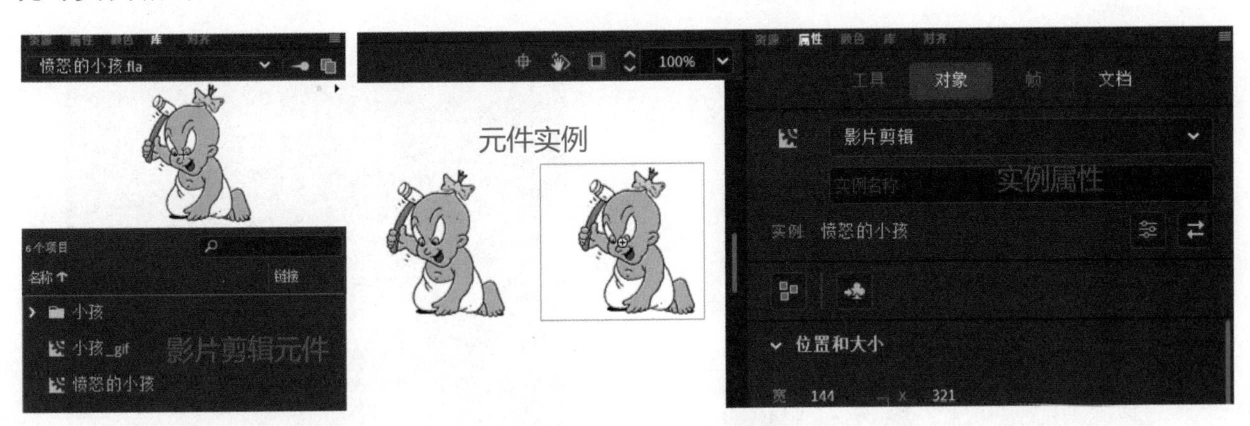

图 1-4-10 元件与实例

5. 图形元件实例的属性设置

选中图形元件实例，打开“属性”面板的“对象”选项，如图 1-4-11 所示，其部分选项的功能如下。

(1)“图形”下拉列表：显示当前实例的类型，可以使用它来修改实例的类型。

(2)“色彩效果”选项组：下拉列表可以选择设置实例的“亮度”、“色调”、“高级”和“Alpha”等选项，具体如下。

① 无：保持元件实例原本的属性，不使用任何颜色效果。

② 亮度：设置实例的明暗程度，取值为-100%～100%。数值越大，实例越亮，最大值为白色；数值越小，实例越暗，最小值为黑色。

③ 色调：用于给实例添加某种颜色。

④ 高级：主要用于精确地设置实例的颜色、亮度和透明度。

⑤ Alpha：设置实例的透明度，取值为 0～100%。当数值为 0 时，实例完全透明；当数值为 100%时，实例完全不透明。

（3）“循环”选项组：根据“选项”下拉列表可以设置实例中动画的播放方式，包含 5 个选项，具体如下。

① 循环播放图形：以无限循环的方式播放实例。

② 播放图形一次：实例只播放一次。

③ 图形播放单个帧：选中动画中的某一帧播放，动画效果无效。

④ 倒放图形一次：倒放播放一次。

⑤ 反向循环播放图形：以反向循环播放的方式播放实例。

6. 影片剪辑元件实例的属性设置

选中影片剪辑元件实例，打开“属性”面板“对象”选项，如图 1-4-12 所示，其部分选项的功能如下。

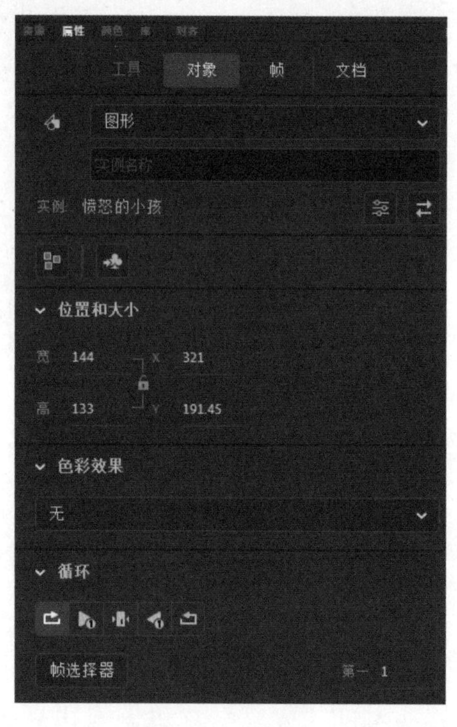

图 1-4-11 图形元件实例的“属性”面板

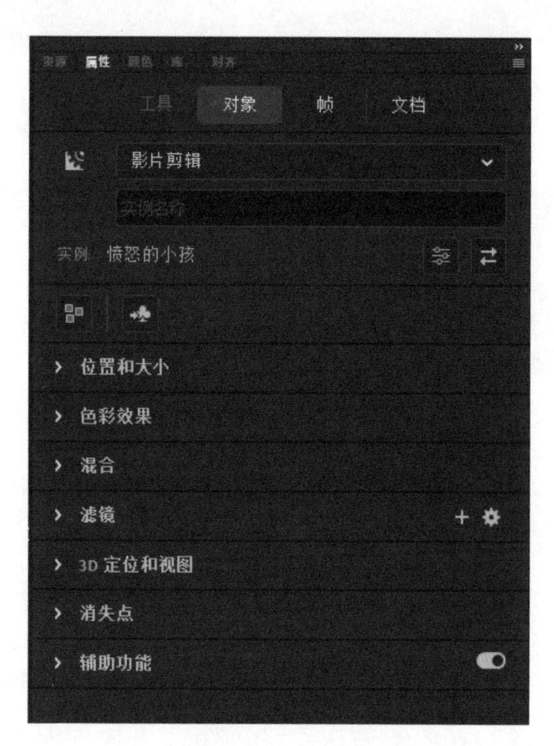

图 1-4-12 影片剪辑元件实例的“属性”面板

（1）“实例”文本框：可以设置实例的名称，便于在添加 Actions 语句时使用。

（2）“混合”选项组：下拉列表中有 14 个混合模式选项，可以混合重叠元件中的颜色，创建复合图像，从而创造出特殊效果。

（3）“滤镜”选项组：可以通过添加滤镜，创作影片剪辑元件实例的特效。

下面通过案例进一步介绍元件的制作。

案例 1-4-1 制作“吐泡泡的小鱼”动画

【情景模拟】在海底世界，一群可爱的小鱼在水中悠闲地吐着泡泡，像是在比赛一般，如图 1-4-13 所示。

图 1-4-13 “吐泡泡的小鱼”动画的效果

【案例分析】导入背景图片，制作一条小鱼吐泡泡的影片剪辑元件，多次将影片剪辑元件拖到舞台中。在制作气泡运动时，用 Alpha 值创造气泡逐渐消失的效果。

【制作步骤】制作动画的步骤如下。

（1）新建一个 Animate 文档，将舞台大小设置为 550px×400px，背景颜色设置为白色，帧频设置为 12fps。

（2）将图片“海景.jpg”导入舞台中，调整图片大小，使其与舞台大小相同，并作为背景层使用。

（3）将图片“鱼.psd”导入“库”面板中，按“Ctrl+F8”组合键，创建影片剪辑元件，将名称设置为“小鱼”，进入该元件编辑区，将图片“鱼.psd”拖到舞台中作为实例，如图 1-4-14 所示。

（4）在“小鱼”影片剪辑元件时间轴的第 5 帧和第 10 帧上按 F6 键，插入关键帧，将第 5 帧的“鱼”实例向下稍微移动，创建第 1～5 帧、第 5～10 帧的传统补间动画，制作小鱼上下移动的效果，如图 1-4-15 所示。

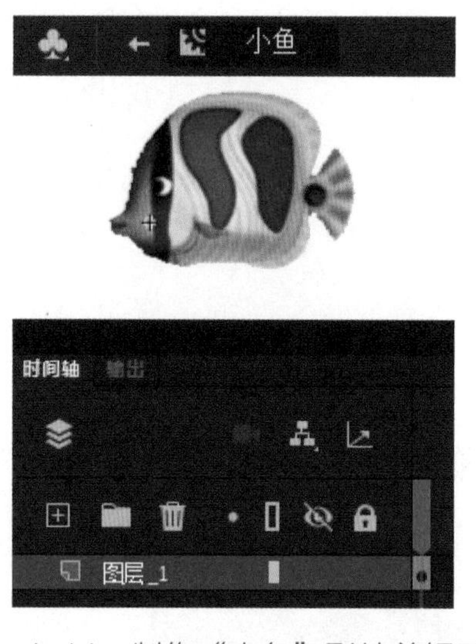

图 1-4-14　制作“小鱼”影片剪辑元件

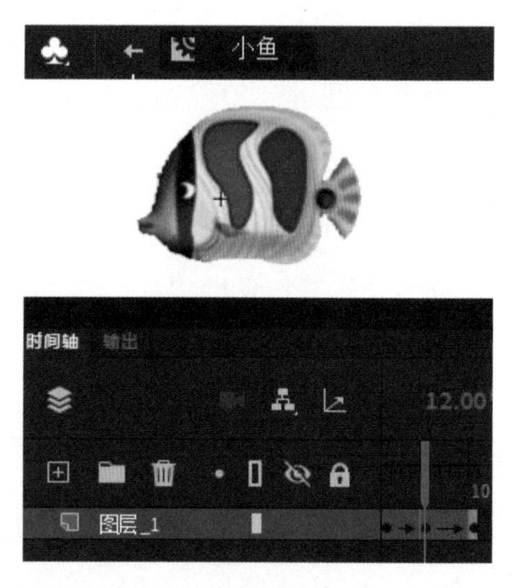

图 1-4-15　制作小鱼上下移动的效果

（5）新建图形元件“气泡”，将舞台比例放大到 400%，选择“椭圆工具”，将“笔触颜色”设置为无色，“填充颜色”设置为从蓝色到白色的渐变填充，“类型”设置为径向渐变，绘制一个正圆，如图 1-4-16 所示。

（6）在“小鱼”影片剪辑元件编辑状态下，在“图层 1”上添加“图层 2”，将“气泡”图形元件拖到“鱼”实例的嘴边，使用“任意变形工具”将其调整为合适的大小；在第 10 帧上插入关键帧，将“气泡”图形元件上移适当距离并适当放大，创建传统补间动画，实现“气泡”上移的效果，如图 1-4-17 所示。

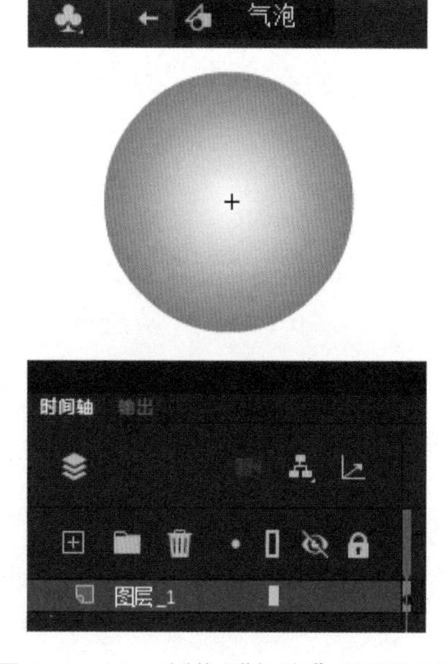

图 1-4-16　制作“气泡”图形元件

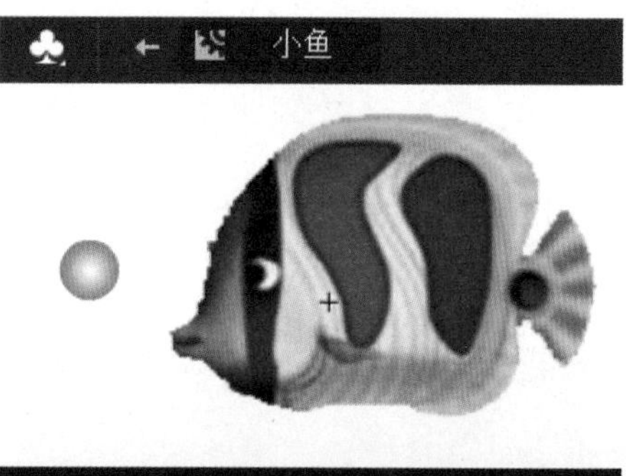

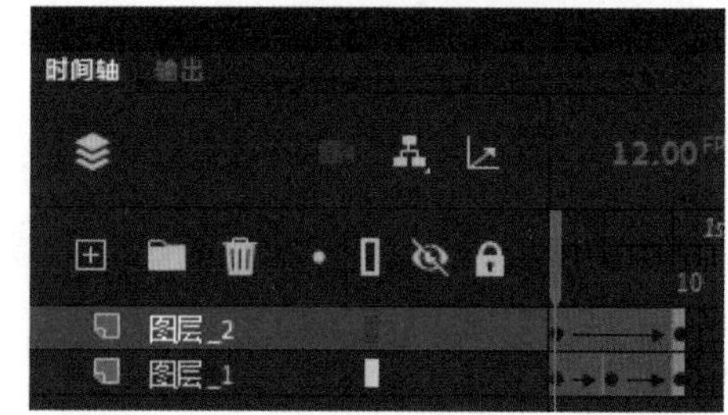

图 1-4-17　“气泡”上移的效果

（7）继续在“小鱼”影片剪辑元件编辑状态下，在“图层 2”的第 10 帧上选中“气泡”图形元件，在“属性”面板的“对象”选项中，将“色彩效果”选项组中“样式”的 Alpha

值设置为0，如图1-4-18所示，实现“气泡”上移并逐渐消失的效果。

（8）完成“小鱼”影片剪辑元件制作后返回“场景 1”，从“库”面板中将“小鱼”影片剪辑元件拖到舞台中，并拖动多次，分别调整它们的大小和位置，将影片剪辑元件转换为实例，如图1-4-19所示。

（9）拖到舞台中的一个“小鱼”影片剪辑元件就是一个“小鱼吐泡泡”实例，拖动多个，就会形成一群“小鱼吐泡泡”的画面。

（10）按“Ctrl+S”组合键保存文件，按“Ctrl+Enter”组合键测试动画效果。

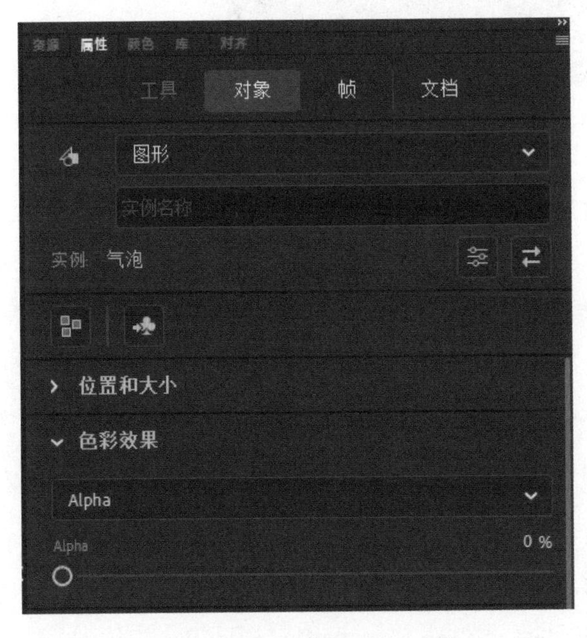

图1-4-18 设置Alpha值

图1-4-19 将影片剪辑元件转换为实例

小知识

① 在将元件从“库”面板拖到舞台中时，元件本身仍存放在“库”面板中，因此可以将拖到舞台中的实例看作元件的复制品。

② 改变舞台中实例的属性，并不会改变“库”面板中元件的属性；但改变“库”面板中元件的属性，会改变该元件所创建的所有实例的属性。

强化案例 1-4-1 制作“汽车充电”指示动画

【情景模拟】给电动汽车充电时，两个车灯会不停地闪烁，充电量指示表也在逐渐加码，场景生动形象，其效果如图1-4-20所示。

图 1-4-20 “汽车充电”指示动画的效果

二、熟悉按钮元件的制作方法与库的运用

1. 按钮元件

按钮元件用于实现动画的交互功能，可以响应鼠标单击、滑过或其他动作。使用按钮可以控制动画播放，与动画进行交互。按钮元件可以是一个图形、一张图片，甚至可以是透明的按钮。

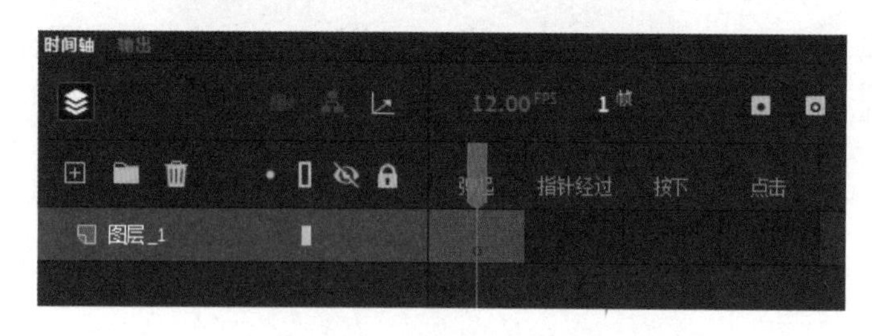

图 1-4-21 按钮元件的时间轴

按钮元件的时间轴与其他元件不同，其由 4 帧组成，分别是“弹起”帧、“指针经过”帧、“按下”帧和“点击”帧，每一帧表示了一种鼠标状态，对应 4 种响应鼠标的操作状态，如图 1-4-21 所示。

下面通过具体的操作来讲解按钮元件的制作方法。

（1）新建一个 Animate 文档，将舞台大小设置为 200px×200px，背景颜色设置为白色，帧频设置为 12fps。

（2）在菜单栏中选择“插入”→“新建元件”命令，弹出“创建新元件”对话框，在“名称”文本框中输入“按钮元件”，在“类型”下拉列表中选择“按钮”选项，如图 1-4-22 所示。

（3）单击“确定”按钮，进入按钮元件编辑区。

（4）在按钮元件编辑区中，将当前图层的名称修改为“按钮外观”。单击“弹起”帧，选择“矩形工具”，将“矩形边角半径”全部设置为“30”，“笔触颜色”设置为无色，“填充颜色”设置为从蓝色（#003366）到白色（#FFFFFF）的渐变色，“类型”设置为线性渐变，绘制圆角矩形，如图 1-4-23 所示。

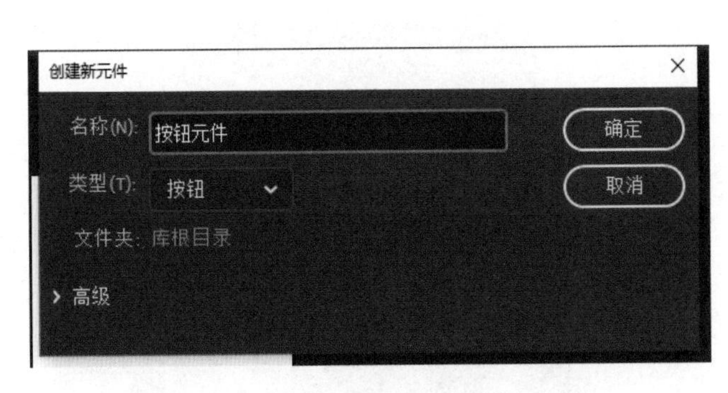

图 1-4-22　“创建新元件”对话框

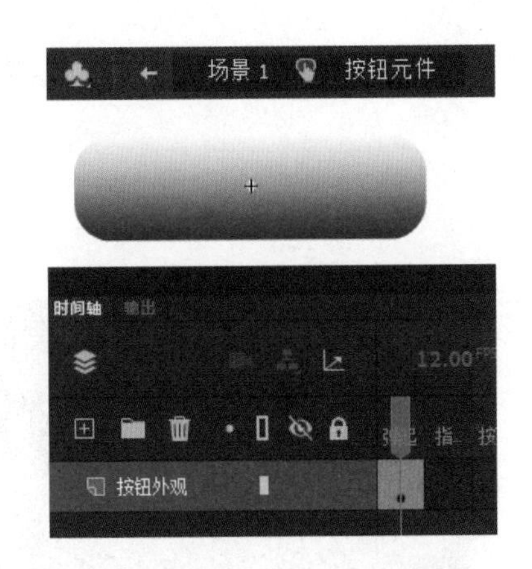

图 1-4-23　绘制圆角矩形

（5）在“按钮外观”图层上新建一个图层，并将其重命名为“文本”。

（6）单击“文本”图层的“弹起”帧，选择“文本工具”，将文本颜色设置为白色，输入文字“弹起”，将它放在圆角矩形上，即在按钮上添加文字，如图 1-4-24 所示。

（7）单击“按钮”图层的“指针经过”帧，按 F6 键，插入关键帧。选择“颜料桶工具”，将图形颜色改为从绿色（#009900）到白色（#FFFFFF）的渐变色。单击“文本”图层的“指针经过”帧，按 F6 键，插入关键帧。双击文本框，将文本框中的文字修改为“经过”，如图 1-4-25 所示。

（8）单击“按钮外观”图层的“按下”帧，按 F6 键，插入关键帧。选择“颜料桶工具”，将图形颜色改为从黄色（#CCFF00）到白色（#FFFFFF）的渐变色。单击“文本”图层的“按下”帧，按 F6 键，插入关键帧。双击文本框，将文本框中的文字修改为“按下”，如图 1-4-26 所示。

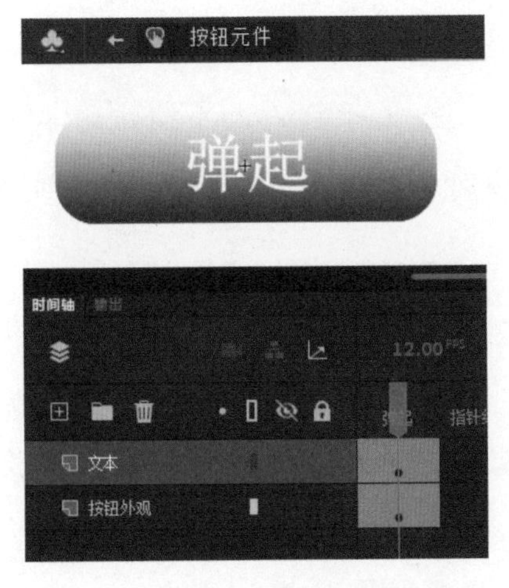

图 1-4-24　在按钮上添加文字

图 1-4-25　“指针经过”帧的外观及文字

（9）单击“按钮外观”图层的“点击”帧，按 F6 键，插入关键帧。选中关键帧后，将“颜色”面板中“类型”线性渐变改为纯色，红色（#FF0000），如图 1-4-27 所示。

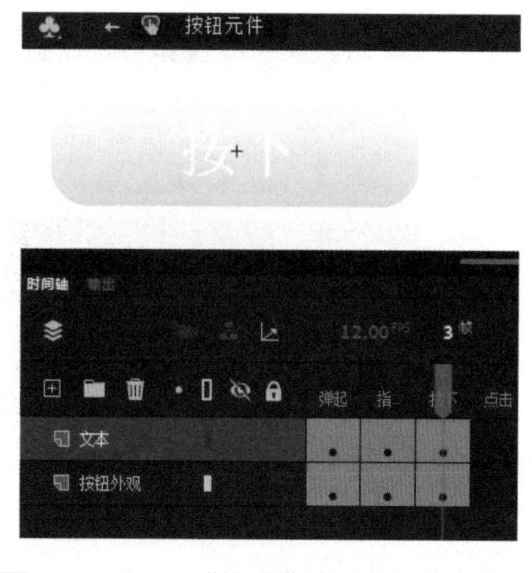

图1-4-26 “按下”帧的外观及文字

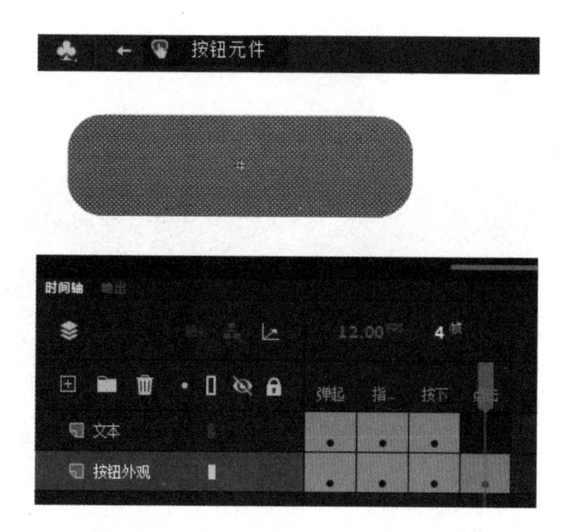

图1-4-27 “点击”帧的设置

（10）返回“场景 1”，将按钮元件拖到舞台中，这样就可以创建一个按钮元件实例。

（11）在菜单栏中选择“文件”→“保存文件”命令，将文件名设置为“绘制按钮.fla”。

（12）按“Ctrl+Enter”组合键测试动画效果，单击动画中的按钮，观察鼠标指针经过、按下按钮时的不同状态，体验按钮的作用。

小知识

① 按钮元件有以下 4 种状态。

弹起：鼠标和按钮没有发生接触，按钮处于一般状态。

指针经过：鼠标指针经过按钮但没有按下的状态。

按下：鼠标指针移到按钮上方，并按下的状态。

点击：此状态用于定义按钮响应鼠标事件的有效区域，此区域不会在影片中显示。若没有绘制“点击”状态的区域，则“弹起”帧的范围就是按钮的有效响应范围。

② 绘制有效的单击区域在按钮的使用中极为必要。若没有定义文字按钮的单击区域，则其有效区域只在文字的轮廓上，当单击文字镂空区域时，按钮是没有反应的，因此，要养成为创建的每个按钮绘制单击区域的良好习惯。

③ 按钮制作完成后，在菜单栏中选择“控制”→“启用简单按钮”命令，就可以在场景中直接测试按钮的动态效果。

④ 在一般情况下，按钮上会有文字说明，在按钮上添加文本时，建议将文本放在单独的图层中，以便于编辑管理。

⑤ 元件之间是可以相互嵌套使用的，如可以把影片剪辑元件实例放在按钮元件的某个状态帧中，以制作动态按钮。

2. 库的运用

库就相当于 Animate 中的仓库，用来存放制作动画所需的元件及导入的各类素材，如位图、声音文件和视频剪辑等。“库”面板是制作动画时使用频率非常高的面板之一，可以方便用户灵活地调用元件及素材。“库”面板如图 1-4-28 所示。

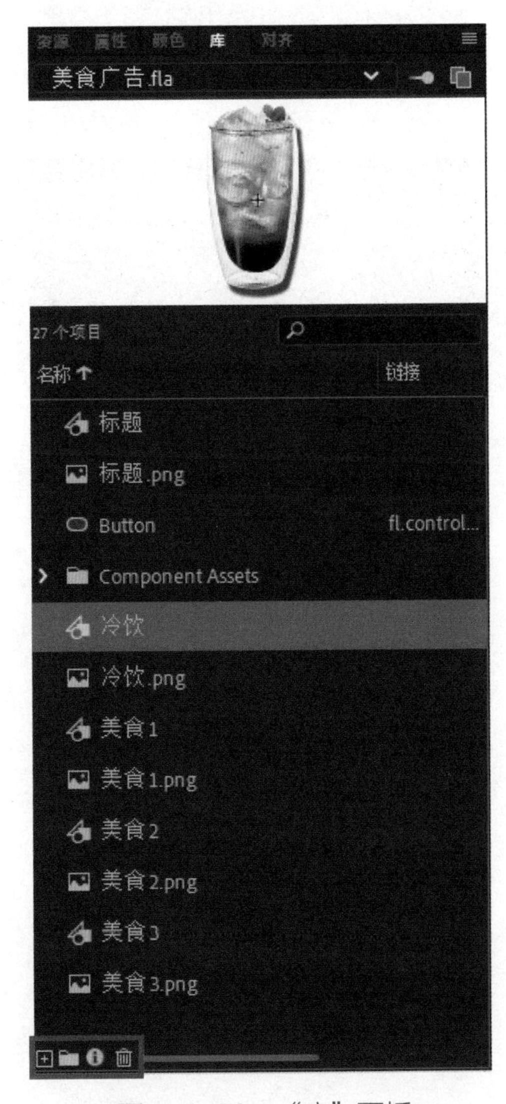

图 1-4-28 “库”面板

下面详细介绍“库”面板的相关操作。

（1）打开“库”面板。

在菜单栏中选择“窗口”→“库”命令，或者按“Ctrl+L”组合键，打开“库”面板，选中“库”面板中的任意一个元件或素材，其内容就会在预览窗口中显示出来。

（2）新建元件。

单击“库”面板下方的“新建元件”按钮，在弹出的“创建新元件”对话框中可以新建元件，如图 1-4-29 所示。

（3）更改元件的属性。

选中“库”面板中的某个元件，单击“库”面板下方的“属性”按钮，在弹出的“元件属性”对话框中可以修改元件的属性。

（4）直接复制元件。

选中“库”面板中的某个元件并右击，在弹出的快捷菜单中选择“直接复制”命令，弹出“直接复制元件”对话框，在该对话框中可以对复制的元件进行设置，如图 1-4-30 所示。

图 1-4-29　“创建新元件”对话框

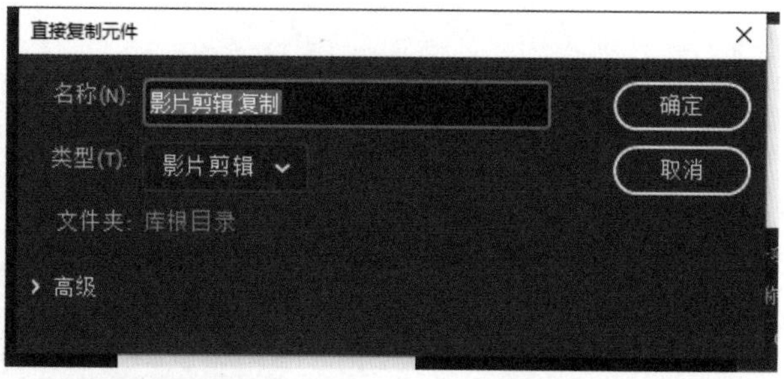

图 1-4-30　“直接复制元件”对话框

（5）删除元件。

选中“库”面板中某个不需要的元件，单击“库”面板下方的“删除”按钮就可以删除选中的元件。

（6）新建文件夹。

单击“库”面板下方的“新建文件夹”按钮就可以创建一个新的文件夹，可以将“库”面板中的元件或各类素材进行分类存储。

小知识

① 元件被复制之后，原有的元件依旧存在，只是将新创建的元件复制到“库”面板中。

② 删除元件的方法如下。

方法一：选中“库”面板中不需要的元件并右击，在弹出的快捷菜单中选择“删除”命令。

方法二：选中“库”面板中不需要的元件，按 Delete 键。

方法三：选中“库”面板中不需要的元件，单击面板下方的“删除”按钮。

③ 在“库”面板中右击，弹出的快捷菜单中有一些常见的命令。

3. CC Libraries

Animate 集成了 Creative Cloud Libraries。Creative Cloud Libraries 可帮助跟踪自己所有的设计资源。创建图形资源并将它们保存到该库后，就可以将它们用在 Animate 文档中。设计资源会自动同步，并可以与任何具有 Creative Cloud 账户的人共享。创意团队可以跨 Adobe

桌面和移动应用程序工作，因此共享库的资源始终最新，并可以在任何地方使用。提供用于从库导入和重复使用图形的支持选项。Animate 支持的资源类型有：颜色和颜色主题、画笔、Graphics 以及矢量画笔。

在菜单栏中选择“窗口”→“CC Libraries”命令，打开面板，如图 1-4-31 所示。

CC Libraries 面板如图 1-4-32 所示：A. Creative Cloud Library 文件夹；B. 将项目显示为图标；C. 将项目显示为列表；D. 从 Adobe Stock 中搜索图像；E. Creative Cloud Library 内容面板；F. 添加颜色；G. 同步 Creative Cloud Libraries；H. 删除库中的项目。

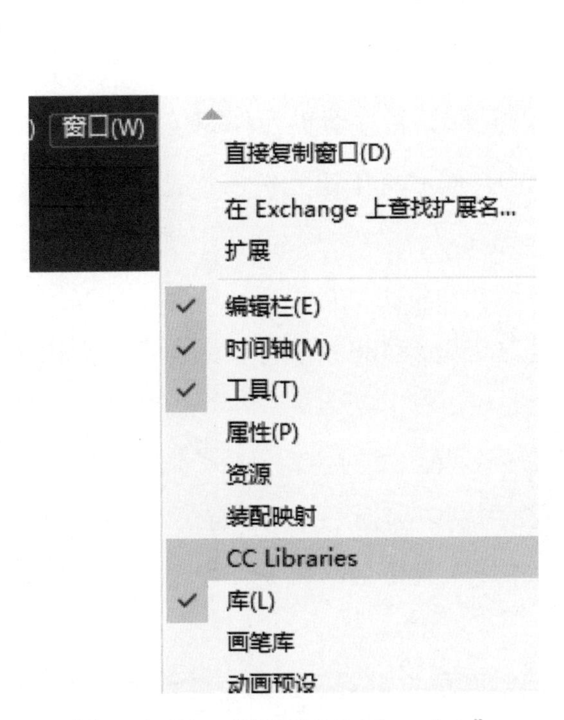

图 1-4-31 打开“CC Libraries”

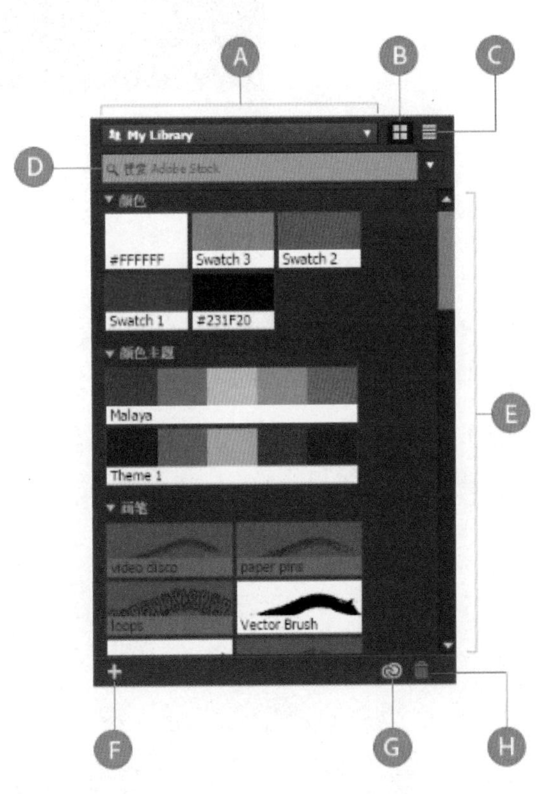

图 1-4-32 CC Libraries 面板内容介绍

下面通过案例进一步介绍按钮元件的制作方法。

案例 1-4-2 制作“灯火万家”动画

【情景模拟】制作“灯火万家”动画，夜晚的城市安静而美丽，一扇扇窗户透着家的温暖，当鼠标指针经过时，屋里的灯就会慢慢变暗，当鼠标指针离开或按下时窗户又透出了温暖的光，其效果如图 1-4-33 所示。

图 1-4-33 “灯火万家”动画的效果

【案例分析】导入背景素材，首先分别创建图形元件、影片剪辑元件和按钮元件，然后将图形元件和影片剪辑元件放在按钮元件不同的帧中，最后将按钮元件多次拖到舞台中。需要注意元件之间的嵌套使用。

【制作步骤】制作动画的步骤如下。

（1）新建一个 Animate 文档，将舞台大小设置为 550px×400px，背景颜色设置为白色，帧频设置为 12fps。

（2）在菜单栏中选择“插入”→“新建元件”命令，弹出“创建新元件”对话框，在“名称”文本框中输入“夜景和高楼”，在“类型”下拉列表中选择“图形”选项，进入该元件的编辑区。在菜单栏中选择“文件”→“导入”→“导入到舞台”命令，弹出“导入”对话框，将图片“城市夜景.jpg”导入舞台中。

（3）新建“图层 2”，选择“钢笔工具”，将“笔触颜色”设置为黑色，绘制楼宇外轮廓，然后用“颜料桶”工具填充黑色，如图 1-4-34 所示。

（4）返回“场景 1”，将“夜景和高楼”图形元件拖到舞台中，并调整其大小，使之与舞台大小相同。

（5）创建名称为“窗户”的图形元件，进入元件编辑区。选择“矩形工具”，将“笔触颜色”设置为无色，“填充颜色”设置为橘黄色（#FF9900），绘制正方形，如图 1-4-35 所示。

（6）创建名称为“窗户灯光”的影片剪辑元件。进入该元件编辑区，将“窗户”图形元件拖到舞台中。在第 10 帧中插入关键帧，制作第 1～10 帧的补间动画，如图 1-4-36 所示。

（7）选中第 10 帧，在“属性”面板中，将“色彩效果”选项组中的“样式”设置为“Alpha”，并将 Alpha 值设置为 0，如图 1-4-37 所示。

（8）在菜单栏中选择“插入”→“新建元件”命令，弹出“创建新元件”对话框，创建“名称”为“窗户按钮”、“类型”为“按钮”的元件，进入元件编辑区。单击“弹起”帧，将“窗户”图形元件拖到舞台中，调整其位置，使其中心与舞台中心对齐，如图 1-4-38 所示。

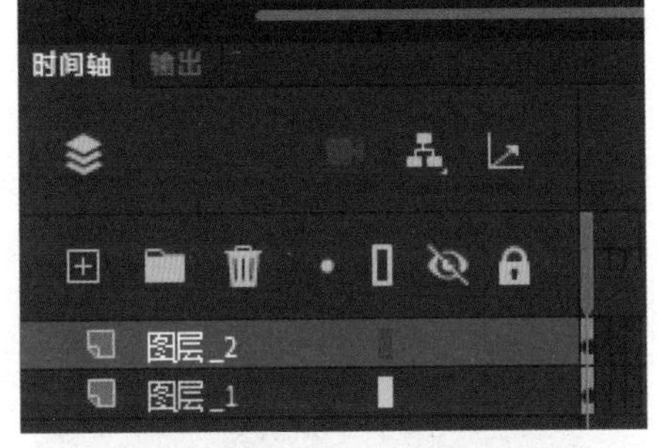

图 1-4-34　绘制楼宇图形

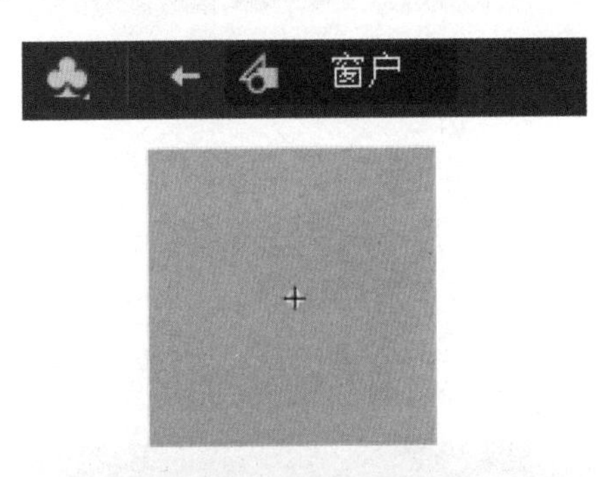

图 1-4-35　绘制正方形

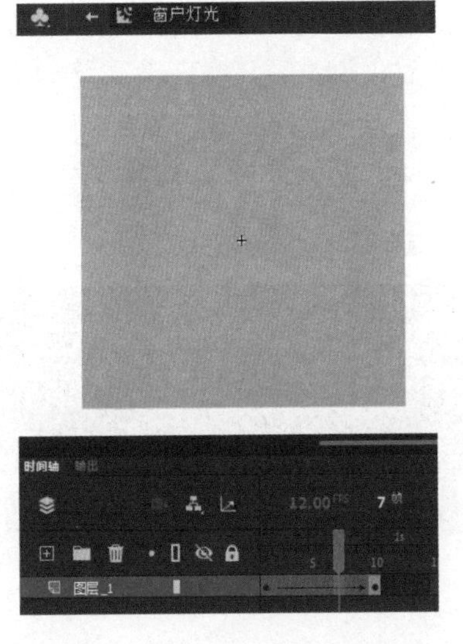

图 1-4-36　创建补间动画

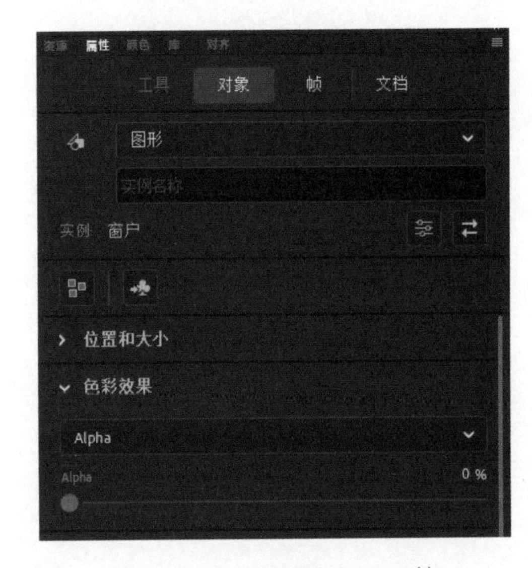

图 1-4-37　设置 Alpha 值

（9）单击“指针经过”帧，按 F7 键，插入空白关键帧。将“窗户灯光”影片剪辑元件拖到舞台中，调整其位置，使其中心与舞台中心对齐，如图 1-4-39 所示。

（10）单击“按下”帧，按 F7 键，插入空白关键帧。将“窗户”图形元件拖到舞台中，调整其位置，使其中心与舞台中心对齐，如图 1-4-40 所示。

（11）单击“点击”帧，按 F6 键，插入关键帧。将“按下”帧的图形作为按钮的有效单击区域，如图 1-4-41 所示。

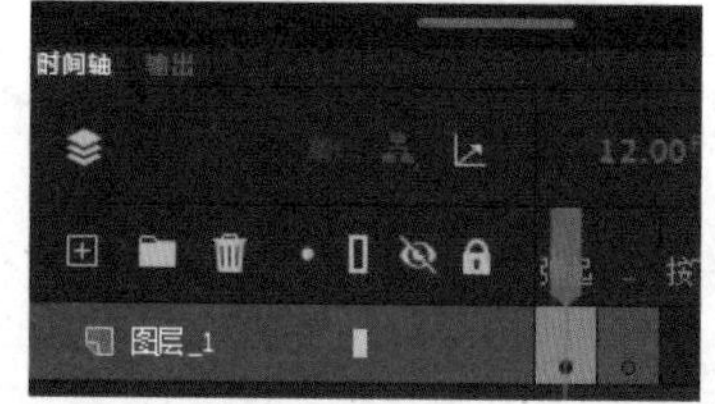

图 1-4-38　绘制“弹起”帧

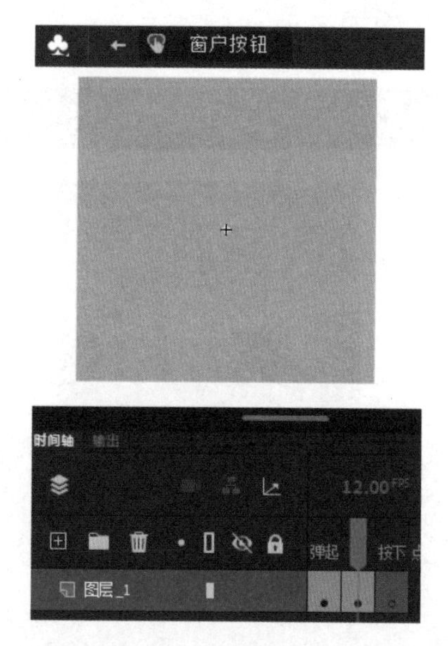

图 1-4-39　绘制“指针经过”帧

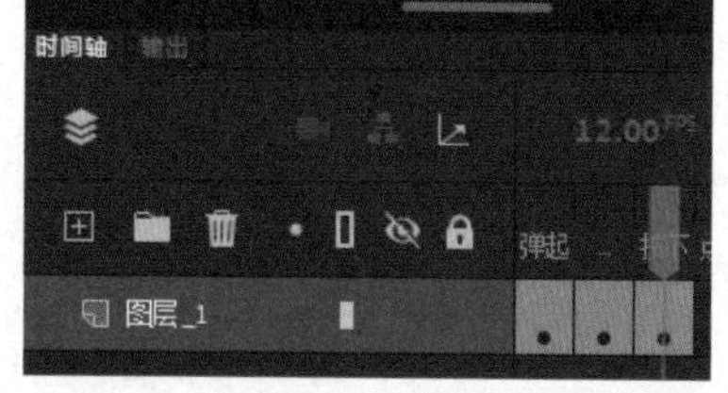

图 1-4-40　绘制“按下”帧

图 1-4-41　绘制“点击”帧

（12）返回“场景 1”，将按钮元件反复多次拖到舞台中，调整各按钮实例的大小和位置。按“Ctrl+Enter”组合键测试动画效果，可以看到，各楼宇的窗户透着光亮，当鼠标指针经过时，各窗户由亮变暗，当鼠标指针离开或按下时，窗户又亮了起来。

强化案例 1-4-2　制作“松鼠吃苹果”动画

【情景模拟】松鼠想吃苹果，看把苹果吓得，当鼠标指针滑过“苹果”时，“苹果的脸”都变色了，其效果如图 1-4-42 所示。

图1-4-42 “松鼠吃苹果”动画的效果

任务小结

本任务主要介绍了元件的概念，图形元件、影片剪辑元件和按钮元件的创建方法，以及库和组件的运用。通过各个案例，读者可以熟悉元件的操作，并且可以使用元件来制作效果较为复杂的动画。

模拟实训

一、实训目的

（1）掌握图形元件的操作方法。

（2）掌握按钮元件的操作方法。

（3）掌握影片剪辑元件的操作方法。

（4）使用元件的嵌套制作较为复杂的动画效果。

二、实训内容

（1）制作“水波荡漾”动画，地面上水波荡漾，人好像站在水面上，如图1-4-43所示。

提示

创建影片剪辑元件，制作水波效果，将元件多次拖到舞台中，分别调整各实例的大小。

（2）制作“动态小鱼”按钮，按钮正常时显示为静态小鱼，当鼠标指针经过按钮时，小鱼开始吐泡泡，如图1-4-44和图1-4-45所示。

图 1-4-43 "水波荡漾"动画的效果

提示

将小鱼的静态图片放在按钮元件的"弹起"帧和"按下"帧上，将小鱼的影片剪辑元件放在按钮元件的"指针经过"帧上。

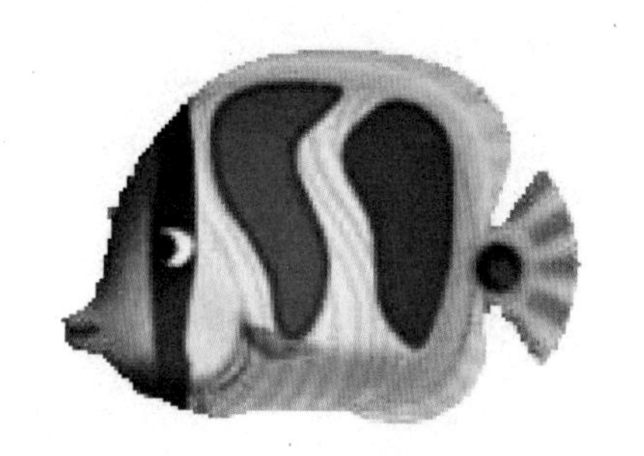

图 1-4-44 按钮的"弹起"帧

图 1-4-45 按钮的"指针经过"帧

任务 5 遮罩动画的制作

遮罩动画是 Animate 中的一个很重要的动画类型，很多炫目神奇的效果都是通过遮罩动画来实现的。那么，遮罩动画是如何产生这些特效的呢？本任务除了介绍遮罩动画的基本知识，还会结合实际案例讲解遮罩动画的制作方法和技巧。

任务目标

（1）了解遮罩的原理及概念。

（2）熟练掌握遮罩动画的制作方法。

任务训练

一、了解什么是遮罩

运用遮罩制作的动画称为遮罩动画。遮罩效果的获得一般需要两个图层：上面的图层称为遮罩层，看到的是形状；下面的图层称为被遮罩层，通过上面图层的形状可以看到该层的内容。遮罩动画分为遮罩层动画和被遮罩层动画，将制作在遮罩层上的动画称为遮罩层动画，将制作在被遮罩层上的动画称为被遮罩层动画。

Animate 遮罩动画，能够透过该动画遮罩层中的对象看到被遮罩层中的对象及其属性（包括它们的变形效果），但是遮罩层中对象的许多属性，如渐变色、透明度、颜色和线条样式等却是被忽略的。例如，无法通过遮罩层的渐变色来实现被遮罩层的渐变色变化。遮罩主要有两种用途：一种是用在整个场景或一个特定区域中，使场景外的对象或特定区域外的对象不可见；另一种是用来遮住某一元件的一部分，从而实现要求的一些特殊的效果。

1．构成遮罩层和被遮罩层的元素

遮罩层中的图形对象在播放时是看不到的，遮罩层中的内容可以是按钮、影片剪辑、图形、位图和文字等，但不能是线条，如果一定要使用线条，则可以使用“修改”→“形状”→“将线条转换为填充”命令，将线条转换为填充即可。

被遮罩层中的对象只能透过遮罩层中的对象被看到。在被遮罩层中，可以使用按钮、影片剪辑、图形、位图、文字和线条。

2．遮罩中可以使用的动画形式

可以在遮罩层、被遮罩层中分别或同时使用形状补间动画、传统补间动画、逐帧动画等，从而使遮罩动画变成一个可以施展无限想象力的创作空间。

二、掌握遮罩动画的制作方法

在创建简单的遮罩动画时，首先要在 Animate 动画源文件时间轴上分别建立遮罩层和被

遮罩层，然后分别在这两个图层中添加对象，最后在遮罩层上执行“遮罩层”命令。遮罩层与被遮罩层的位置关系是遮罩层必须在被遮罩层的上方，在遮罩层中有对象的地方就是透明的，可以看到被遮罩层中的对象，而没有对象的地方就是不透明的，被遮罩层中相应位置的对象是看不见的。下面通过具体的操作来讲解遮罩动画的制作方法。

（1）新建一个 Animate 文档，将图片“中秋.jpg”导入舞台中，这个图层为被遮罩层，调整图片的大小和位置，使图片覆盖整个舞台，如图 1-5-1 所示。

要创建遮罩动画，至少需要两个图层，下面被遮罩的图层是看到的内容，还需要在被遮罩的图层上创建一个遮罩层，作为看到被遮罩层的窗口。

（2）新建一个图层，在这个图层中使用“椭圆工具”绘制一个圆形（填充任意颜色）。这里计划将这个圆形作为遮罩动画中的电影镜头对象来使用，如图 1-5-2 所示。

图 1-5-1　导入被遮罩层的图片

图 1-5-2　制作遮罩层填充图形

现在，影片有两个图层，“图层 1”上放置的是导入的图片，“图层 2”上放置的是绘制的圆形（计划用作电影镜头对象）。

（3）定义遮罩动画效果。在“时间轴”面板上选中“图层 2”并右击，在弹出的快捷菜单中选择“遮罩层”命令，如图 1-5-3 所示。

遮罩成功后，遮罩的效果如图 1-5-4 所示，观察“时间轴”面板上图层结构和舞台的变化。

“图层 1”的图标改变了，从普通图层变成被遮罩层（被拍摄图层），图层缩进，图层被自动加锁。

“图层 2”的图标改变了，从普通图层变成遮罩层（放置拍摄镜头的图层），图层被加锁。

舞台显示也发生了变化，只显示电影镜头“拍摄”出来的对象，其他不在电影镜头区域内的舞台对象都没有显示。

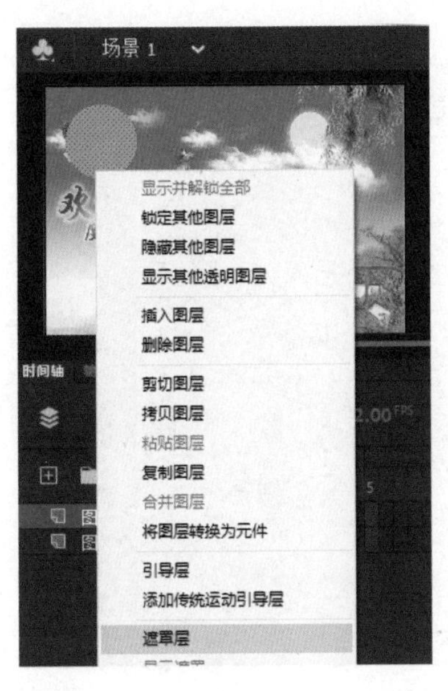

图 1-5-3　选择“遮罩层”命令

图 1-5-4　遮罩的效果

通常，在制作一些比较精细、复杂的动画（如在图片上抠取一些人物、物体等）时，会用到遮罩，因为遮罩出来的对象边沿比较实，像素点比较好，清晰度和原图是一样的，这是遮罩最大的一个优点，如图 1-5-5 所示。

（4）如果想把遮罩去掉，可以在“图层 2”上右击，在弹出的快捷菜单中选择“遮罩层”命令即可，如图 1-5-6 所示。

图 1-5-5　遮罩效果示例

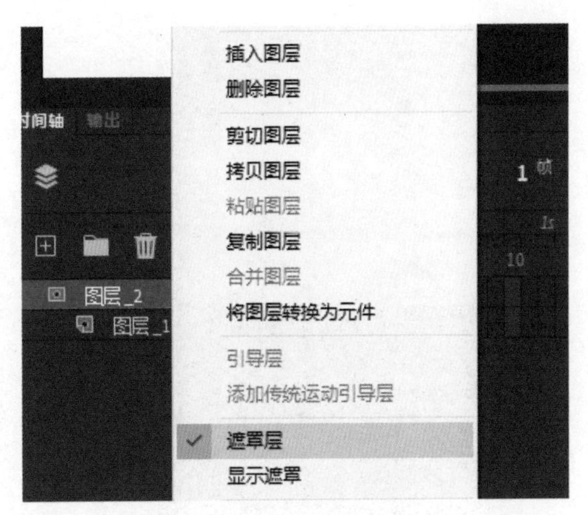

图 1-5-6　取消遮罩层

（5）可以用另一种方法来创建遮罩。在“图层 2”上右击，在弹出的快捷菜单中选择“属性”命令，弹出“图层属性”对话框，在“类型”选项组中选中“遮罩层”单选按钮，如图 1-5-7 所示。

在“图层 1”上用相同的方法弹出“图层属性”对话框，在“类型”选项组中选中“被遮罩”单选按钮，如图 1-5-8 所示。

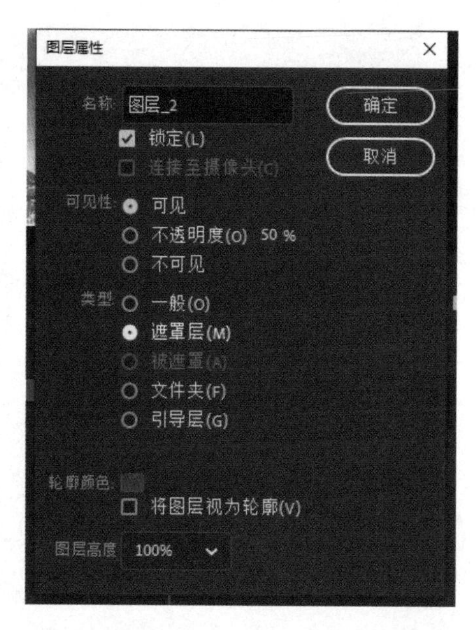

图 1-5-7　选中“遮罩层”单选按钮

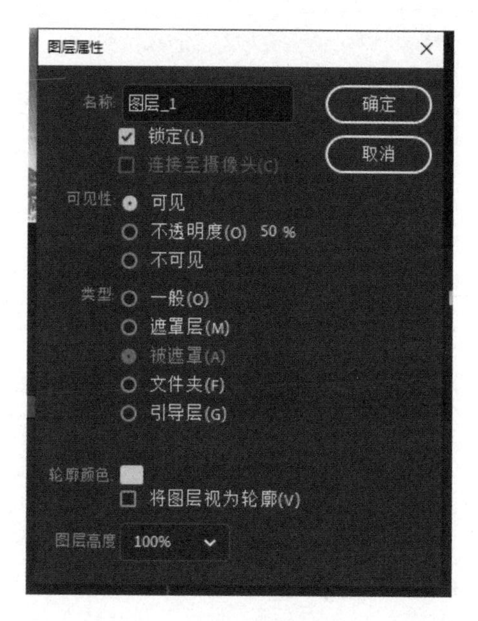

图 1-5-8　选中“被遮罩”单选按钮

上述操作完成之后，在两个图层上加上图层“锁”即可完成遮罩制作。

（6）如果想看到被遮罩层其他地方的内容，则可以将遮罩“图层 2”上的图层“锁”打开，将遮罩层的图形移到其他位置，再锁定图层，如图 1-5-9 所示。

同样，也可以用相同的方法打开被遮罩层的“锁”，将被遮罩层的图片移动位置，如图 1-5-10 所示。

图 1-5-9　改变遮罩层图形的位置

图 1-5-10　改变被遮罩层图形的位置

小知识

在 Animate 动画中，在遮罩层上创建一个任意形状的“视窗”，遮罩层下方的被遮罩层对象可以通过该“视窗”显示出来，而被遮罩层“视窗”之外的对象将不会显示。

三、熟练掌握遮罩层动画的制作方法

制作遮罩层动画，就是在遮罩层上使用形状补间动画、补间动画和逐帧动画等制作动画。下面介绍如何在遮罩层上制作遮罩层动画。

（1）与前面的操作相同，在 Animate 影片源文件的“图层 1”中导入图片，调整其大小和位置，使其覆盖整个舞台，本层将作为被遮罩层。

（2）在“图层 2”中使用“椭圆工具”绘制一个圆形（填充任意颜色），本层将作为遮罩层。

（3）在“图层 1”的第 20 帧中插入普通帧，使图形从第 1 帧延伸到第 20 帧，如图 1-5-11 所示。

（4）分别在“图层 2”的第 5 帧、第 10 帧、第 15 帧和第 20 帧中插入关键帧，并且将第 5 帧、第 10 帧、第 15 帧和第 20 帧中的圆形分别移到不同位置，如图 1-5-12 所示。

图 1-5-11　插入普通帧

图 1-5-12　在遮罩层中插入多个关键帧

（5）在“图层 2”的第 1～5 帧、第 5～10 帧、第 10～15 帧、第 15～20 帧中分别创建形状补间动画，本层将作为遮罩层，如图 1-5-13 所示。

（6）按“Ctrl+Enter”组合键测试动画效果，可以看到图形在场景中的连续变化，如图 1-5-14 所示。

（7）选中“图层 2”并右击，在弹出的快捷菜单中选择“遮罩层”命令即可完成遮罩层动画的制作，如图 1-5-15 所示。

（8）按“Ctrl+Enter”组合键测试动画效果，透过遮罩层运动的圆形区域，可以看到被遮罩层连续变化的图像，如图 1-5-16 所示。

图 1-5-13　在遮罩层中创建多个形状补间动画

图 1-5-14　测试遮罩层形状补间动画的效果

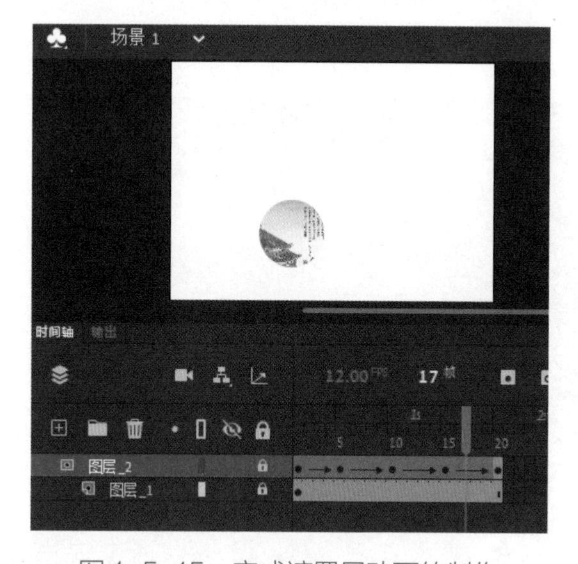

图 1-5-15　完成遮罩层动画的制作

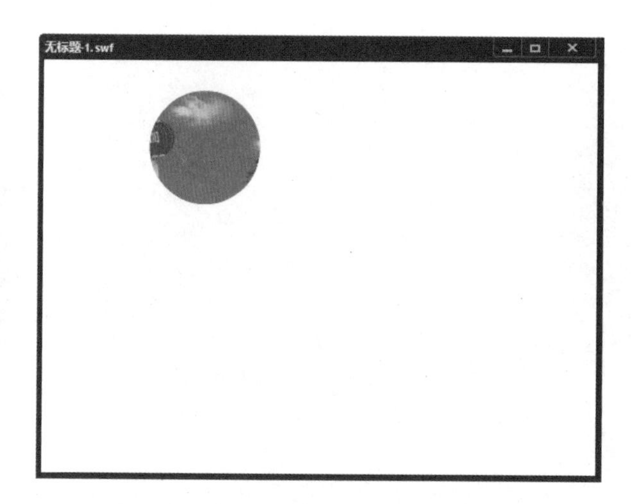

图 1-5-16　测试遮罩层动画的效果

下面通过案例进一步介绍遮罩层动画的制作方法。

案例 1-5-1　制作“探照灯”动画

【情景模拟】制作“探照灯”动画，在黑夜中，随着椭圆形的探照灯的移动，物体从黑暗的背景中凸显出来，如图 1-5-17 所示。

【案例分析】先导入背景图片，再制作遮罩层，并通过遮罩层的运动实现动画的效果。在制作过程中，需要注意“亮度”属性的设置。

图 1-5-17 “探照灯”动画的效果

【制作步骤】制作动画的步骤如下。

（1）新建一个 Animate 文档，将舞台大小设置为 550px×400px，背景颜色设置为白色，帧频设置为 12 fps。

（2）将“图层 1”重命名为“背景”，在菜单栏中选择“文件”→“导入”→“导入到舞台”命令，在弹出的“导入”对话框中，将图片“花朵.jpg”导入舞台中，调整图片大小，使其与舞台大小相同。

（3）选中“背景”图层的第 1 帧中的图片并右击，在弹出的快捷菜单中选择“转换为元件”命令，弹出“转换为元件”对话框，将图形转换为元件，如图 1-5-18 所示。

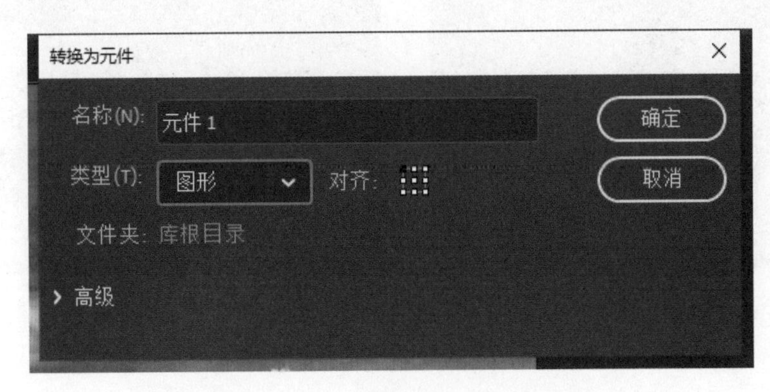

图 1-5-18 将图形转换为元件

（4）在“背景”图层中添加“图层 2”，选中“背景”图层的第 1 帧并右击，在弹出的快捷菜单中选择“复制帧”命令，选中“图层 2”的第 1 帧并右击，在弹出的快捷菜单中选择“粘贴帧”命令，将“图层 1”的第 1 个关键帧中的图片复制到“图层 2”的第 1 个关键帧中，使两张图片的大小和位置相同，或者选中“背景”图层的第 1 帧，按住 Alt 键拖拽到“图层 2”的第 1 个关键帧中，也可复制帧。

（5）选中“背景”图层的元件实例，打开“属性”面板的“对象”选项，在“色彩效果”

选项组的下拉列表中选择“亮度”选项，并将“亮度”的值设置为“-70%”，如图 1-5-19 所示。

（6）在“图层 2”的上方添加“图层 3”，在“图层 3”中绘制一个椭圆，并将其转换为元件。

（7）选中“图层 3”的第 35 帧并右击，在弹出的快捷菜单中选择“插入关键帧”命令，并移动椭圆，创建第 1～35 帧的传统补间动画。

（8）分别在“背景”图层和“图层 2”的第 35 帧中按 F5 键，插入普通帧。

（9）选中“图层 3”并右击，在弹出的快捷菜单中选择“遮罩层”命令，将其转换为遮罩层，如图 1-5-20 所示。

（10）按“Ctrl+Enter”组合键测试动画效果。

本案例在遮罩层中运用了补间动画，所以，该层中的椭圆对象在动画播放时将从左向右移动，被遮罩层中的对象（图片）不会移动，随着动画的播放，犹如探照灯从图片上面徐徐扫过。

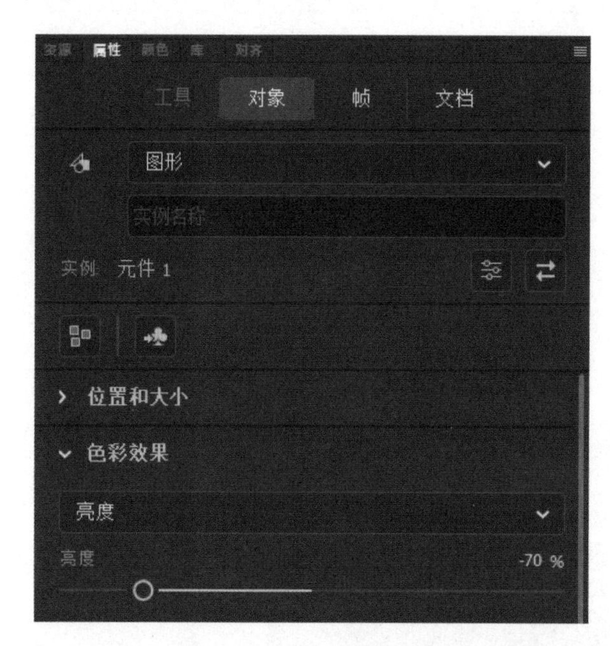

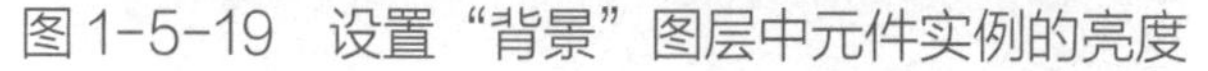
图 1-5-19　设置“背景”图层中元件实例的亮度

图 1-5-20　将“图层 3”转换为遮罩层

强化案例 1-5-1　制作“电压力锅广告”动画

【情景模拟】电压力锅做“促销活动”啦，“看功能，看价格”，利用遮罩动画，制作文字、价格逐渐出现的特效，其效果如图 1-5-21 所示。

图 1-5-21 “电压力锅广告”动画的效果

四、熟练掌握被遮罩层动画的制作方法

被遮罩层动画，就是固定遮罩层的形状、大小或位置，通过在被遮罩层上使用形状补间动画、补间动画等来制作动画效果。下面介绍在被遮罩层中制作动画的方法。

（1）新建一个 Animate 文档，将舞台大小设置为 450px×150px，背景颜色设置为白色，帧频设置为 12fps。

（2）选择“文本工具”，在“属性”面板“工具”选项中，展开“字符”选项组，将“系列”设置为“Arial”，“样式”设置为“Black”，“大小”设置为“75pt”，文本填充为红色，在舞台中输入“Animate”，选中文字执行“修改”→“分离”命令，或按“Ctrl+B”组合键将文字打散两次成为形状，本层将作为遮罩层，如图 1-5-22 所示。

（3）新建“图层 2”，将“图层 2”放在“图层 1”的下方，在“图层 2”中使用“矩形工具”绘制一个无边框矩形（填充任意颜色），本层将作为被遮罩层，如图 1-5-23 所示。

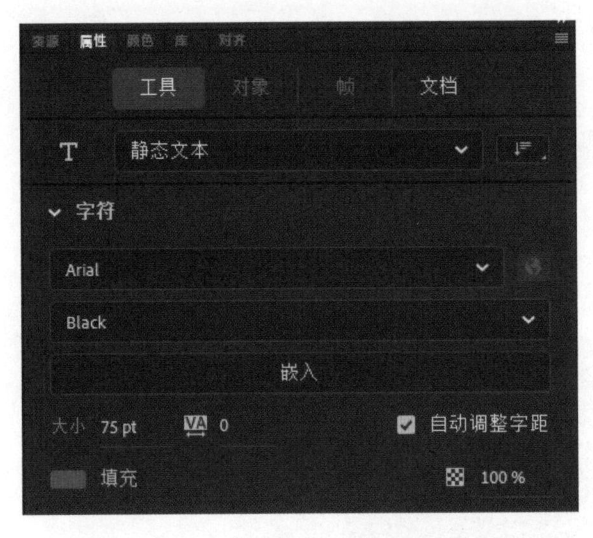

图 1-5-22 遮罩层文字属性的设置

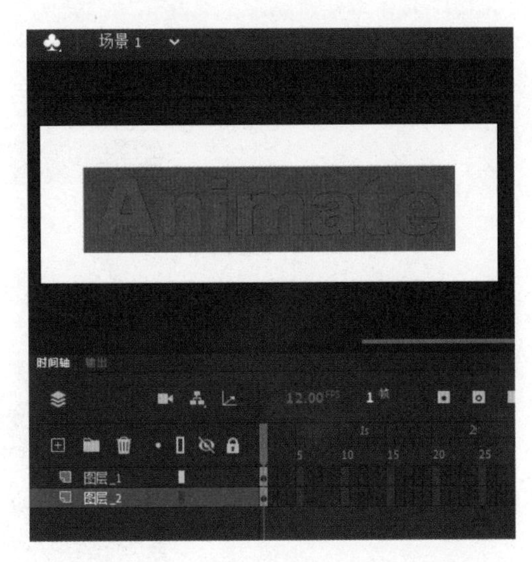

图 1-5-23 绘制被遮罩层的图形

（4）在“图层 1”的第 20 帧中插入普通帧，使图形从第 1 帧延伸到第 20 帧。

（5）分别在“图层 2”的第 5 帧、第 10 帧、第 15 帧和第 20 帧中插入关键帧。

（6）在“图层 2”的第 1～5 帧、第 5～10 帧、第 10～15 帧、第 15～20 帧中分别创建形状补间动画，如图 1-5-24 所示。

（7）在“图层 2”的第 1 帧中选中矩形，在“属性”面板中设置的色调为“#000066”，如图 1-5-25 所示。

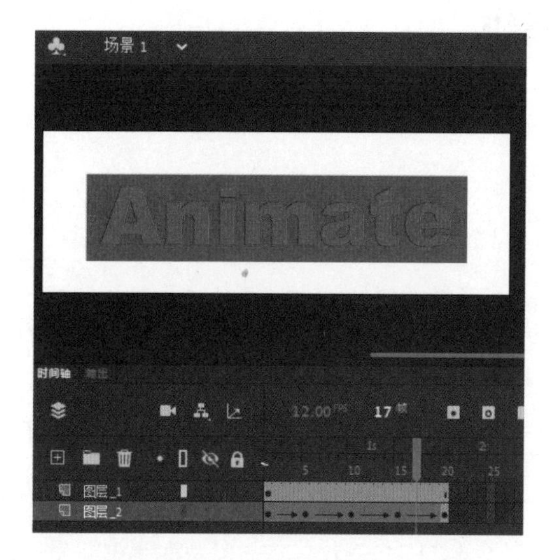

图 1-5-24　创建形状补间动画

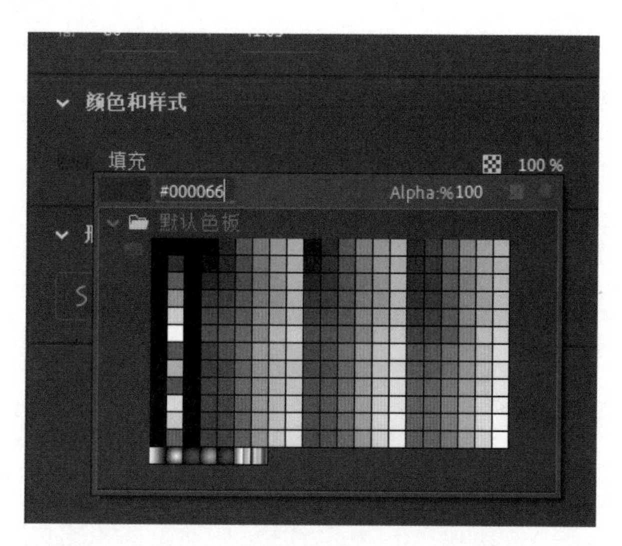

图 1-5-25　设置“图层 2”的第 1 帧中矩形的色调

（8）在“图层 2”的第 5 帧中选中矩形，在“属性”面板中设置的色调为“#00FFFF”。

（9）在“图层 2”的第 10 帧中选中矩形，在“属性”面板中设置的色调为“#99FF33”。

（10）在“图层 2”的第 15 帧中选中矩形，在“属性”面板中设置的色调为“#CCFF99”。

（11）在“图层 2”的第 20 帧中选中矩形，在“属性”面板中设置的色调为“#99CCFF”。

（12）选中“图层 1”并右击，在弹出的快捷菜单中选择“遮罩层”命令，这样就可以完成被遮罩层动画的制作，如图 1-5-26 所示。

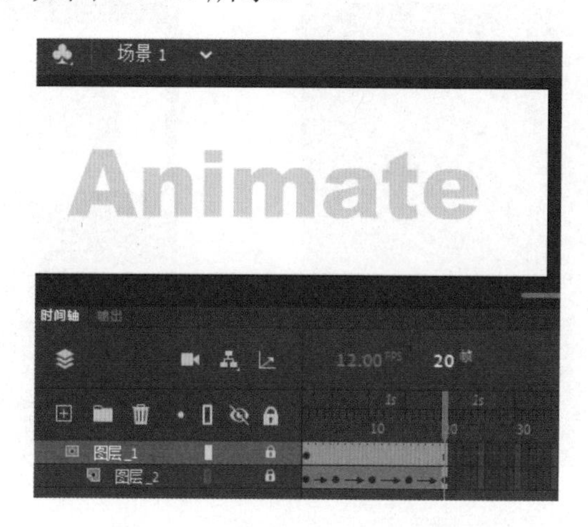

图 1-5-26　被遮罩层动画

（13）按“Ctrl+Enter”组合键测试动画效果，可以看到文字因为被遮罩层色调的变化而变化。

下面通过案例进一步介绍被遮罩层动画的制作。

案例 1-5-2 制作“古诗”动画

【情景模拟】在繁星满天的背景下，《静夜思》的文字由下而上缓慢地出现，其效果如图 1-5-27 所示。

图 1-5-27 “古诗”动画的效果

【案例分析】输入文字，将文字作为被遮罩层，绘制一个矩形作为遮罩层，通过被遮罩层的运动形成文字逐步显示动画的效果。

【制作步骤】制作动画的步骤如下。

（1）新建一个 Animate 文档，将舞台大小设置为 550px×400px，背景颜色设置为白色，帧频设置为 12fps。

（2）在菜单栏中选择“文件”→“导入”→“导入到舞台”命令，在弹出的“导入”对话框中，将图片“夜空.jpg”导入舞台中，并使其与舞台的大小相同。

（3）在“图层 1”的上方添加“图层 2”，选择“文本工具”，将“字体”设置为楷书，“字号”设置为 40pt，“文本颜色”设置为黄色，输入《静夜思》，并将文字转换为元件，调整其位置，使其位于舞台的下方，如图 1-5-28 所示。

（4）在“图层 2”的上方添加“图层 3”，使用“矩形工具”绘制一个较大的正方形，使其位于舞台的上方，如图 1-5-29 所示。

（5）选中“图层 3”的第 120 帧，按 F5 键插入普通帧。

（6）选中“图层 2”的第 120 帧，按 F6 键插入关键帧，创建第 1～120 帧的传统补间动画。选中第 120 帧，向上移动文字元件，使其被正方形全部覆盖，如图 1-5-30 所示。

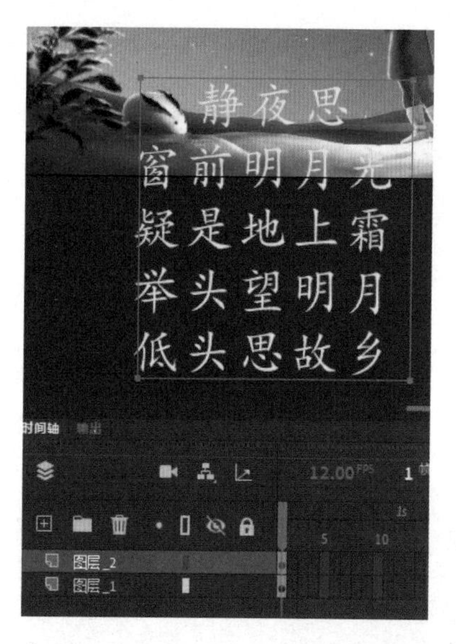

图 1-5-28　输入文字

图 1-5-29　绘制正方形

图 1-5-30　设置元件的位置

（7）选中“图层 1”的第 120 帧，按 F5 键插入普通帧，此时，“时间轴”面板的效果如图 1-5-31 所示。

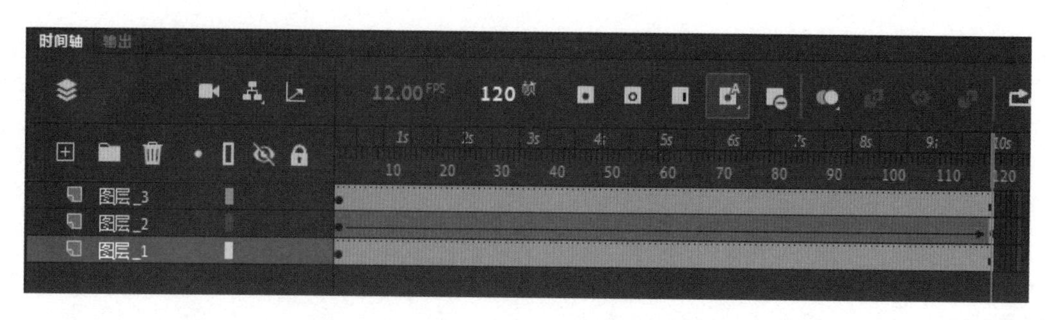

图 1-5-31　“时间轴”面板的效果

（8）选中“图层 3”并右击，在弹出的快捷菜单中选择“遮罩层”命令，制作完成后的“时间轴”面板如图 1-5-32 所示。

（9）按“Ctrl+Enter”组合键测试动画效果。

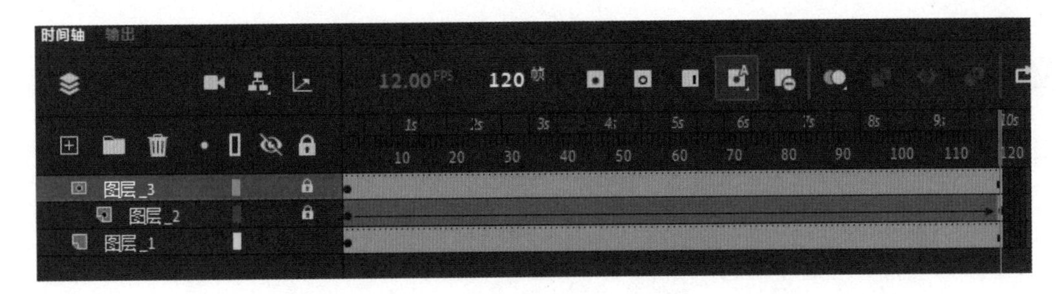

图 1-5-32　制作完成后的“时间轴”面板

小知识

应用遮罩时的技巧如下。

① 要想在场景中显示遮罩效果，可以锁定遮罩层和被遮罩层。

② 不能用一个遮罩层试图遮挡另一个遮罩层。

③ 遮罩可以应用在 GIF 动画上。

④ 在动画编辑过程中，遮罩层经常遮挡下层的元件，影响用户视线，无法编辑，此时可以单击遮罩层“时间轴”面板中的将所有图层显示为轮廓的按钮，使遮罩层只显示边框形状，在这种情况下，用户还可以拖动边框调整遮罩图形的外形和位置。

⑤ 在被遮罩层中不能放置动态文本。

强化案例 1-5-2　制作“时尚服装秀”动画

【情景模拟】校园时装秀即将开始，美丽的时装展示宣传画让人心动，大家是否有兴趣参加呢？“时尚服装秀”动画的效果如图 1-5-33 所示。

图 1-5-33　“时尚服装秀”动画的效果

下面通过一个综合案例来介绍遮罩动画的制作方法。

案例 1-5-3 制作“美食广告”动画

【情景模拟】饿了么？想吃什么呢？牛排、意大利面、浓汤、酸梅汁可供选择，其效果如图 1-5-34 所示。

图 1-5-34 “美食广告”动画的效果

【案例分析】利用遮罩层动画和被遮罩层动画技术，制作食物和文字逐渐出现的特效。绘制椭圆，创建形状补间动画；创建“茶杯”图片的遮罩层动画；绘制矩形，导入文本图片，创建文本图片的被遮罩层动画。

【制作步骤】制作动画的步骤如下。

（1）新建一个 Animate 文档，将舞台大小设置为 800px×600px，背景颜色设置为白色，帧频设置为 24fps。

（2）在菜单栏中选择“文件”→“导入”→“导入到库”命令，弹出“导入”对话框，在该对话框中打开美食广告素材包，将所有的素材导入“库”面板中，并使用“插入”→“新建元件”命令将 5 张素材图片分别制作成图形元件备用，如图 1-5-35 所示。

（3）先将“图层 1”重命名为“美食 2”，再将图形元件“美食 2”拖到舞台的适当位置，并使其持续到第 135 帧，如图 1-5-36 所示。

（4）新建图层并将其命名为“圆形”。选择“椭圆工具”，在工具栏中将“笔触颜色”设置为无，“填充颜色”设置为任意颜色，按住 Shift 键的同时在舞台中绘制一个圆形，使其完全遮盖“美食 2”图层上的“美食 2”元件实例，如图 1-5-37 所示。

（5）在“圆形”图层的第 25 帧上按 F6 键插入关键帧。选中“圆形”图层的第 1 帧，切换到“变形”面板，将“缩放宽度”选项和“缩放高度”选项均设置为 1%，按 Enter 键，将该关键帧上的圆形缩放。“变形”面板的设置如图 1-5-38 所示。

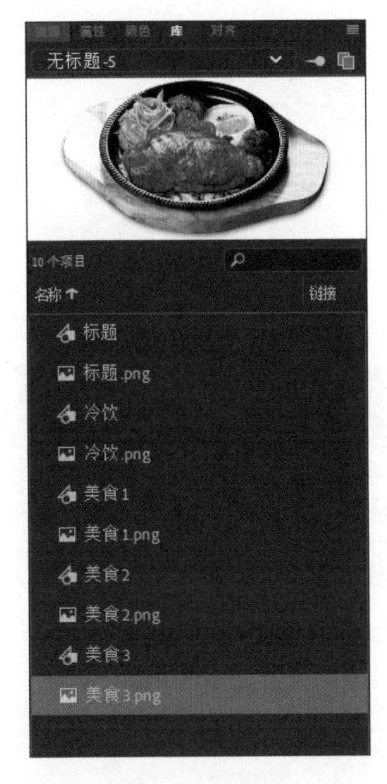

图 1-5-35　制作图形元件

图 1-5-36　制作“美食 2”图层

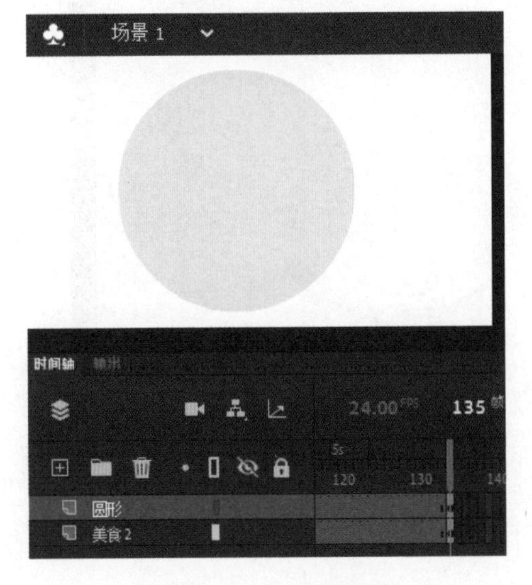

图 1-5-37　绘制圆形

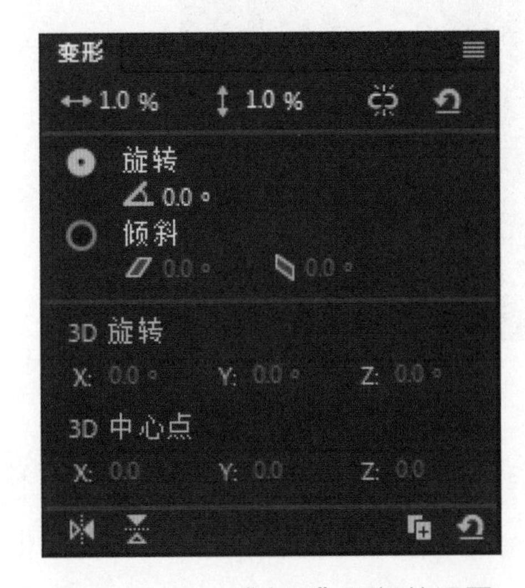

图 1-5-38　“变形”面板的设置

（6）右击“圆形”图层的第 1 帧，在弹出的快捷菜单中选择“创建补间形状”命令，创建形状补间动画。在“圆形”图层上右击，在弹出的快捷菜单中选择“遮罩层”命令，将“圆形”图层设置为遮罩层，“美食 2”图层设置为被遮罩层，如图 1-5-39 所示。

（7）新建图层并将其命名为“美食 1”，在该图层的第 25 帧上按 F6 键插入关键帧，将“库”面板中的“美食 1”图形元件拖到舞台的适当位置，并持续到第 135 帧，如图 1-5-40 所示。

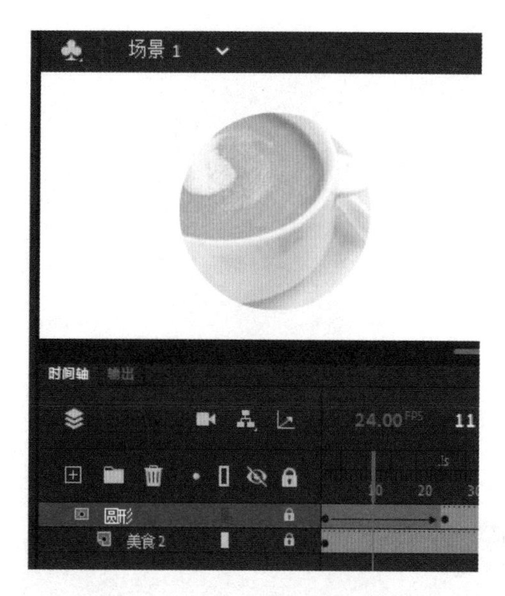

图 1-5-39　制作遮罩动画

图 1-5-40　制作“美食 1”图层

（8）在“美食 1”图层的第 50 帧上按“F6”键插入关键帧。将“美食 1”图层的第 25 帧上的“美食 1”图形元件水平向左拖到舞台外适当的位置，如图 1-5-41 所示。

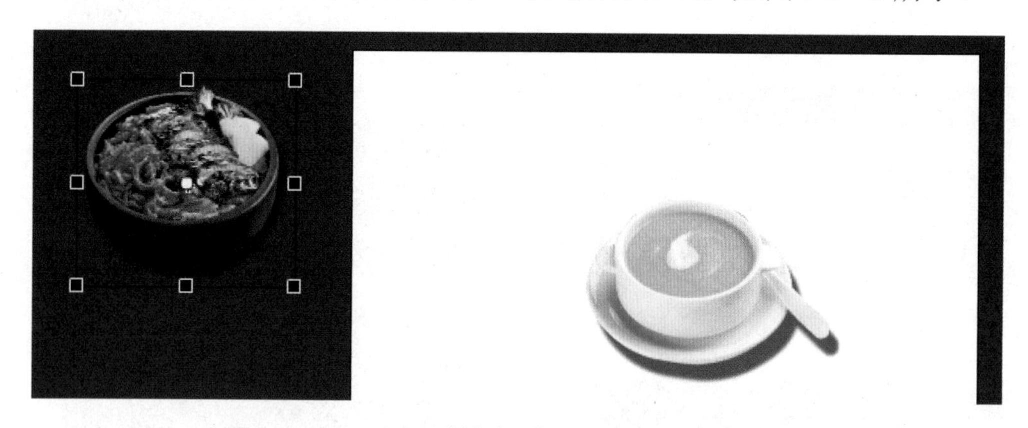

图 1-5-41　设置“美食 1”图形元件的初始位置

（9）在“属性”面板“对象”选项中选择“色彩效果”选项组，在“样式”下拉列表中选择“Alpha”选项，并将 Alpha 值设置为 0。右击“美食 1”图层的第 25 帧，在弹出的快捷菜单中选择“创建传统补间”命令，创建传统补间动画，如图 1-5-42 所示。

（10）按照上述方法创建“美食 3”图层和“冷饮”图层，制作“美食 3”图形元件从下向上、“冷饮”图形元件从右向左移到舞台的传统补间动画，效果如图 1-5-43 所示。

（11）创建“标题”图层，同样制作“标题”图形元件从下向上移动的传统补间动画，效果如图 1-5-44 所示。

（12）在“标题”图层上新建“矩形”图层，并在第 65 帧插入关键帧，将鼠标指针放在第 85 帧的位置，绘制任意填充色的矩形框，使其刚好完全遮住下面图层上的文字部分，效果如图 1-5-45 所示。

图 1-5-42　创建传统补间动画

图 1-5-43　创建“美食 3”图形元件、“冷饮”图形元件的传统补间动画

图 1-5-44　创建“标题”图形元件的传统补间动画

图 1-5-45　绘制矩形框

（13）选择“矩形”图层，将其设置为遮罩层，则下面被遮罩层中经过矩形框的文字将显示出来，没有矩形框的地方，文字将不能显示，达到遮罩的目的，最后将“时间轴”面板中所有图层延长至第 135 帧，已增加动画的停留时间，效果如图 1-5-46 所示。

图 1-5-46　制作被遮罩层动画

（14）按“Ctrl+Enter”组合键测试动画效果。

任务小结

本任务主要介绍遮罩的基本概念、遮罩动画的制作方法、遮罩层动画和被遮罩层动画的制作方法等，并通过案例介绍将形状补间动画、补间动画灵活运用到遮罩中，以制作出炫目神奇的动画效果。

模拟实训

一、实训目的

（1）掌握遮罩动画的制作方法。

（2）掌握遮罩层动画和被遮罩层动画的制作方法。

（3）能够运用遮罩来制作各种动画效果。

二、实训内容

（1）制作文字从左到右的“滚动字幕”动画，其效果如图 1-5-47 所示。

提示

将矩形框作为遮罩层，文字作为被遮罩层，通过被遮罩层中文字的运动展现出文字的滚动效果。

图 1-5-47 “滚动字幕”动画的效果

（2）制作百叶窗。当百叶窗关闭时，显示一幅美景图；当百叶窗拉开时，显示一幅山水风景画，效果如图 1-5-48 所示。

提示

先导入两张图片，一张作为背景层，另一张作为被遮罩层；然后制作“窗叶”影片剪辑元件；最后用制作的“窗叶”影片剪辑元件排列组合成的窗帘作为遮罩层。

图 1-5-48 “百叶窗”动画的效果

任务6 引导层动画的制作

前面使用补间动画让动画对象运动起来，但其运动路径都是直线形式的。在日常生活中，大多数物体的运动路径是曲线或不规则的，如飘落的雪花、抛出的篮球、飞翔的小鸟等。使用引导层动画就可以实现对象不规则运动的动画效果。本任务将介绍引导层动画的基本知识及制作方法和技巧。

任务目标

（1）了解引导层动画的概念。

（2）掌握引导层动画的制作方法。

任务训练

一、了解引导层动画的概念

引导层动画是指一个或多个对象沿着设计好的路径运动。引导层动画由引导层和被引导层两个部分组成，二者缺一不可。

1．引导线

引导线是引导层动画最主要的部分，对象的运动路径就是通过引导线来设定的。引导线也就是运动对象的运动路径，既可以是圆形、矩形、多边形，也可以是弧线、不规则的直线或曲线等。

2．引导层和被引导层

用于绘制引导线的图层称为引导层。运动对象所在的图层称为被引导层。在制作引导层动画时，必须是引导层在上，被引导层在下。

二、掌握引导层动画的制作方法

创建引导层动画时，先在“时间轴”面板上分别建立引导层和被引导层，然后在这两个图层上分别绘制引导线和制作动画对象的元件，最后使元件实例的开始关键帧和结束关键帧的位置分别与引导线的起点和终点重合。下面通过具体的操作来讲解引导层动画的制作方法。

（1）新建一个 Animate 文档，将舞台大小设置为 550px×400px，背景颜色设置为白色，帧频设置为 12fps。

（2）新建“元件 1”，将“类型”设置为“图形”，在元件编辑区中使用“椭圆工具”绘制一个小球（任意颜色），将“元件 1”拖到舞台中，这个小球就是运动对象，如图 1-6-1 所示。

引导层动画属于补间动画，它的动画对象必须是元件。要制作引导层动画，至少需要两个图层，上面的图层用来绘制对象的运动路径，下面的图层用来放置运动对象。

（3）新建“图层 2”，使用“钢笔工具”绘制一条曲线（任意颜色），这条曲线就是引导线，如图 1-6-2 所示。

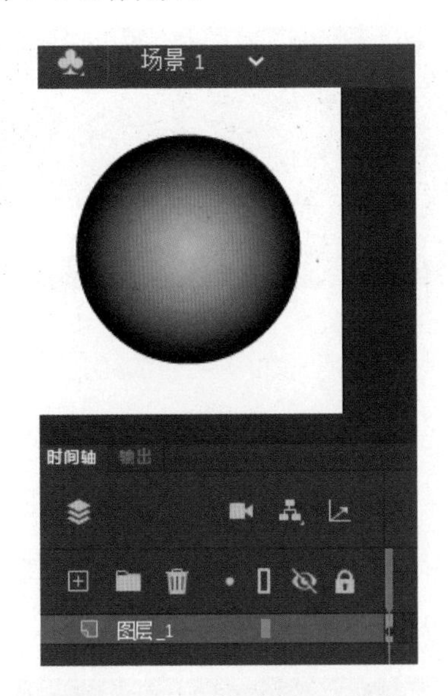

图 1-6-1　绘制运动对象

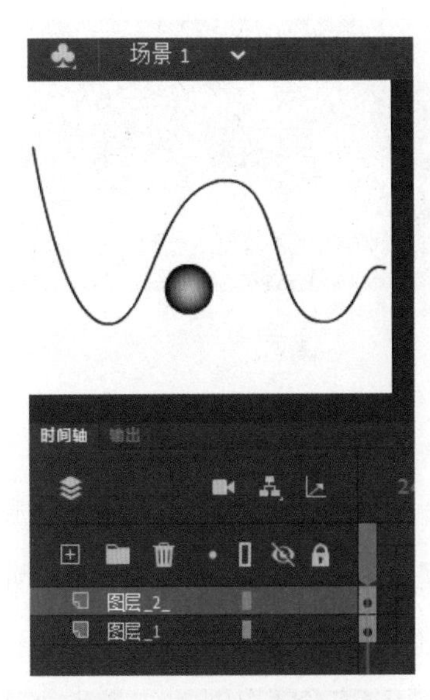

图 1-6-2　绘制引导线

此时，引导层动画所需要的两个图层就制作好了，“图层 1”中放置的是动画对象，“图层 2”中放置的是运动路径。

（4）制作引导层动画的效果。选中“图层 2”并右击，在弹出的快捷菜单中选择“引导层”命令，如图 1-6-3 所示。

此时，“图层 2”的图标会发生变化，表示“图层 2”由普通图层变为引导层，如图 1-6-4 所示。

（5）还需要将“图层 1”变为被引导层。选中“图层 1”，按住鼠标左键，将“图层 1”拖到“图层 2”的下方。

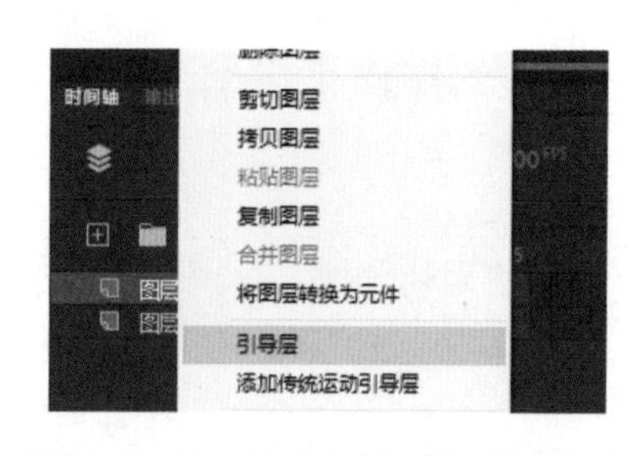

图 1-6-3　选择“引导层”命令

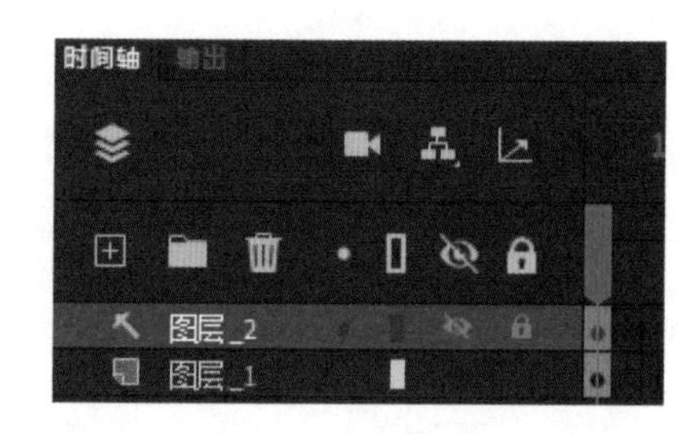

图 1-6-4　“图层 2”由普通图层变为引导层

此时，“图层 2”的图标又发生了变化，“小锤子”图标变成虚的曲线图标，“图层 1”的图标后移，“图层 1”由普通图层变为被引导层，如图 1-6-5 所示。下面需要对引导线和运动对象进行操作，让小球按照绘制的曲线运动。

（6）选中“图层 2”的第 20 帧，按 F5 键，插入普通帧，延长引导线的显示时间。

（7）选中“图层 1”的第 20 帧，按 F6 键，插入关键帧，如图 1-6-6 所示。

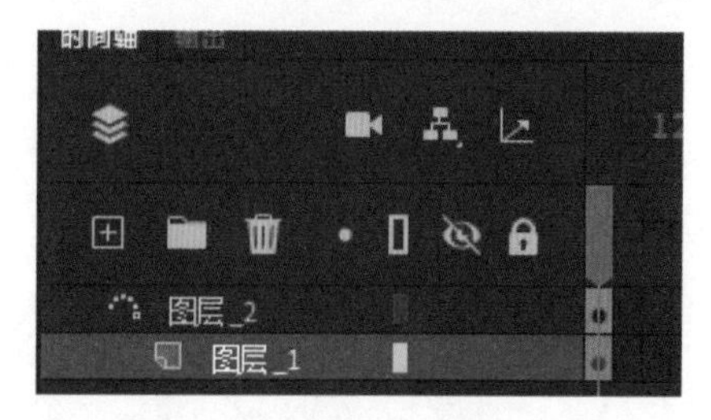

图 1-6-5　“图层 1”变为被引导层

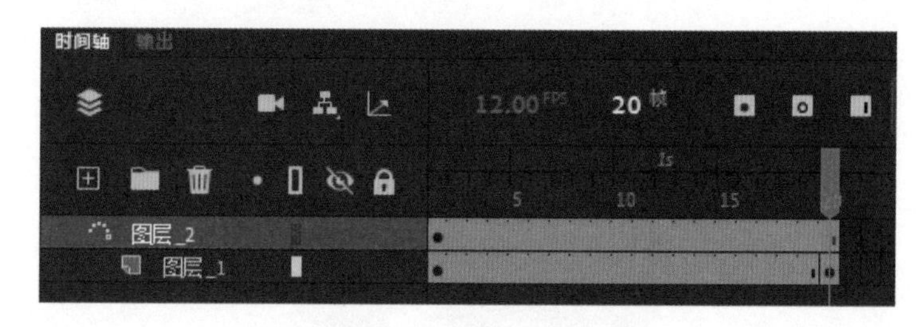

图 1-6-6　插入关键帧

（8）选中“图层 1”的第 1 帧，选中“小球”图形元件，按住鼠标左键，将其拖到引导线开始的位置，使小球的开始关键帧和引导线的起点重合，如图 1-6-7 所示。

（9）选中“图层 1”的第 20 帧，选中“小球”图形元件，按住鼠标左键，将其拖到引导线结束的位置，使小球的结束关键帧和引导线的终点重合，如图 1-6-8 所示。

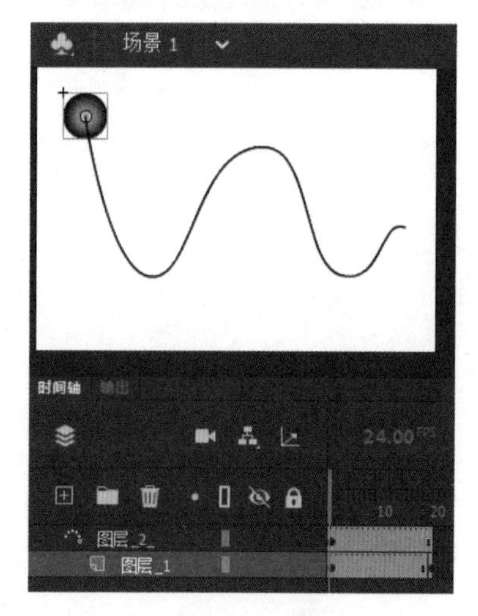

图 1-6-7　使小球的开始关键帧和引导线的起点重合

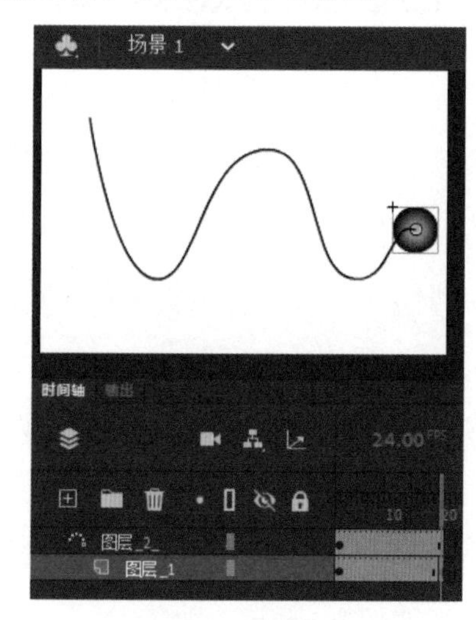

图 1-6-8　使小球的结束关键帧和引导线的终点重合

（10）在“图层 1”的两个关键帧之间创建传统补间动画，如图 1-6-9 所示。

（11）至此，整个引导层动画的制作就完成了，按“Ctrl+Enter”组合键测试动画效果。

（12）如果想取消引导层动画，则可以选中“图层 2”并右击，在弹出的快捷菜单中选择“引导层”命令，如图 1-6-10 所示。

（13）也可以用另一种方法来创建引导层。选中“图层 2”并右击，在弹出的快捷菜单中选择“属性”命令，弹出“图层属性”对话框，在该对话框的“类型”选项组中选中“引导层”单选按钮，如图 1-6-11 所示。

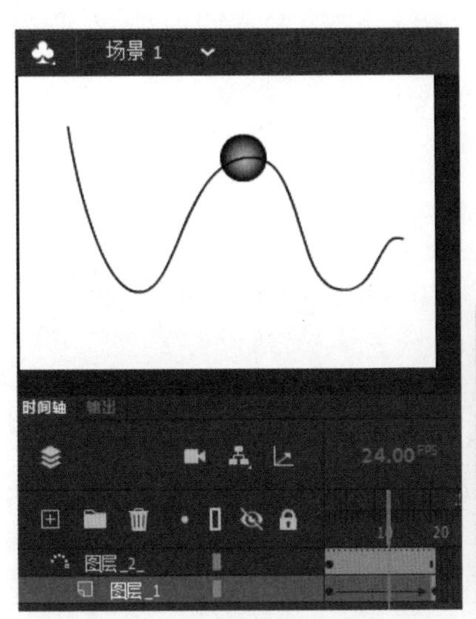

图 1-6-9　创建传统补间动画

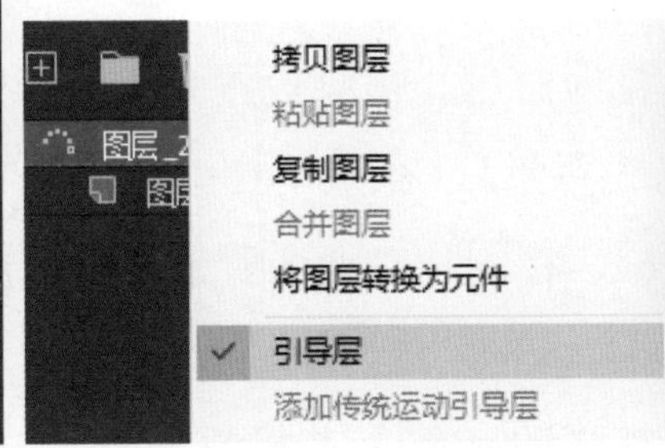

图 1-6-10　取消引导层动画

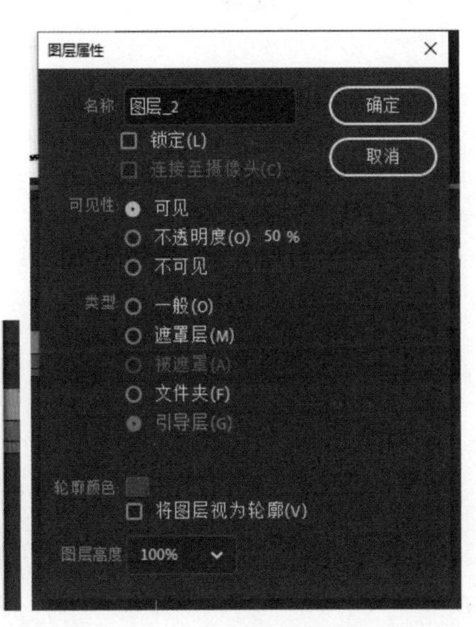

图 1-6-11　“图层属性”对话框

（14）使用前面的方法将“图层 1”创建为被引导层。

小知识

制作引导层动画的一般步骤如下。

① 在引导层上绘制运动路径。

② 在被引导层上制作补间动画。

③ 使对象元件的开始关键帧和结束关键帧分别与引导线的起点和终点重合。

制作引导层动画需要注意以下几点。

① 被引导对象必须是元件。

② 引导线不能是完全闭合的曲线，如果引导线是闭合的，则软件默认两点之间最短的路径为当前的运动路径，动画就不会沿着曲线运动。

③ 引导线必须是一条连续、流畅的线条，既不能中断，也不能重叠、交叉。

④ 引导线在导出的动画中不会显示。

下面通过案例进一步介绍引导层动画的制作方法。

案例 1-6-1 制作“蜜蜂采蜜”动画

图 1-6-12 “蜜蜂采蜜”动画的效果

【情景模拟】制作“蜜蜂采蜜”动画，在明媚的春光中，蜜蜂跳着“8”字舞在花丛中采蜜，其效果如图 1-6-12 所示。

【案例分析】使用引导层动画时，关键是制作引导线，并使封闭的引导线留有“缺口”，在将运动元件实例调整到引导路径线时，为了确保成功，可以使用“调整到路径”功能。

【制作步骤】制作动画的步骤如下。

（1）新建一个 Animate 文档，将舞台大小设置为 550px×400px，背景颜色设置为白色，帧频设置为 12fps。

（2）将“图层 1”重命名为“背景”，在菜单栏中选择“文件”→“导入”→“导入到舞台”命令，弹出“导入”对话框，将图片“卡通背景.jpg”导入舞台中。调整图片的大小，使其与舞台大小相同。

（3）在“背景”图层上方添加“图层 2”，并将其重命名为“蜜蜂”。将图片“蜜蜂.psd”导入舞台中，并调整图片的大小。

（4）选中导入“蜜蜂”图层的第 1 帧中的“蜜蜂”图片并右击，在弹出的快捷菜单中选择“转换为元件”命令，弹出“转换为元件”对话框，在“名称”文本框中输入“蜜蜂”，将“类型”设置为“图形”，单击“确定”按钮，将其转换为元件，如图 1-6-13 所示。

图 1-6-13 将图形转换为元件

（5）在“蜜蜂”图层上方添加“图层 3”，并将其重命名为“路径”。使用“椭圆工具”绘制一个椭圆，将“笔触颜色”设置为黑色，“填充颜色”设置为无色，并复制椭圆，使两个椭圆相切，呈“8”字形，如图 1-6-14 所示。

（6）使用“橡皮擦工具”擦除两个椭圆相邻的边缘，如图 1-6-15 所示。

（7）使用“选择工具”，拖动椭圆边缘，使右边椭圆的起点与左边椭圆的终点连接成一条曲线，如图 1-6-16 所示。

图 1-6-14　绘制两个椭圆　　图 1-6-15　擦除两个椭圆相邻的边缘　　图 1-6-16　连接两个椭圆

（8）分别在“背景”图层和“路径”图层的第 20 帧中按 F5 键，插入普通帧，在“蜜蜂”图层的第 20 帧中按 F6 键，插入关键帧，如图 1-6-17 所示。

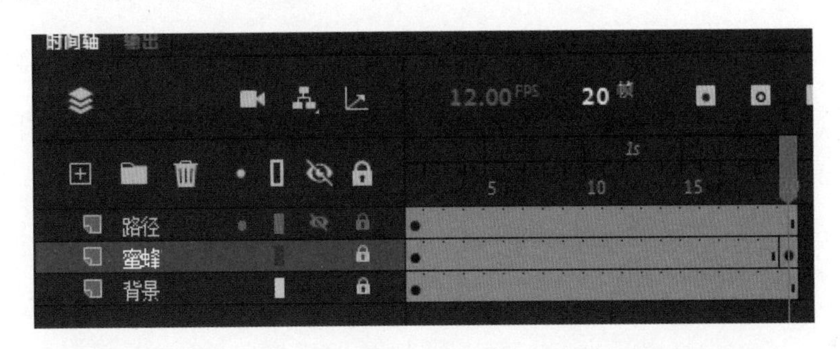

图 1-6-17　在不同图层中分别插入普通帧和关键帧

（9）选中“路径”图层并右击，在弹出的快捷菜单中选择“引导层”命令。选中“蜜蜂”图层，按住鼠标左键，将“蜜蜂”图层拖到“路径”图层的下方，创建引导层和被引导层，如图 1-6-18 所示。

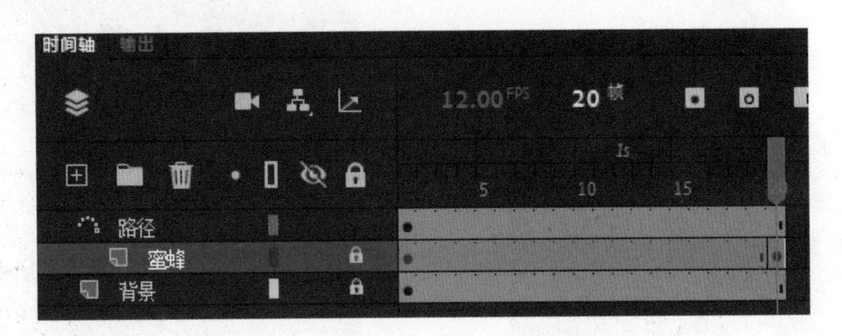

图 1-6-18　创建引导层和被引导层

（10）选中“蜜蜂”图层的第 1 帧，选中“蜜蜂”元件实例，按住鼠标左键，将其拖到引导线开始的位置（“8”字形的右上缺口线头），使对象的开始关键帧和引导线的起点重合，如图 1-6-19 所示。

图 1-6-19 对象的开始关键帧和引导线的起点重合

（11）选中“蜜蜂”图层的第 20 帧，选中“蜜蜂”元件实例，按住鼠标左键，将其拖到引导线的末端位置（“8”字形的左下缺口线头），使对象的结束关键帧和引导线的终点重合，如图 1-6-20 所示。

（12）在“蜜蜂”图层第 1 帧中创建传统补间动画，打开“属性”面板“帧”选项，选择“补间”选项卡，勾选“调整到路径”复选框，如图 1-6-21 所示，确保元件实例移到路径线上。

图 1-6-20 对象的结束关键帧和引导线的终点重合

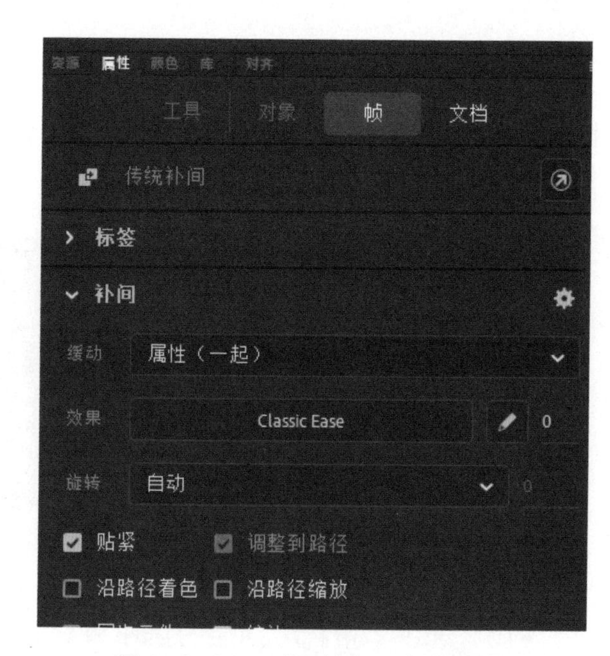

图 1-6-21 “属性”面板的设置

（13）按“Ctrl+Enter”组合键测试动画效果。

小知识

使用“选择工具”可以将两条线段连接成一条，在连接的时候可以选择使用“放大镜工具”，这样有利于调整需要连接的线段。单击这条线段中的任何一点，即可选中整条线段，表明这两条线段连接成功。

案例 1-6-2　制作“跳跃的蘑菇头”动画

制作“跳跃的蘑菇头”动画，顶着蘑菇头样的卡通小人，在不同高度的台子上跳跃时有“超级玛丽”的感觉，其效果如图 1-6-22 所示。

【案例分析】绘制不规则的曲线作为引导层，卡通小人为被引导层，使卡通小人沿着绘制的曲线运动。为了使中间过程有短暂的停留，在运动过程中要添加普通帧，从而出现跳跃、停留、再跳跃的效果。

【制作步骤】制作动画的步骤如下。

（1）新建一个 Animate 文档，将舞台大小设置为 550px×400px，背景颜色设置为白色，帧频设置为 12fps。

（2）在菜单栏中选择“文件”→“导入”→“导入到舞台”命令，弹出“导入”对话框，将图片“蘑菇头背景.jpg”导入舞台中，并调整其大小，使其与舞台大小相同。

（3）在“图层 1”上方添加“图层 2”，将图片“蘑菇头.psd”导入舞台中，调整图片的大小，将其转换为图形元件，并命名为“蘑菇头”，如图 1-6-22 所示。

（4）在“图层 2”上方添加“图层 3”，使用“铅笔工具”绘制一条不规则的曲线，即绘制引导线，将“笔触颜色”设置为黑色，“填充颜色”设置为无色，如图 1-6-23 所示。

图 1-6-22　“跳跃的蘑菇头”动画的效果

图 1-6-23　绘制引导线

（5）分别在“图层 1”和“图层 3”的第 34 帧中按 F5 键，插入普通帧。

（6）在“图层 2”的第 15 帧、第 33 帧中按 F6 键，插入关键帧，如图 1-6-24 所示。

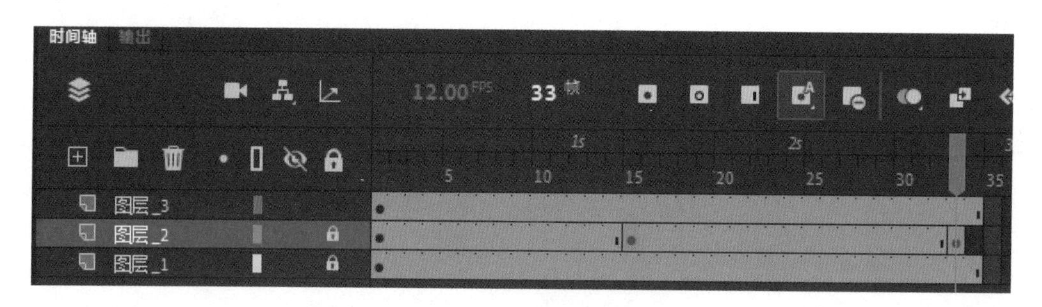

图 1-6-24　插入关键帧

（7）选中“图层 3”并右击，在弹出的快捷菜单中选择“引导层”命令。选中“图层 2”，将“图层 2”拖到“图层 3”的下方，创建引导层和被引导层，如图 1-6-25 所示。

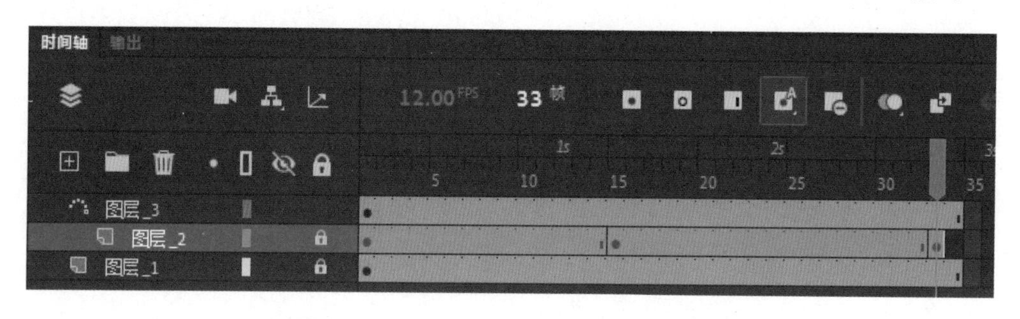

图 1-6-25　创建引导层和被引导层

（8）选中“图层 2”的第 1 帧，将鼠标指针移到“蘑菇头”图形元件上，按住鼠标左键，将其拖到引导线开始的位置，使对象和引导线的起点重合，如图 1-6-26 所示。

（9）选中“图层 2”的第 15 帧，将鼠标指针移到“蘑菇头”图形元件上，按住鼠标左键，将其拖到引导线中间的位置，使对象和引导线的中间点重合，如图 1-6-27 所示。

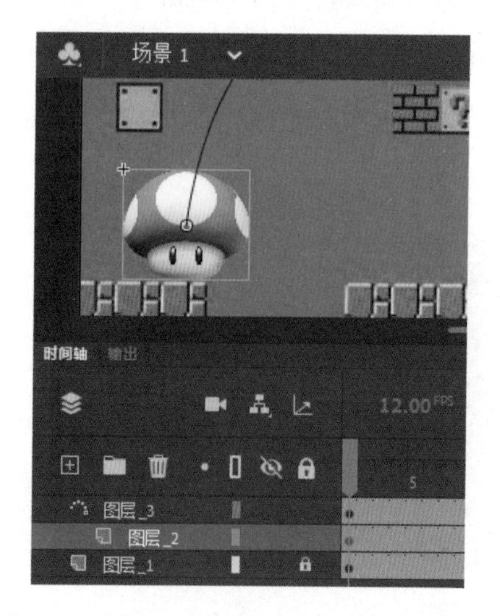

图 1-6-26　对象和引导线的起点重合

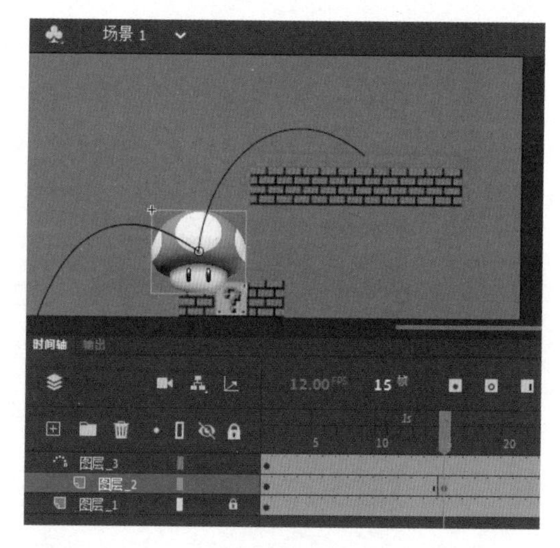

图 1-6-27　对象和引导线的中间点重合

（10）选中“图层 2”的第 33 帧，将鼠标指针移到“蘑菇头”图形元件上，按住鼠标左键，将其拖到引导线结束的位置，使对象和引导线的终点重合，如图 1-6-28 所示。

（11）选中“图层 2”的第 15 帧并右击，在弹出的快捷菜单中选择“复制帧”命令，在第 16 帧中执行“粘贴帧”操作，如图 1-6-29 所示。

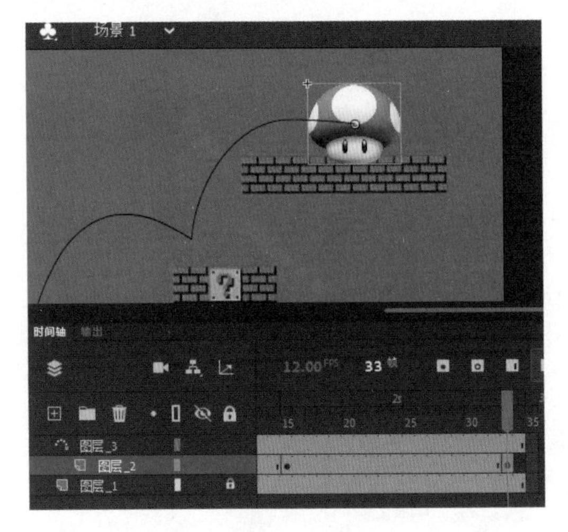

图 1-6-28 对象和引导线的终点重合

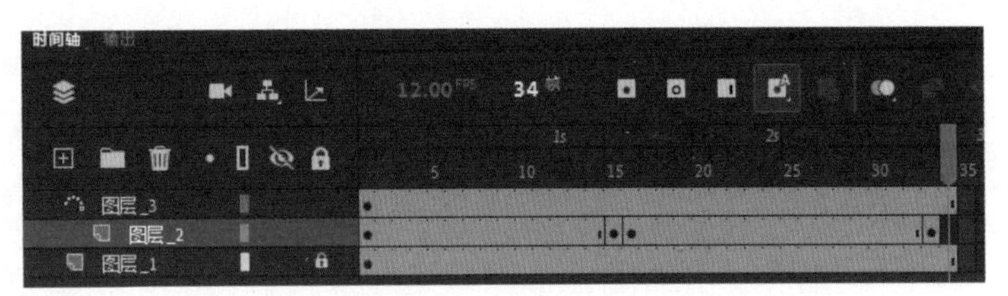

图 1-6-29 复制及粘贴帧

（12）按照前面的操作，将“图层 2”的第 33 帧复制并粘贴到第 34 帧中，如图 1-6-30 所示。

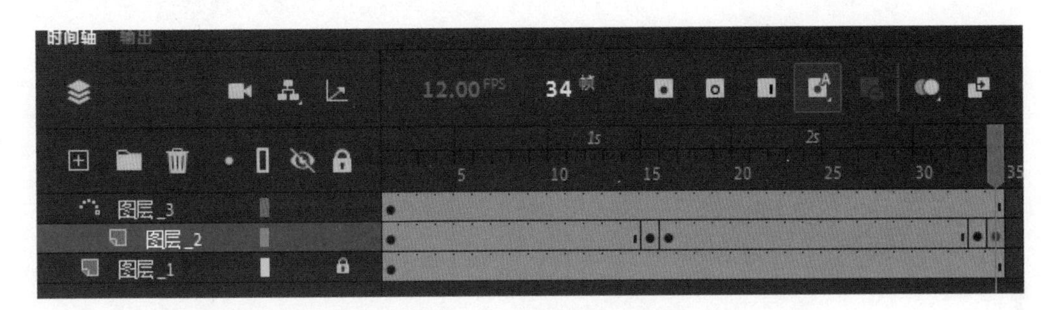

图 1-6-30 继续复制及粘贴帧

（13）分别选中“图层 2”的第 1 帧、第 16 帧并右击，在弹出的快捷菜单中选择“创建传统补间”命令，创建补间动画，如图 1-6-31 所示。

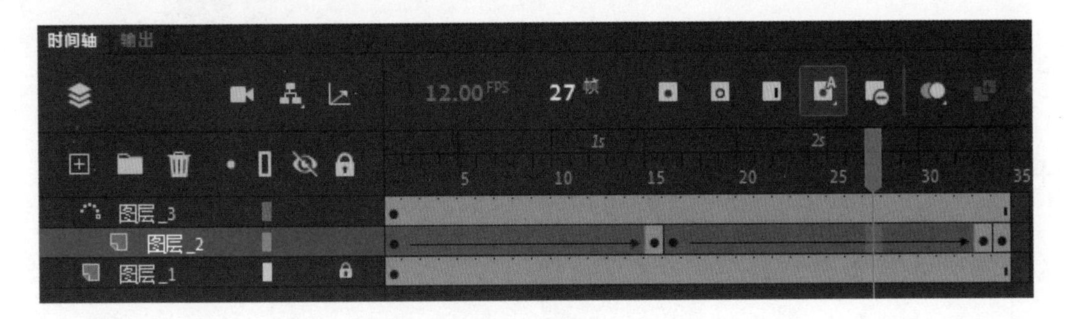

图 1-6-31 创建补间动画

（14）按“Ctrl+Enter”组合键测试动画效果。

小知识

制作引导层动画的技巧如下。

① 在调整引导线时，可以使用“部分选取工具”及“转换点工具”调整线条的各个节点。

② 一个引导层不仅可以引导多个对象，还能绘制多条引导线，从而实现多个对象按照多条路径运动的效果。

③ 如果引导线是闭合的，则可以使用“橡皮擦工具”擦出一个缺口，以便让对象沿着路径正常运动。

强化案例 1-6-1　制作“秋叶下落”动画

【情景模拟】美丽丰收的季节，梧桐叶从树上飘落下来，它们时而像降落伞徐徐下降，时而像一群飞燕悠然滑翔，伴随整个秋天，其效果如图 1-6-32 所示。

图 1-6-32　“秋叶下落”动画的效果

任务小结

本任务主要介绍了引导层动画的原理及概念、引导层和被引导层的创建，以及引导层动画的制作方法。运用引导层动画可以实现对象按照不规则路径运动的动画效果。

模拟实训

一、实训目的

（1）掌握创建引导层和被引导层的方法。

（2）掌握引导层动画的基本操作。

（3）能够制作简单的引导层动画。

二、实训内容

（1）制作一只美丽的蝴蝶在花丛中飞舞的场景，效果如图 1-6-33 所示。

图 1-6-33　“蝴蝶飞舞”动画的效果

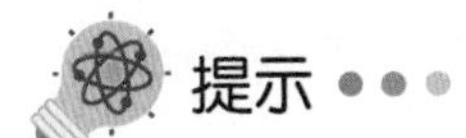

提示

绘制蝴蝶飞舞引导线，制作蝴蝶运动动画，使其沿着引导线运动。

（2）制作雪花在空中自由飘动的“下雪”的动画，效果如图 1-6-34 所示。

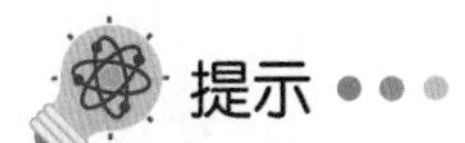

提示

插入背景图片后，新建图形元件制作“雪花”，制作“雪花”沿引导线自由飘动下落的影片剪辑元件，在影片剪辑元件中使用引导层动画。完成影片剪辑元件的制作后，返回场景中，多拖动几个影片剪辑元件到场景舞台的各个位置，并根据远近使用“自由变形工具”改变影片剪辑元件实例的大小，即可形成“漫天大雪”的场景。

图 1-6-34 “下雪”动画的效果

任务 7 交互动画的制作

Animate 动画的一个重要特点是交互性强，交互性需要通过内置编程语言来实现。在 Animate 中，可以通过给动画添加 ActionScript 3.0 或 JavaScript 脚本语言，对动画对象进行控制，进而创作出更富有交互体验的动画，如各类动画课件或小游戏都需要编写脚本。本单元主要介绍了 Animate 在 ActionScript 3.0 文档和 HTML5 Canvas 文档下编写脚本的方法及如何使用代码片段（软件界面中为“代码片断”）快速实现某种交互功能。

任务目标

（1）了解文档与脚本类型。

（2）掌握“动作”面板的使用。

（3）掌握“代码片段”面板的使用。

任务训练

一、了解文档与脚本类型

Animate 既可以制作流畅的线性播放动画，也可以制作面向移动互联网应用的交互式动画。要制作交互式动画，就需要编写脚本代码。因为 Animate 支持面向不同平台的文档类型，所以脚本代码类型也不同。

ActionScript 3.0 平台是面向 PC 端的创作平台，在此平台下主要发布传统的 SWF 动画，使用 AnimatePlayer 播放器播放。ActionScript 是 Adobe Animate Player 和 Adobe AIR 运行环境的编程语言，它在 Animate、Flex、AIR 应用程序中实现交互性、数据处理及其他多种功能。ActionScript 3.0 的脚本编写功能优于 ActionScript 的早期版本，它可以方便地创建拥有大型数据集和面向对象的可重用代码库的高度复杂的应用程序。

要使用 ActionScript 3.0 脚本制作交互式动画，在 Aniamte CC 中创建文档时就需要选择平台类型为“ActionScript 3.0”，如图 1-7-1 所示。

图 1-7-1 “ActionScript 3.0”平台类型选择

HTML5 Canvas 文档是 Aniamte CC 支持互联网特别是移动互联网环境的一种文档类型。HTML5 是目前非常火爆的新一代超文本标记语言。Canvas 是 HTML5 中的一个新元素，提供了多个 API，可以动态生成渲染图形、图表、图像及动画，因此对创建丰富的交互性 HTML5 内容提供本地支持。所以，我们可以使用 Animate 时间轴、工作区及工具来创建内容，然后 Animate 会自动通过 CreateJS 生成 HTML5 网页输出。JavaScript 是一种基于对象（Object）和事件驱动（Event Driven）并具有安全性能的脚本语言，已经广泛应用于 Web 应用程序的开发，常用来为页面添加各式各样的动态功能，为用户提供更流畅、美观的浏览效果。通常，JavaScript 脚本是通过嵌入或调用在 HTML 中实现自身功能的。CreateJS 是一套可以构建交互体验的 HTML5 交互应用的 JavaScript 库，旨在降低 HTML5 项目的开发难度和成本，让开发者以熟悉的方式打造更具现代感的网络交互体验。

Animate 除了自动通过 CreateJS 生成 HTML5 网页输出，也可以手动编写 JavaScript 代码为 HTML5 动画添加更加丰富的交互效果。

因为 ActionScript 3.0 脚本和基于 CreateJS 的 JavaScript 脚本的编写规则不尽相同，并且脚本语言的语法知识和代码编写技巧也不是本任务的重点，所以就不对脚本编写做太深入的介绍，只以 ActionScript 3.0 为例，简单介绍一下基本脚本的编写及使用方法。

二、掌握“动作”面板的使用

在 Animate 中，给动画添加 ActionScript 3.0 或 HTML5 Canvas 语句，都要通过“动作”面板来实现，下面介绍关于“动作”面板的使用。

“动作”面板就是 ActionScript 的编辑窗口。在 Animate 中，用户可以通过在菜单栏中选择“窗口”→“动作”命令或按“F9”键或右击，在弹出的快捷菜单中选择“动作”命令来打开“动作”面板，其示例如图 1-7-2 所示。

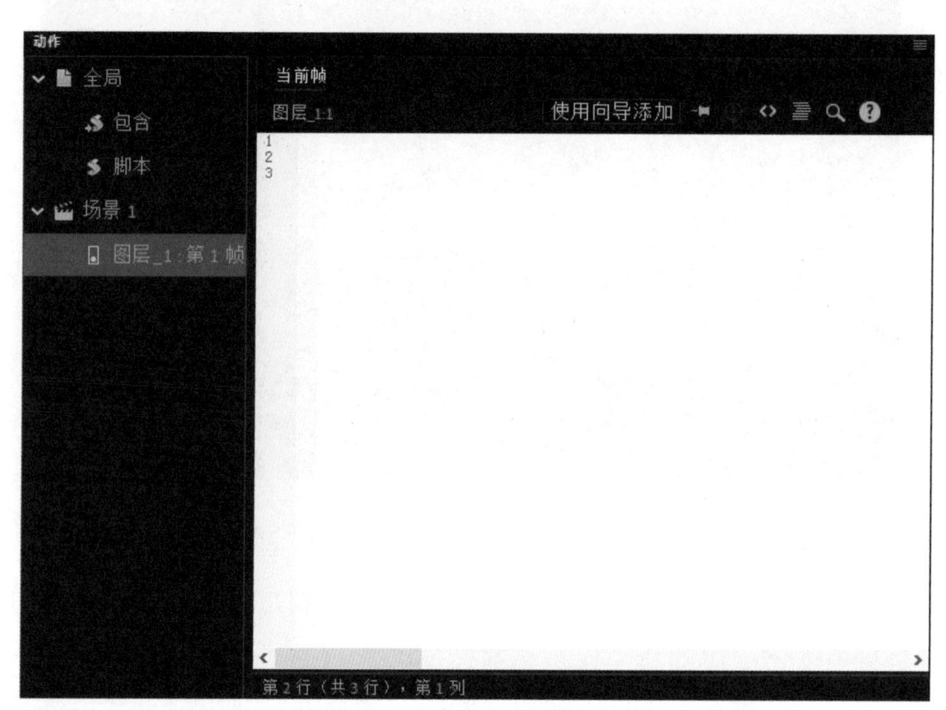

图 1-7-2　“动作”面板的示例

“动作”面板由两部分组成：左侧部分是“脚本导航器”窗格，它列出了 Animate 文档中脚本的位置，可以单击脚本导航器中的项目，在右侧的“脚本”窗格快速查看这些脚本。右侧部分为“脚本”窗格，用于键入与当前所选帧相关联的 ActionScript 或 JavaScript 代码。

下面以在时间轴的关键帧上添加“stop()”（停止）动作为例，简单介绍“动作”面板的使用。

（1）新建或打开一个 Animate 动画，选中“时间轴”面板中“图层 1”的第 1 个关键帧，按 F9 键打开“动作-帧”面板。

（2）在展开“动作”面板右侧的“脚本”窗格中输入“stop();”，如此就完成了动画在第

1 帧的“stop”（停止）动作的设置，“动作”面板左侧“脚本导航器”窗格会自动生成动作层“Actions：第 1 帧”，如图 1-7-3 所示。

图 1-7-3 设置“stop()”命令函数

三、掌握“代码片段”面板的使用

1. 代码片段的概念与类型

代码片段是 Animate 预置的一些功能代码，它允许用户直接在“脚本”窗口中添加大量模块化的脚本代码，而不需要任何 JavaScript 或 ActionScript 3.0 方面的知识，从而使得非编程人员能够轻松地使用简单的 JavaScript 和 ActionScript 3.0。使用代码片段需打开“代码片段”面板，如图 1-7-4 所示。

图 1-7-4 “代码片段”面板的示例

代码片段主要有两类，分别是 ActionScript 类和 HTML5 Canvas 类，对应于两种不同的文档类型，即每种文档类型只能使用对应的代码片段，如 ActionScript 文档就只能使用 ActionScript 类的代码片段，而不能使用 HTML5 Canvas 类和 WebGL 类的代码片段。每种类型下面又根据不同的代码功能进行了分类，ActionScript 类下面就包括动作、时间轴导航、动画、加载和卸载、音频和视频等若干个子类，每个子类下面就是若干个代码片段了。

通过查看片段中的代码并遵循片段说明，便可以开始了解代码结构和词汇。举例如下：

play()：从播放头停止处开始播放动画。

stop()：停止当前动画的播放，使播放头停止在当前帧。

使用代码片段前，建议首先要对舞台上具有交互功能的元件实例命名，如按钮、影片剪辑实例等，只有通过实例名称才能在脚本中调用；其次，因为代码只能放置在关键帧中，为了便于脚本的管理，建议在动画中新建一个“Actions”图层用于放置脚本。如果没有建立，Animate 在插入代码片段时自动在当前图层之上建立“Actions”图层。使用代码片段的操作步骤如下：

（1）选择舞台上的元件实例（如果选择的对象不是元件实例，Animate 会将该对象转换为影片剪辑元件；如果选择的对象还没有实例名称，Animate 会在应用代码时自动添加一个实例名称）或时间轴中的关键帧。

（2）在“代码片段”面板中，找到要应用的代码片段，将代码添加到应用的对象。有以下 3 种添加方式：

① 双击该代码片段。

② 单击“代码片段”面板左上角的“添加到当前帧”按钮。

③ 单击“代码片段”面板左上角的“复制到剪贴板”按钮，然后在“动作”面板“脚本”窗格中粘贴该代码片段。

如果选择的是舞台上的对象，Animate 会将该代码片段添加到“动作”面板中包含所选对象的帧中；如果选择的对象是时间轴上的关键帧，Animate 会将代码片段只添加到该帧中。

2. 如何使用代码片段

因为代码片段简单易用，非常适合非编程人员为动画影片添加交互效果。下面通过案例，介绍几种常用的代码片段，并通过这些代码片段了解一些常用函数和语句的编写。为了便于理解，准备了一个“星形”由左往右移动的动画案例，“星形”实例名称命名为“star”；建立了一个“Actions”图层，用来放置脚本，如图 1-7-5 所示。

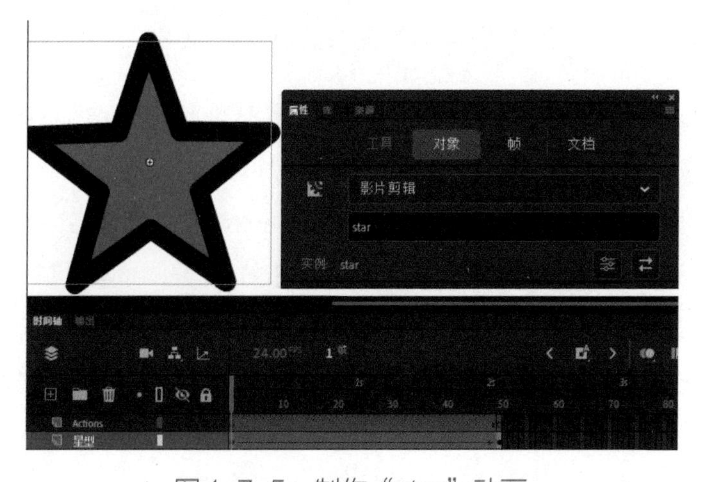

图 1-7-5 制作“star”动画

在“星形”实例上添加动作脚本，当单击“星形”图案时，动画就会跳转到 Web 网站。选中“星形”实例，打开“动作”面板，选择代码片段，找到并双击“单击以转到 Web 页”动作命令，代码片段就添加到“动作”面板，如图 1-7-6 所示。

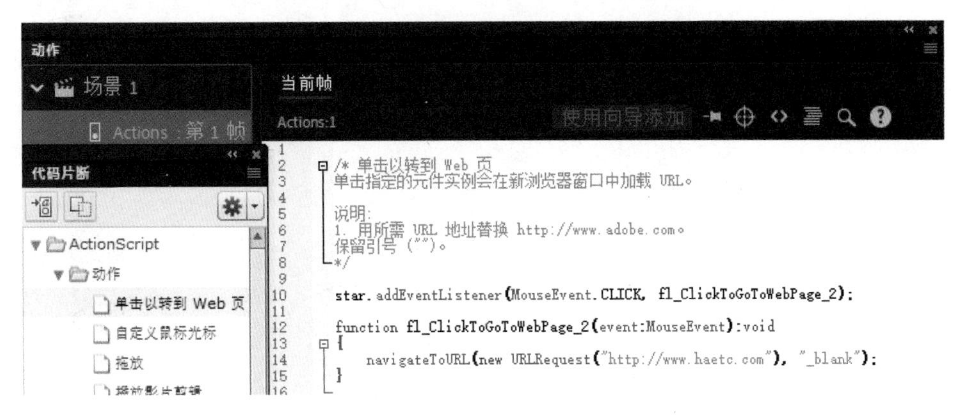

图 1-7-6 添加“star”动作脚本

代码说明：

star 是“星形”实例的名称，fLClickToGoToWebPage 是自定义的函数名称，可以更改，但要与后面使用该函数的地方保持一致。http://www.haetc.com 是链接要打开的网站网址。

运行动画，单击“星形”，就会在浏览器中打开 http://www.haetc.com 这个网站，如图 1-7-7 所示。

图 1-7-7 动画运行效果

3. 应用案例制作

案例 1-7-1 制作“老鼠爬梯子”动画

【情景模拟】大家可能见过老鼠爬树，但见过老鼠爬梯子吗？只要按下开关，憨态可掬的小老鼠就会乖乖地爬上梯子。要想看到这个场景，可以通过 Animate 来实现。“老鼠爬梯子”动画的效果如图 1-7-8 所示。

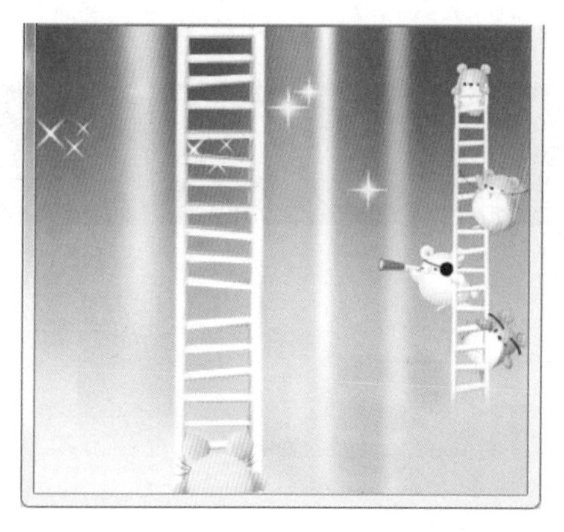

图 1-7-8　“老鼠爬梯子”动画效果

【案例分析】利用导入的素材制作四肢可以运动的“小老鼠”影片剪辑元件，并制作补间动画。通过时间轴控制脚本命令“stop()”停止动画的播放；通过在按钮上添加动作脚本来控制“小老鼠”的运动。

【制作步骤】制作动画的步骤如下。

（1）新建一个 Animate 文档，将舞台大小设置为 350px×322px，背景颜色设置为白色，帧频设置为 12fps。

（2）新建“小老鼠”影片剪辑元件，新建“左腿”“右腿”“身子”“左臂”“右臂” 5 个图层，将导入的对应图形转换为元件并放入各个图层的第 1 个关键帧中，利用逐帧动画和补间动画在各个图层中分别制作“小老鼠”爬动的运动效果，注意身体各个部位动作的协调性，如身体向右移动和向左移动的效果如图 1-7-9、图 1-7-10 所示。

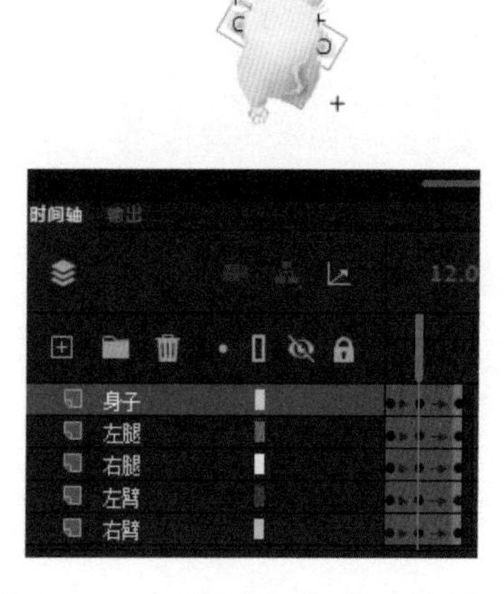

图 1-7-9　身体向右移动的效果

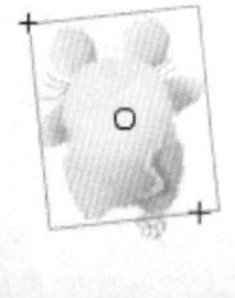

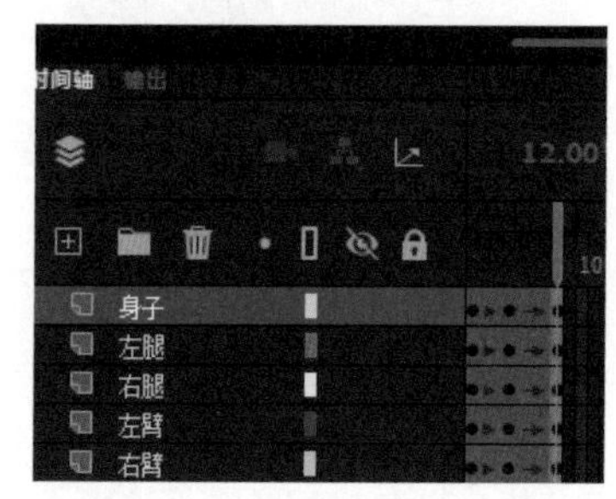

图 1-7-10　身体向左移动的效果

（3）返回“场景 1”，将“图层 1”重命名为“背景”，将图片“背景.png”导入舞台中，调整其大小，使其与舞台大小一致，并在第 30 帧中插入普通帧。

（4）新建“图层 2”，并将其重命名为“梯子”，将图片“梯子.png”导入舞台中，将其调整到合适的大小，并在第 30 帧中插入普通帧，如图 1-7-11 所示。

（5）新建“图层 3”，并将其重命名为“动画”，将“小老鼠”影片剪辑元件拖到舞台中“梯子”图层的下方，在第 30 帧中插入关键帧，将“小老鼠”影片剪辑元件移到“梯子”图层的顶部，制作第 1～30 帧的传统补间动画，如图 1-7-12 所示。

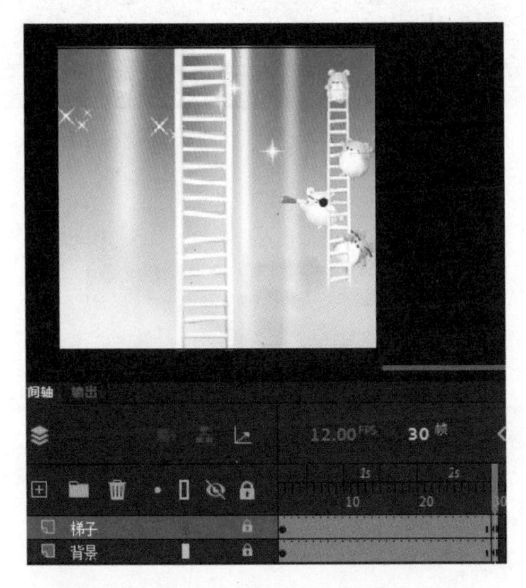

图 1-7-11　导入图片“梯子.png”

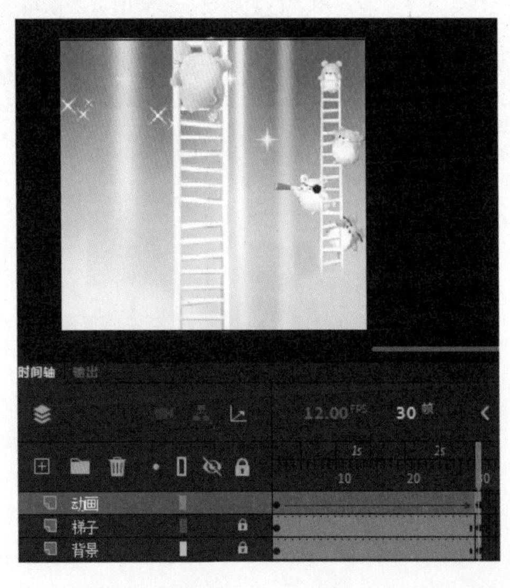

图 1-7-12　制作第 1～30 帧的传统补间动画

（6）添加控制按钮。新建“图层 5”，并将其重命名为“按钮”，打开按钮素材，找到按钮，将其复制到本文档中，将“tube grey”按钮放置于“按钮”图层左下角，如图 1-7-13 所示。

图 1-7-13　添加控制按钮

（7）新建“图层 4”，并将其重命名为“Action”，用于放置控制脚本命令。在该层的第

1 帧单击“窗口”→“代码片段”→“时间轴导航”→“在此帧停止”命令，这样就能在时间轴第 1 帧上添加动画停止播放命令函数“stop();”；再双击“代码片段”→“单击转到帧并播放”命令，这样就在“Action”图层时间轴第 1 帧上又添加了跳转命令函数“gotoAndPlay(1)”，括号中的“1”表示跳转到第 1 帧播放。这样当动画开始时，停止在第 1 帧，当用鼠标单击按钮时，动画转到第 1 帧开始播放，如图 1-7-14 所示。

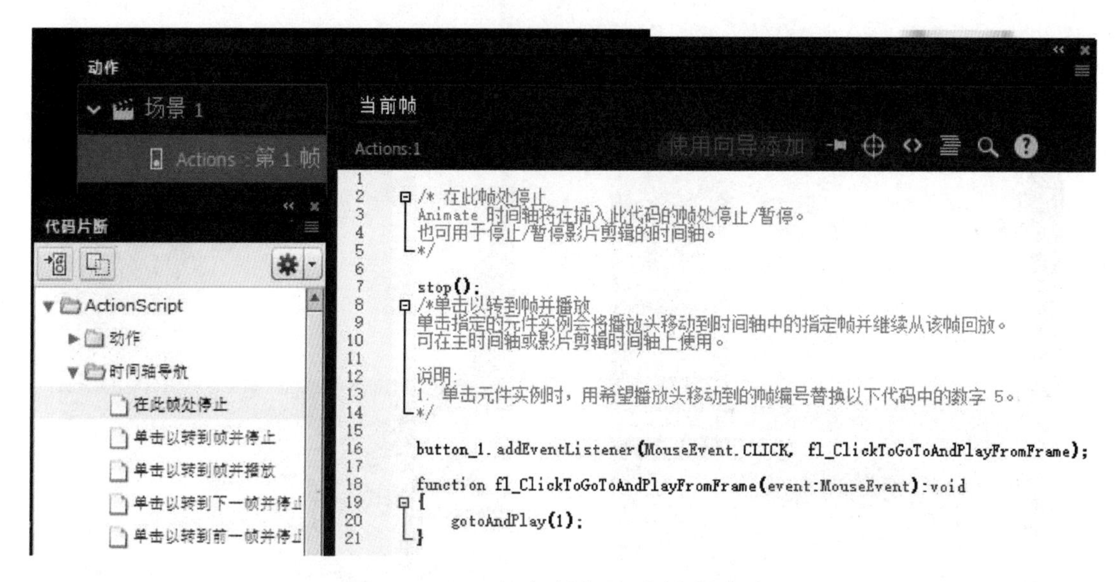

图 1-7-14　添加按钮脚本控制命令

时间轴上代码如下：

```
    stop();
    button_1.addEventListener(MouseEvent.CLICK,fl_ClickToGoToAndPlayFrom
Frame);function fl_ClickToGoToAndPlayFromFrame(event:MouseEvent):void
    {gotoAndPlay(1);}
```

代码说明：

“stop();”表示在当前帧停止动画播放。

“button_1”为按钮 1 的实例名称。

“addEventListener”是一个并处理相应的函数。

“MouseEvent.CLICK,fl_ClickToGoToAndPlayFromFrame”为鼠标触发事件。

“fl_ClickToGoToAndPlayFromFrame”自定义的函数名称，可以更改，但要与后面使用该函数的地方保持一致。

“function fl_ClickToGoToAndPlayFromFrame(event:MouseEvent):void”为处理鼠标点击事件。

“gotoAndPlay(1);”为跳转播放函数。

（8）按“Ctrl+Enter”组合键测试动画效果。

案例 1-7-2　制作会缩放的“小鸭”动画

【情景模拟】制作会缩放的“小鸭”动画。当单击“大”按钮时，小鸭子就会变大；当单击“小”按钮时，小鸭子就会变小。会缩放的“小鸭”动画的效果如图 1-7-15 所示。

【案例分析】将导入的小鸭子图片制作成影片剪辑元件，将元件移到舞台中作为实例，通过“属性”面板进行命名；制作按钮，通过在按钮上添加脚本来控制“小鸭”的缩放。

【制作步骤】制作动画的步骤如下。

（1）新建一个 Animate 文档，将舞台大小设置为 486px×302px，背景颜色设置为白色，帧频设置为 12fps。

（2）将图片“1.jpg”导入舞台中并作为背景层。

（3）新建“小鸭”影片剪辑元件，将导入的图片“小鸭子.gif”放到该影片剪辑元件中，如图 1-7-16 所示。

图 1-7-15　会缩放的“小鸭”动画的效果

图 1-7-16　制作“小鸭”影片剪辑元件

（4）新建一个图层，将“小鸭”影片剪辑元件拖到舞台中，在“属性”面板中将该元件的实例名称设置为“mc”，如图 1-7-17 所示。

（5）新建一个图层，作为按钮图层。分别制作“大”和“小”按钮元件，并将其放到舞台中的适当位置，将“大”和“小”按钮元件实例分别改名为“button1”和“button2”，如图 1-7-18 所示。

图 1-7-17　制作“小鸭”影片剪辑元件实例

图 1-7-18　制作按钮元件

（6）新建图层并命名为“Actions”，用于放置控制脚本命令。在“Actions”图层的第 1 帧选择“窗口”→“代码片段”→“时间轴导航”→“在此帧停止”命令，这样就在该时间轴的第 1 帧上添加了“stop();”停止播放动画函数命令。当动画开始播放时就在第 1 帧停止播放；继续在该时间轴上的第 1 帧添加脚本命令，选择“事件处理函数”→“Mouse Click 事件”命令添加鼠标事件，如图 1-7-19 所示。

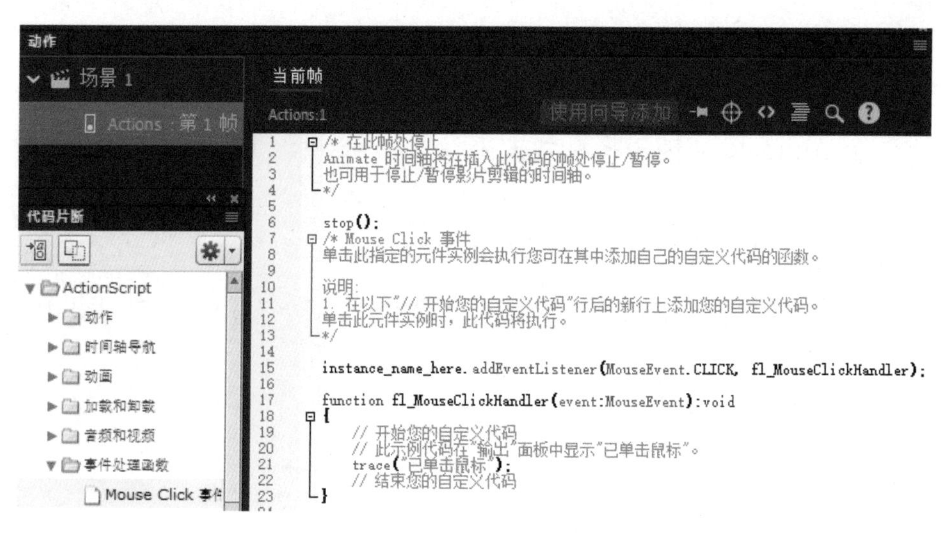

图 1-7-19 添加鼠标事件

修改鼠标事件代码如下。

将“instance_name_here.addEventListener(MouseEvent.CLICK, fl_MouseClickHandler);”中的“instance_ name _here”对象替换为大按钮“Button1”，并在鼠标事件自定义函数中添加参数：

```
mc.scaleX=mc.scaleY=1.5
```

表示元件实例“mc”宽和高同时增加 1.5 倍，即“小鸭”变大，完整的代码为：

```
button1.addEventListener(MouseEvent.CLICK, fl_MouseClickHandler);
function fl_MouseClickHandler(event:MouseEvent):void
{mc.scaleX=mc.scaleY=1.5}
```

同样，增加“Button2.addEventListener(MouseEvent.CLICK, fl_MouseClickHandler);”小按钮“Button2”事件，并在鼠标事件自定义函数中添加参数：

```
mc.scaleX=mc.scaleY=0.5
```

表示元件实例“mc”宽和高同时缩小 0.5 倍，即“小鸭”变小，完整的代码为：

```
button2.addEventListener(MouseEvent.CLICK, fl_MouseClickHandler2);
function fl_MouseClickHandler2(event:MouseEvent):void
{mc.scaleX=mc.scaleY=0.5}
```

添加完成后，代码如图 1-7-20 所示。

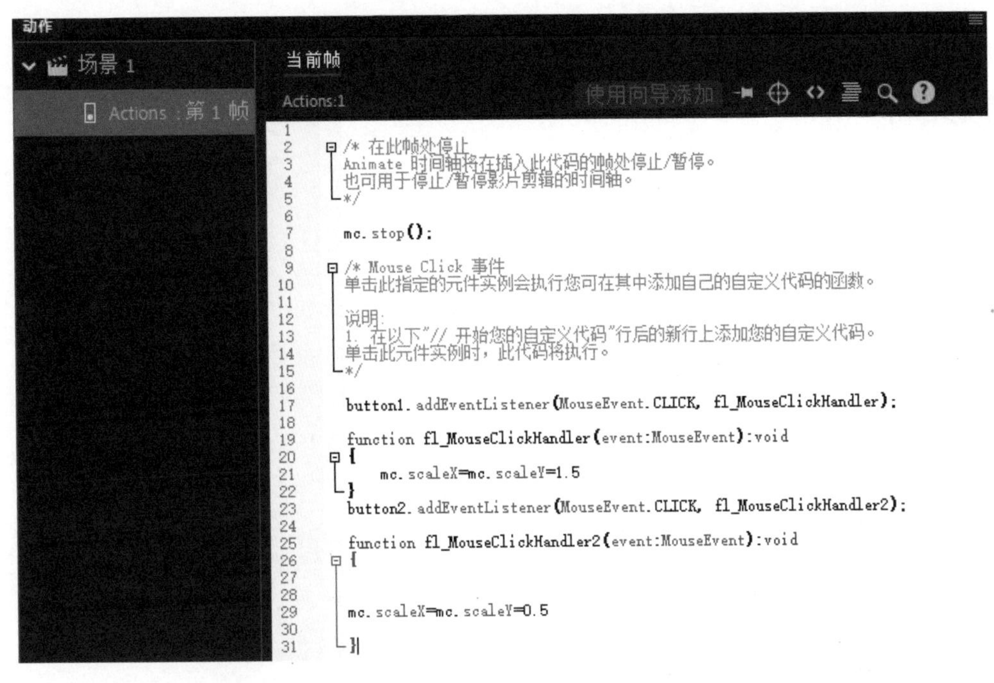

图 1-7-20　按钮交互命令

（7）按"Ctrl+Enter"组合键测试动画效果。

强化案例 1-7-1　制作"汽车广告"动画

【情景模拟】"风的速度，奢华享受"。"这样的广告语令人神往，动画的效果如图 1-7-21 所示。

图 1-7-21　"汽车广告"动画的效果

任务小结

本任务通过对如何使用代码片段给动画添加基本的脚本代码进行了介绍，讲解了

ActionScript 3.0 命令的分类、应用，以及“动作”面板的使用，通过案例详细讲解了影片剪辑动画、按钮动画、交互式动画的制作等。

模拟实训

一、实训目的

（1）学会使用“动作”面板。

（2）掌握 ActionScript 3.0 的使用方法。

（3）能够制作简单的交互式动画。

二、实训内容

（1）制作“升降船帆”动画，通过按钮控制“船帆”的升降，其效果如图 1-7-22 所示。

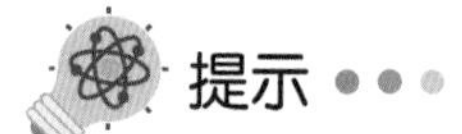

提示

制作“船帆”升降动画，创建箭头样式的向上和向下两个按钮，分别放在“升帆”和“降帆”两个动画的开始关键帧，并在两个时间轴关键帧中添加控制脚本“stop();”，再通过“gotoAndPlay();”跳转函数命令，利用按钮控制跳转到“升帆”和“降帆”动画。

（2）制作“上下左右移动的棋子”动画，其效果如图 1-7-23 所示。当单击“上”按钮时，“棋子”向上移动；当单击“下”按钮时，“棋子”向下移动；当单击“左”按钮时，“棋子”向左移动；当单击“右”按钮时，“棋子”向右移动。

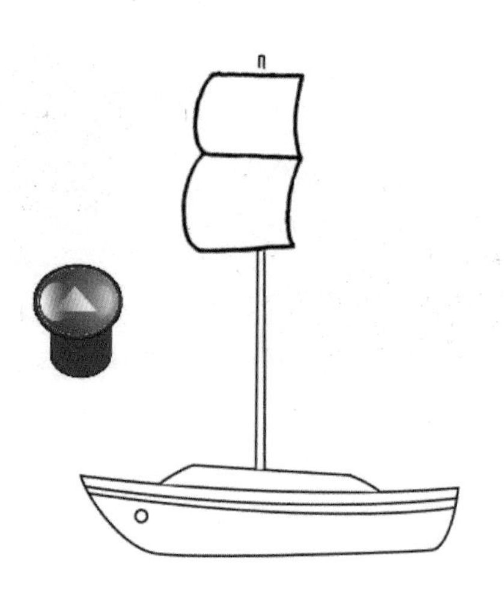

图 1-7-22　“升降船帆”动画效果

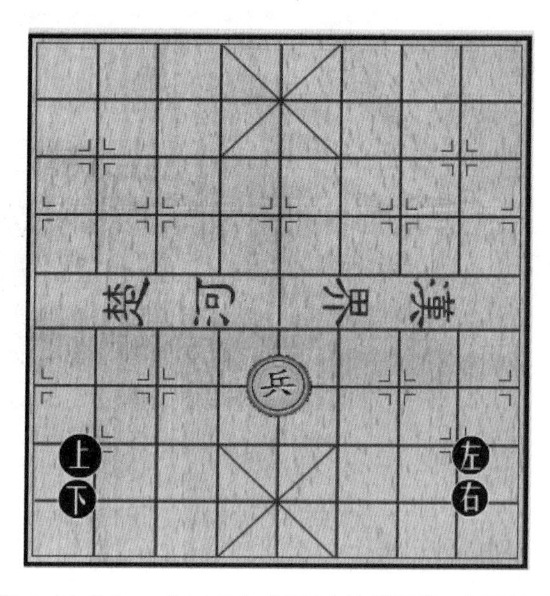

图 1-7-23　“上下左右移动的棋子”动画效果

任务8 音频的导入与编辑

在 Animate 动画中，经常会听到各种声音，如按下按钮的声音、MTV 的音乐、配合播放的独白、各式各样的卡通音效等。正是这些声音赋予了动画无限的生命力，一个精彩的 Animate 动画，往往是动画和音效配合默契，相得益彰。本任务将详细讲解 Animate 中音频的导入与编辑。

任务目标

（1）掌握声音文件的导入与设置。

（2）熟练掌握声音的编辑与输出。

任务训练

一、掌握声音文件的导入与设置

Animate 动画中使用声音的方法有很多种，既可以在按钮中添加声音，也可以独立于时间轴连续播放声音，还可以将录制的声音文件添加到 Animate 中。

1. Animate 支持的声音文件

Animate 可以导入多种格式的音频文件，常用的音频格式是 WAV 和 MP3。当文件被导入 Animate 中时，将会被存放在“库”面板中。

WAV：默认的声音文件格式，无压缩，可以直接保存声音数据，音质效果一流，缺点是占用的空间较大。

MP3：使用最广泛的音频格式，体积小，音质好，较清晰，传输快，跨平台性能好。

2. Animate 中的声音设置类型

（1）事件声音。事件声音必须在播放之前完全下载，可以连续播放，必须有明确的停止命令才会停止，适用于制作很短的声响，如单击按钮的声音。

（2）数据流声音。数据流声音是与时间轴上的动画同步播放的，仅需要下载影片开始的几帧即可开始播放，特别适合在网络中传输，可以实现播放与下载同步，缩短了用户的等待时间。因此，Animate 动画中的背景音乐多为数据流声音。

3．声音文件的导入及添加

在 Animate 中，要想使用声音，需要先将声音文件导入“库”面板中，再从“库”面板添加到按钮或指定的关键帧中。下面以将声音添加到时间轴的某个关键帧中为例进行讲解。

（1）新建一个 Animate 文档。

（2）在菜单栏中选择“文件”→“导入”→“导入到库”命令，弹出“导入到库”对话框，在该对话框中选择声音文件“水边的阿狄丽娜.ogg”，如图 1-8-1 所示，单击“打开”按钮，即可将声音文件导入“库”面板中。

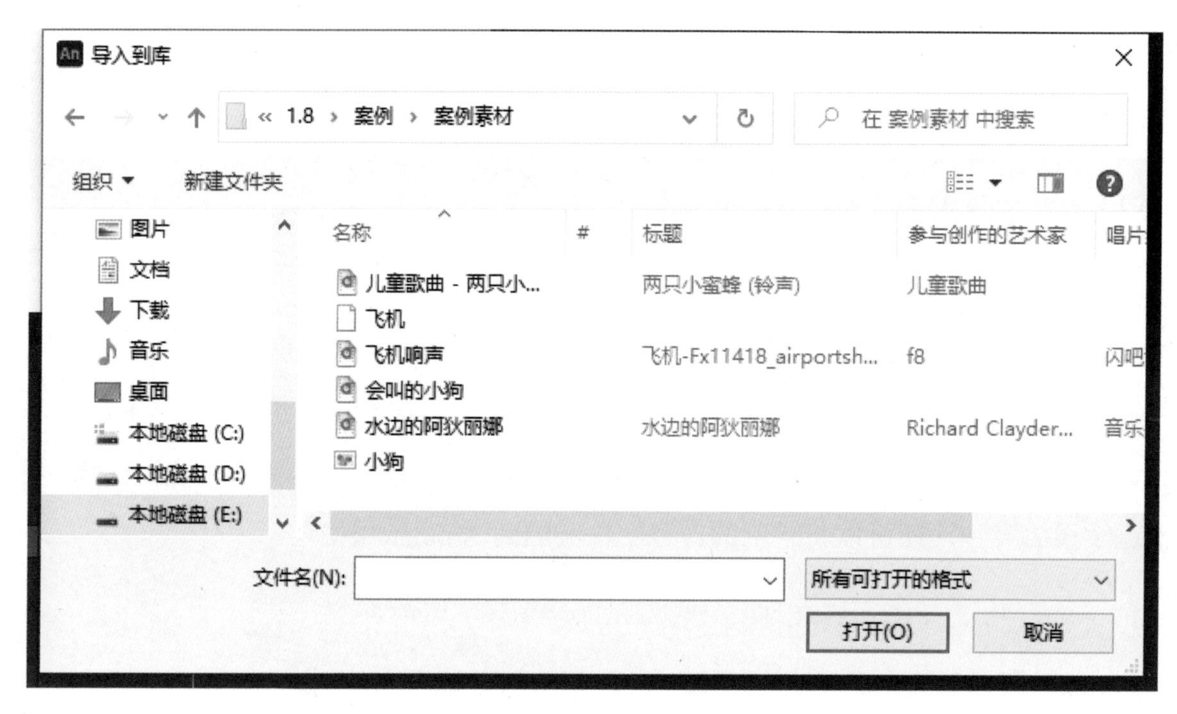

图 1-8-1　选择声音文件“水边的阿狄丽娜.ogg”

（3）在菜单栏中选择“窗口”→“库”命令，打开“库”面板。在“库”面板中就可以看到上面导入的声音文件，如图 1-8-2 所示。

（4）单击波形图右侧的“播放”按钮，即可试听导入的声音。导入“库”面板中的音乐文件并不能直接使用，必须将其添加到按钮或指定的关键帧中才能播放。

（5）选中“图层 1”的第 1 帧，展开“属性”面板“帧”选项中的“声音”选项组，在“名称”下拉列表中选择“水边的阿狄丽娜”选项，或者将导入的声音文件拖到舞台中，将其添加到关键帧中，如图 1-8-3 所示。

（6）将声音文件添加到关键帧中之后，在适当的位置添加普通帧，在该图层的时间轴上就会出现声音的波形图，如图 1-8-4 所示。

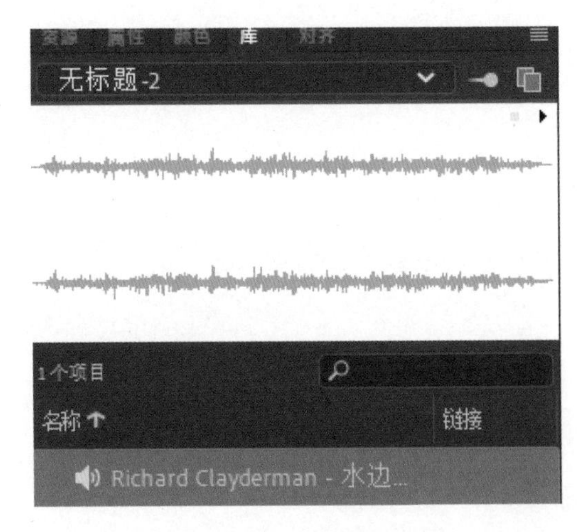

图 1-8-2 “库”面板中的声音文件

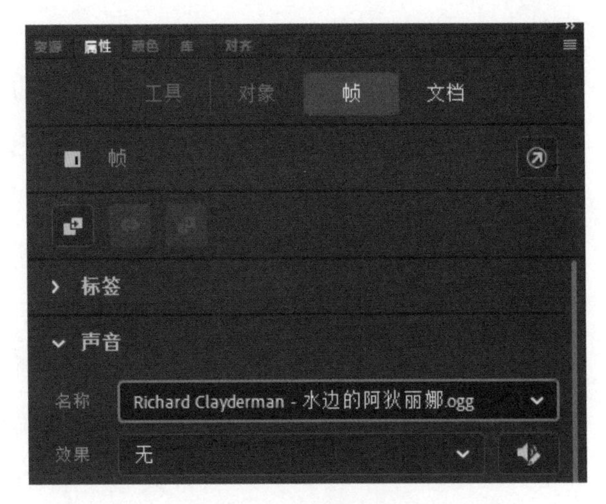

图 1-8-3 将声音添加到关键帧中

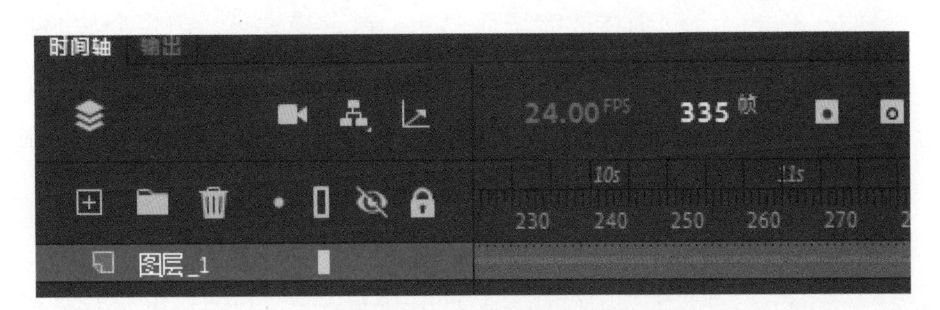

图 1-8-4 时间轴上出现声音的波形图

小知识

① 将声音文件导入“库”面板中之后，其会自动添加到“属性”面板“帧”选项中的“声音”选项组的“名称”下拉列表中。

② 在动画中加入声音时，为了方便编辑声音，一般将声音文件单独放在一个图层中。

③ 如果动画中包含多个声音文件，则将声音文件分别放在独立的各个图层中，每个图层像是一个单独的声音通道。但是在播放动画时，所有图层中的声音会被混合在一起。

4. 声音的“属性”面板

将声音文件添加到某个图层的时间轴上之后，单击带有声音波形图的帧，即可打开声音的“属性”面板，如图 1-8-5 所示。

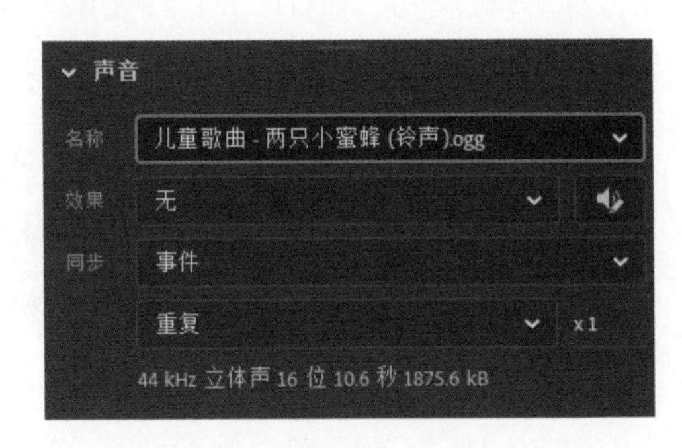

图 1-8-5 声音的“属性”面板

（1）“名称”下拉列表：显示“库”面板中所有的声音文件。

（2）“效果”下拉列表：用于设置音频的效果。

① 无：不使用任何音频效果，也可以用于删除之

前所应用过的效果。

② 左声道：只在左边的声道进行音频的播放。

③ 右声道：只在右边的声道进行音频的播放。

④ 向右淡出：声音从左边的声道转移到右边的声道，并且音量逐渐减小。

⑤ 向左淡出：声音从右边的声道转移到左边的声道，并且音量逐渐减小。

⑥ 淡入：在声音播放的过程中音量逐渐增大。

⑦ 淡出：在声音播放的过程中音量逐渐减小。

⑧ 自定义：选择该选项，在弹出的“编辑封套”对话框中可以编辑自己的音效。

（3）“同步”下拉列表：用来设置声音与动画播放的同步方式。

① 事件：使声音与事件同步播放。当动画播放到声音的开始关键帧时，声音文件开始独立于时间轴播放，不会因为动画播放完毕而停止。在该模式下，声音会按照指定的重复播放次数完全播放。

② 开始：与“事件”选项功能相近，但如果声音正在播放，则使用“开始”选项不会播放新的声音实例。

③ 停止：结束声音的播放。

④ 数据流：Animate 自动调整动画和音频，使其进度一致。若计算机运行较慢，则 Animate 自动略过某些帧，一旦动画播放完毕，声音就会停止，即使声音没有播放完也会停止。

⑤ 重复：控制声音文件的播放次数，在其后面输入重复播放的次数即可。

⑥ 循环：设置声音文件持续循环播放，不停止。在一般情况下不推荐使用循环播放方式，如果将流声音文件设置为循环播放，则影片中会添加多个帧，从而使文件的大小成倍增加。

下面通过一个案例进一步介绍如何在按钮上添加声音。

案例 1-8-1 制作“会叫的小狗”动画

【情景模拟】制作一个可爱的小狗按钮，当鼠标指针经过时小狗会探出头来，当单击小狗时，小狗会发出“汪汪”的叫声，其效果如图 1-8-6 所示。

【案例分析】首先制作小狗的按钮元件，然后在按钮元件上导入声音，完成动画的制作。

【制作步骤】制作动画的步骤如下。

（1）新建一个 Animate 文档，将舞台大小设置为 300px×300px，背景颜色设置为白色，帧频设置为 12fps。

（2）按“Ctrl+F8”组合键，弹出“创建新元件”对话框，新建按钮元件，在“名称”文本框中输入“小狗”，如图 1-8-7 所示。

图 1-8-6 “会叫的小狗”动画的效果

图 1-8-7 “创建新元件”对话框

（3）在菜单栏中选择“文件”→“导入”→“导入到库”命令，弹出“导入到库”对话框，将图片“小狗.gif”导入“库”面板中，选择不替换。

（4）进入按钮元件的编辑区，单击“弹起”帧，将图片“小狗_0”拖到舞台中，并调整其大小，如图 1-8-8 所示。

（5）在“指针经过”帧中插入空白关键帧，将图片“小狗_3”拖到舞台中，并调整其大小，使其大小和位置都与“弹起”帧相同，如图 1-8-9 所示。

图 1-8-8 “弹起”帧的设置

图 1-8-9 “指针经过”帧的设置

（6）在“按下”帧中插入空白关键帧，将图片“小狗_4”拖到舞台中，并调整其大小，使其大小和位置都与“弹起”帧相同，在“点击”帧中插入普通帧，如图 1-8-10 所示。

（7）在菜单栏选择“文件”→“导入”→“导入到库”命令，弹出“导入到库”对话框，将“会叫的小狗.mp3”声音文件导入“库”面板中。

（8）在“图层 1”上方新建“图层 2”，单击“图层 2”的“按下”帧，插入关键帧，在“点击”帧中插入普通帧，如图 1-8-11 所示；接着单击 “图层 2”的“按下”帧，打开“属性”面板的“声音”选项卡，在“名称”下拉列表中选择导入的声音文件“会叫的小狗.mp3”，如图 1-8-12 所示。

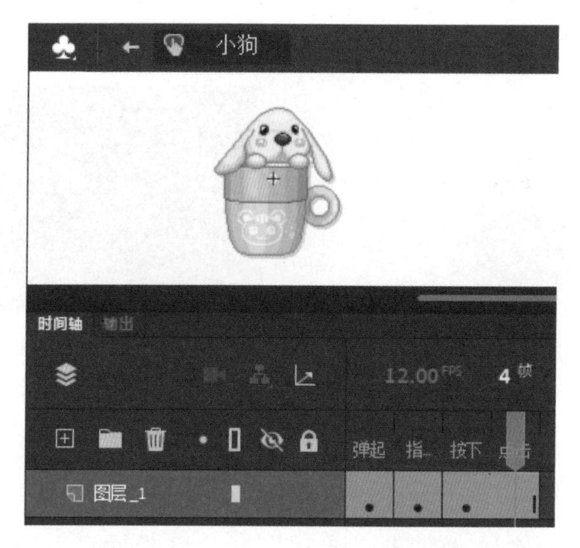

图 1-8-10 “点击”帧的设置

图 1-8-11 按钮元件的“时间轴”面板

图 1-8-12 选择导入的声音文件“会叫的小狗.mp3”

（9）返回“场景 1”，将“小狗”按钮元件拖到舞台中。

（10）按“Ctrl+Enter”组合键测试动画效果。

强化案例 1-8-1 制作“学习字母”动画

【情景模拟】大家喜欢学习英语吗？当鼠标指针滑过英文字母时，就会有相应的字母发音，字母颜色也会随之改变，其效果如图 1-8-13 所示。

图 1-8-13 “字母学习”动画的效果

二、熟练掌握声音的编辑与输出

1. 编辑声音

单击“属性”面板中的“声音”选项卡，选择“效果”项下拉列表中的“自定义”，打开“编辑封套”对话框，在此对话框可以对导入的声音文件的效果进行编辑，如图 1-8-14 所示。

“编辑封套”对话框中各部分的作用如下。

（1）“效果”下拉列表：用来设置声音播放特效，此处“效果”下拉列表中的选项与“属性”面板中“效果”下拉列表的选项相同。

（2）声音开始滑块和声音结束滑块：可以调整音频的开始位置和结束位置。

（3）控制柄：上下调整控制柄，既可以升高或降低音调，也可以对左声道和右声道进行独立编辑。

（4）音量控制线：控制播放的音量和声音的长短。

当控制柄和音量控制线在最上方时，播放的音量最大；反之，播放的音量最小。

2. 输出声音

在动画发布之前可以对声音的输出属性进行设置，这样声音就会按照设置的属性进行发布。以“灯火万家”为例，设置声音输出属性的操作步骤如下。

（1）打开“库”面板，如图 1-8-15 所示。

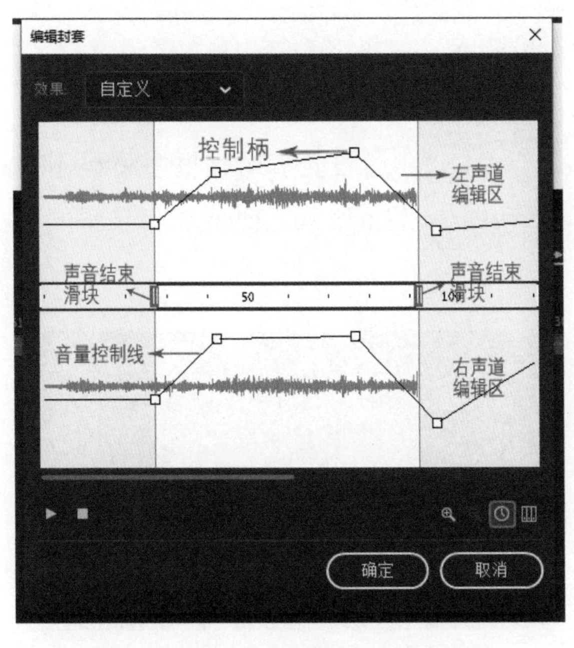

图 1-8-14 “编辑封套”对话框

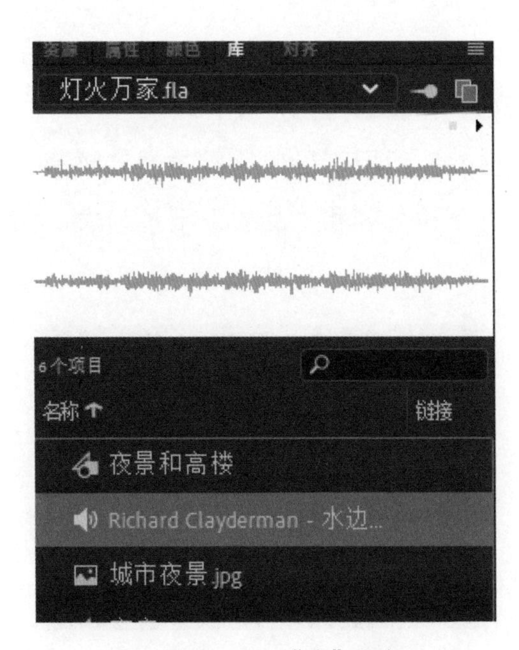

图 1-8-15 “库”面板

（2）选中要输出的声音文件并右击，在弹出的快捷菜单中选择“属性”命令，弹出“声音属性”对话框，如图 1-8-16 所示。

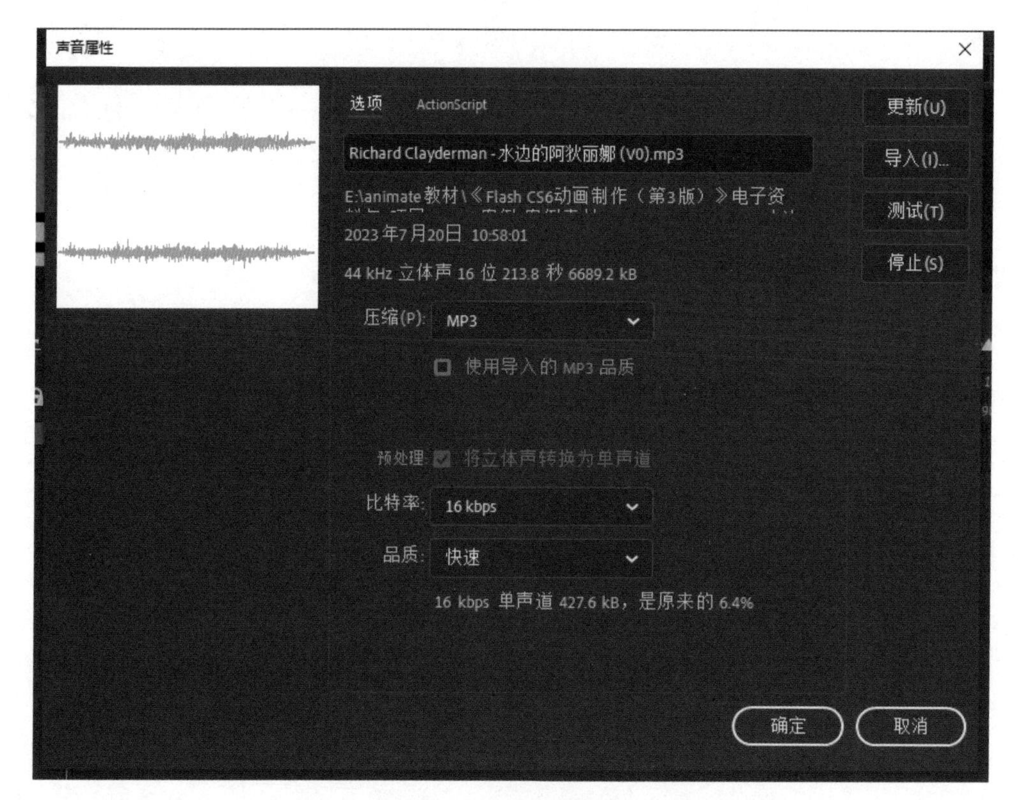

图 1-8-16 “声音属性”对话框

（3）在“压缩”下拉列表中选择需要的压缩文件的格式，不同的压缩文件的格式对应不同的选项设置。

ADPCM：可以进行 8 位或 16 位声音数据的压缩设置，一般用于输出比较短促的事件声音（如单击按钮时的声音）。

MP3：适用于导出比较长的音频流。选择该选项后，“声音设置”对话框中将显示“比特率”下拉列表和“品质”下拉列表，如图 1-8-17 和图 1-8-18 所示。比特率和品质的含义如下。

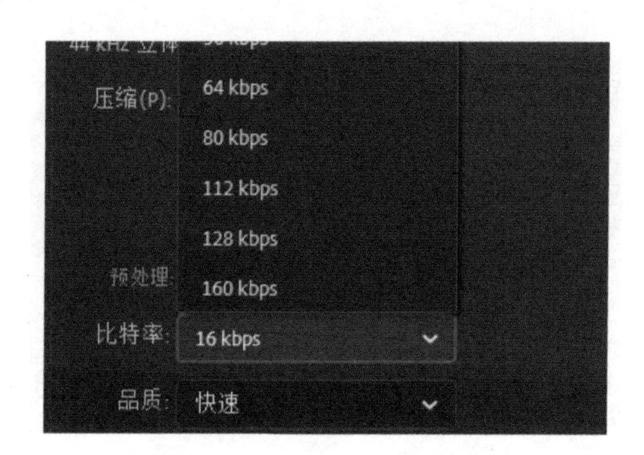

图 1-8-17 比特率的设置

图 1-8-18 品质的设置

比特率：是指将数字声音由模拟格式转换为数字格式的采样率，用于确定导出的声音文件中每秒播放的位数，其范围为 8Kbit/s～160Kbit/s。数值越大，输出声音的效果越好，但文件也就越大，一般设置为 16Kbit/s 即可。

品质：用于确定压缩速度和声音品质。其中，“快速”选项的压缩速度最快，导出的文件最小，但音质也最差。

小知识

减小导出的 Animate 影片中声音文件大小的技巧如下：

① 精确设置音频的开始点和结束点，避免将无声区域保存在 Animate 文件中，从而减小声音文件的大小。

② 利用循环效果可以使较小的音频组成背景音乐。

③ 尽量在不同的关键帧中使用相同的音频，为其设置不同的效果，以便减小声音文件的大小。

下面通过案例进一步介绍声音的编辑与输出。

案例 1-8-2 制作“飞机飞行轰鸣”动画

【情景模拟】飞机从天空中飞过，当飞机临近时，声音较大；当飞机由近到远直至消失时，声音逐渐变小，“飞机飞行轰鸣”动画效果如图 1-8-19 所示。

图 1-8-19 “飞机飞行轰鸣”动画效果

【案例分析】导入背景图片和音乐，制作飞机由近到远的补间动画，注意调整开始关键帧和结束关键帧元件实例的大小；在编辑声音时，注意声音由近到远的音量大小。

【制作步骤】制作动画的步骤如下。

（1）创建一个 Animate 文档，将舞台大小设置为 600px×450px，背景颜色设置为白色，帧频设置为 24fps。

（2）将素材“飞机.psd”导入舞台中，如图 1-8-20 所示。注意，需要将图层转换为“Animate”图层，单击导入后，场景自动生成“背景”和“飞机”两个图层，调整背景图层中背景的大小符合舞台，调整飞机图层中飞机的大小并将其转换为图形元件，重命名为“飞机”。

（3）将声音文件“飞机响声.mp3”导入“库”中。新建图层并将其重命名为“声音”，在“属性”面板“帧”选项中，“声音”选项组中的“名称”下拉列表中选择“飞机响声”选项，如图 1-8-21 所示。

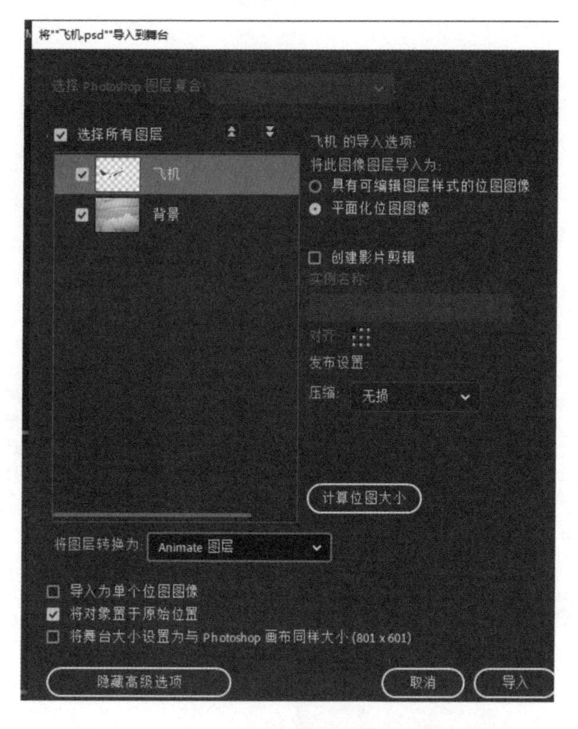

图 1-8-20　素材“飞机”导入舞台

图 1-8-21　添加声音

（4）在“声音”图层的第 150 帧插入帧，可以看到声音流的图示样式，如图 1-8-22 所示。

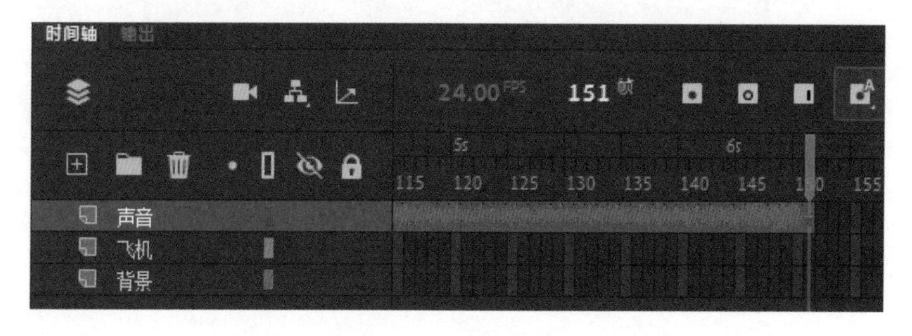

图 1-8-22　声音流的图示样式

（5）在“属性”面板“帧”选项下，单击“声音”→“效果”下拉列表右侧的“编辑声音封套”按钮，弹出“编辑封套”对话框，单击该对话框中右下角的“帧”图标，如图 1-8-23

所示，使声音的播放时间轴以帧的样式显示。

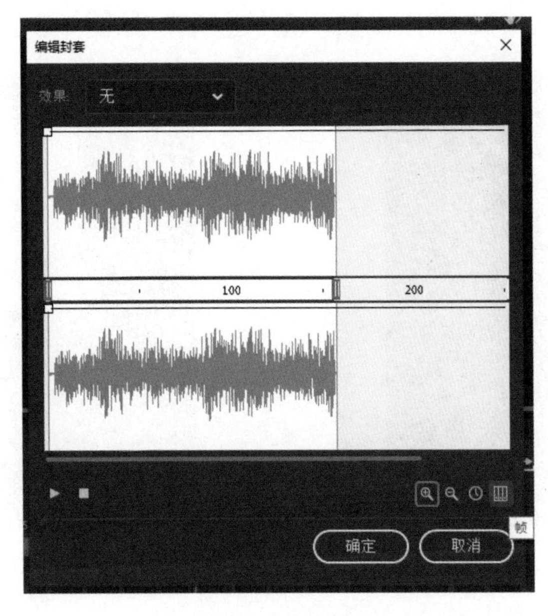

图 1-8-23　设置声音播放时间轴的帧样式

（6）在“编辑封套”对话框中，将鼠标指针滑到第 75 帧，通过拖动左声道、右声道音量控制线上的控制柄，分别将左声道和右声道第 75 帧的音量缩小到原来的 50%，如图 1-8-24 所示；在声音末尾的第 150 帧，将左声道和右声道的音量调节到最低，如图 1-8-25 所示，这样就可以实现播放的声音音量从大到小逐渐消失的效果。

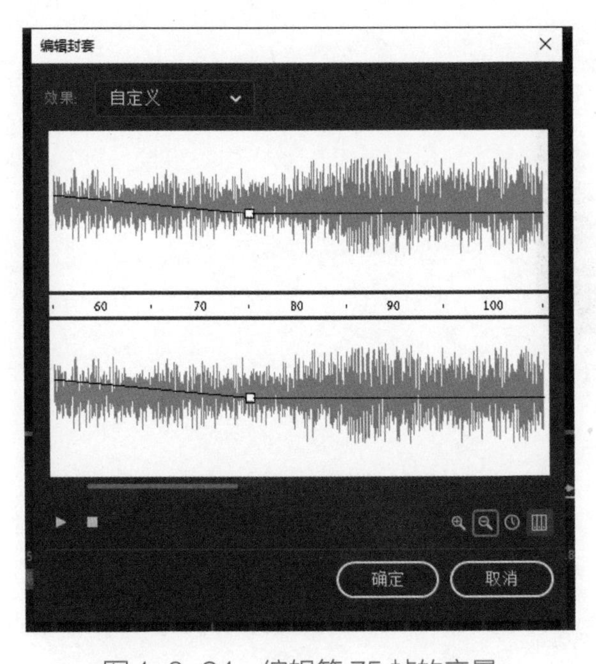

图 1-8-24　编辑第 75 帧的音量

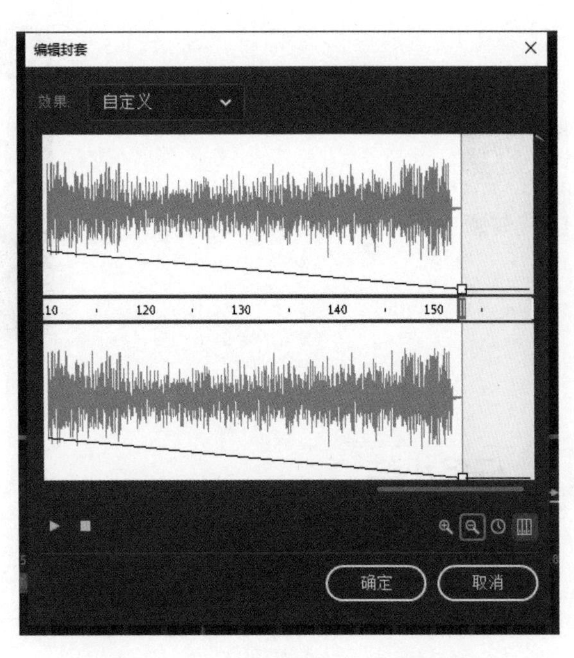

图 1-8-25　编辑第 150 帧的音量

（7）设置飞机飞行动画。在“飞机”图层的第 150 帧中插入关键帧，使用“任意变形工具”缩小“飞机”图形元件，并将飞机拖放到舞台右上角的舞台之外，创建传统补间动画，实现飞机从近到远逐渐缩小的动画效果，如图 1-8-26 所示。

（8）在背景图层中，在 150 帧插入帧，延长显示，如图 1-8-27 所示。

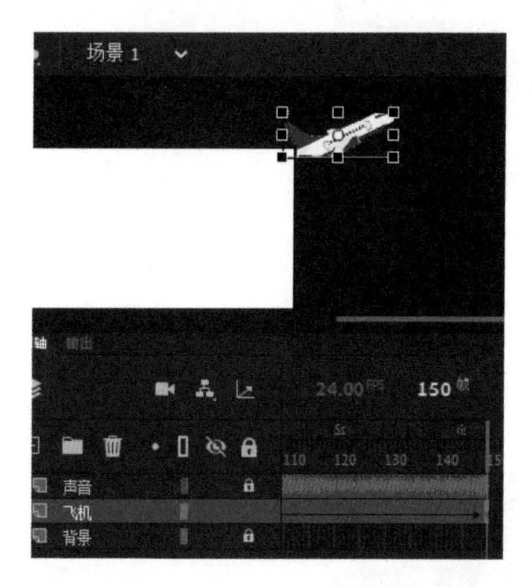

图 1-8-26　创建“飞机”补间动画

图 1-8-27　延伸背景图层

（9）按“Ctrl+S”组合键保存文件，按“Ctrl+Enter”组合键测试动画效果。

强化案例 1-8-2　制作“手机来电”动画

【情景模拟】“叮铃铃”手机响起来了，声音由小变大，屏幕不停地闪动，其效果如图 1-8-28 所示。

图 1-8-28　“手机来电”动画的效果

任务小结

本任务主要介绍了声音文件的导入与设置、声音的编辑与压缩。读者通过各案例的介绍，应掌握音频的导入与编辑，根据不同的需求对声音进行调整，为 Animate 动画添加声音，烘托动画的感染力。

模拟实训

一、实训目的

（1）掌握导入和添加声音的方法。

（2）掌握声音特效的设置和编辑方法。

二、实训内容

（1）为“滚动字幕”动画添加背景音乐，如图 1-8-29 所示。

提示

将声音文件“梁祝.mp3”添加到时间轴上，使用“编辑封套”对话框编辑音乐特效。

图 1-8-29　为“滚动字幕”动画添加背景音乐

（2）为“蜜蜂采蜜”文档添加“蜜蜂”飞行时的声音，如图 1-8-30 所示。

提示

将声音文件导入时间轴上，将“声音”选项组中的“效果”设置为“淡入”，并且对声音文件进行输出设置。

图 1-8-30　为“蜜蜂采蜜”文档添加“蜜蜂”飞行时的声音

Banner的设计与制作

项目背景

随着互联网媒体广告的发展，Banner在其中也显示出越来越重要的作用。有些Banner设计得画面华丽，有些Banner设计得简洁大方，有些Banner设计得风格独特。一个好的Banner会影响用户的点击量。Banner又称为旗帜。Banner既可以是表现商家广告内容的图片，放置在广告商的页面上，是一种互联网广告的基本形式；也可以是网站页面的横幅广告或宣传活动时使用的旗帜；还可以是报纸和杂志上的大标题。Banner主要体现中心意旨，形象鲜明地表达最主要的情感思想或宣传中心。Banner的设计与制作已经成为Animate动画设计与制作中的一项重要内容。

项目分析

本项目主要从介绍Banner的设计与制作的相关知识入手，让读者了解Banner的应用领域、Banner设计的重要性、构图的概念和样式，并掌握Banner图片、Banner文字、Banner主题和软文的设计与制作。

任务分解

本项目主要通过以下几个任务来实现。

任务1：熟识Banner。

任务2：设计与制作Banner图片。

任务3：设计与制作Banner文字。

任务4：设计与制作Banner主题。

任务5：设计与制作软文。

下面将分别对这些任务的目标进行确认，对任务的实施给予理论与实际操作的指导并进行训练。

任务 1 熟识 Banner

在网络营销术语中，Banner 作为一种网络广告形式，一般放置在网页的不同位置，在用户浏览网页信息的同时，吸引用户关注广告信息。本任务主要介绍 Banner 的应用领域、Banner 设计的重要性、构图的概念和法则、构图的样式和结构等相关知识。

任务目标

（1）了解 Banner 的应用领域。

（2）认识 Banner 设计的重要性。

（3）熟悉构图的概念和法则。

（4）掌握构图的样式和结构。

任务训练

一、了解 Banner 的应用领域

Banner 的核心使命就是吸引用户的注意力，是大多数新产品、新事物、各种优惠活动呈现给用户的最主要的途径，所以 Banner 的主题要明确，关键内容要突出，要能够有效地抓住用户的眼球。Banner 的应用领域也越来越广泛，常见的应用有旗帜广告、横幅广告、网站 Banner、手机 Banner、淘宝 Banner、微信 Banner 和微博 Banner 等。

二、认识 Banner 设计的重要性

Banner 设计的初衷就是“被点击”。所有的设计和创意都是围绕吸引用户来进行的。一个好的设计，主题要明确。在有效吸引用户的前提下，能够很自然地融合到不同的页面中是 Banner 设计的宗旨。

当用户访问一个网站时，第一屏的信息展示是非常重要的，因为第一屏的信息可以在很大程度上影响用户是否决定停留。若只是大面积堆积文字，则很难直观而快速地告诉用户会获得哪些有用的信息。因此，Banner 设计在这里会起到至关重要的展示作用，特别是对于首页 Banner 而言，有效的信息传达可以使用户和文字之间的互动变得生动而有趣。下面通过两个应用实例来对比说明 Banner 设计的重要性。

图 2-1-1 所示为网站 Banner 广告，整体画面看起来比较凌乱，东西太多，想表达的内容

也太多，此时需要用户花时间思考，而用户往往是不愿意思考的。所以，这个 Banner 设计是比较失败的，一是不知道画面要表达的核心主题，二是整体上没有吸引用户眼球的地方。

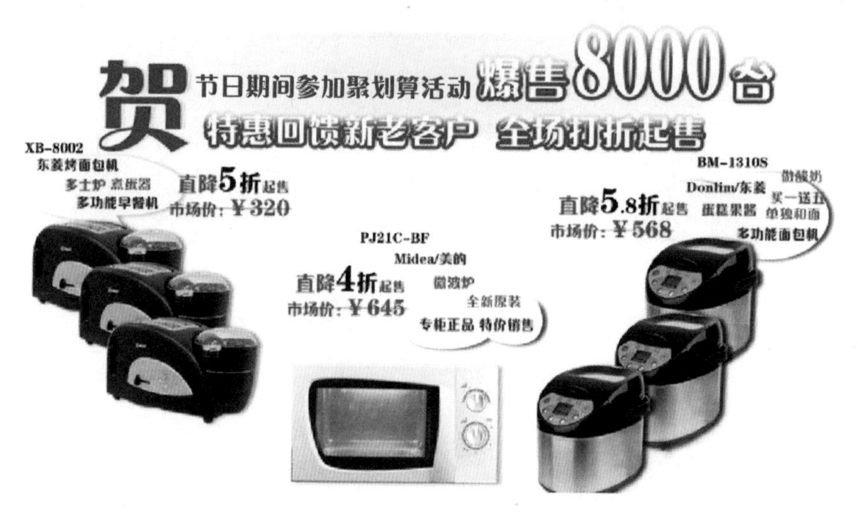

图 2-1-1　网站 Banner 广告

相比之下，图 2-1-2 中的团购网站 Banner 的文案设计简练、清晰，虚化的背景图片更好地映衬了实物的主题图片，再加上简明扼要的文字“最爱金秋葡萄香”及“葡萄义卖 • 为山区贫困家庭奉献一份爱心”的主题，仿佛迎面而来，就能闻到满篮瓜果飘香。

图 2-1-2　团购网站 Banner

三、熟悉构图的概念和法则

1．构图的概念

构图是指创作者在一定的空间范围内，对自己要表现的形象进行组织安排，形成形象的部分与整体之间，形象空间之间的特定的结构、形式。简单来说，构图是对画面的内容和组织形式进行整体设计。

任何构图都离不开点、线、面这 3 个元素，以点成线，以线构面，它们是视觉构成的基本元素，具有不同的情感特征，因此，要善于采用不同的组合，呈现不同的 Banner 构图。

1）点的聚合

点的排列会引起视觉流动，如果引入时间因素，同时利用点的大小、形状及距离的变化，则可以设计出富有节奏韵律的画面。如图 2-1-3 所示，点的连续排列构成线，点与点之间的距离越近，线的特性就越显著；同样，点的密集排列构成面，点的距离越近，面的特性就越显著。

图 2-1-3　点的聚合示例（一）

当画面中的无数图形点聚合在一起时，就会增强画面的韵律感，如图 2-1-4 所示。

图 2-1-4　点的聚合示例（二）

2）线的流动

线是点移动的轨迹，可在页面上起到强调、分割、引导视线的作用。在设计中，利用线对页面空间进行分割的方法也很普遍，不同方向、长度、宽度、形态的线会给人不同的感受。垂直线显得平稳、挺拔，弧线显得流畅、轻盈，水平线给人一种平静、开阔、安逸的感受，曲线给人一种动感、活力的感受，粗线条给人一种粗犷、勇敢、阳刚的感受，细线条给人一种锐利、敏感的感受。图 2-1-5 所示为曲线的流动示例。图 2-1-6 所示为直线的流动示例，图中利用严谨的线条流动来展示产品信息，使页面稳重而富有理性。

图 2-1-5　曲线的流动示例

图 2-1-6　直线的流动示例

3）面的分割

面在设计领域中可以理解为点的放大、点的密集或线的重复。Banner 元素在大小不同的色块元素的风格对比下，能获得清晰且有条理的秩序，同时在整体上也显得和谐统一。如图 2-1-7 所示，清晰、突出的图片是吸引用户关注的第一视觉点。而图 2-1-8 中则通过色块与线条之间不同的比例来分割画面，这样页面在表现形式上更具有艺术表现力。

图 2-1-7　面的分割示例（一）

图 2-1-8　面的分割示例（二）

2. 构图的形式美法则

在 Banner 设计中采用特殊的形式结构，不仅可以使画面变得个性十足，还能更好地与其他同类产品进行区分，让人印象深刻。

1）有机形的柔和与美

有机形是由一定数量的曲线组合而成的，是自然物外力与内力相抗衡而形成的形态。有机形富有内在的张力，给人以纯朴、温暖而富有生命力的感觉。图 2-1-9 所示为有机形构图法则示例，其曲线与个性化的插图形成强烈的对比。

图 2-1-9　有机形构图法则示例

2）偶然形的独特魅力

偶然形是在力的作用下随机形成的图形，它具有天然成趣的效果，利用偶然因素提炼美的方法，让 Banner 设计更加与众不同。图 2-1-10 所示为偶然形构图法则示例，使页面产生趣味性。

图 2-1-10　偶然形构图法则示例

四、掌握构图的样式和结构

将表现主体的各个构成要素按照主次关系放置在画面相应的区域，可以形成视觉感受，实现设计意图。主体元素、辅助元素按照什么形式规格出现就是构图的样式，不同的主体、产品使用不同的构图样式具有内在的规律。各个领域的设计在构图原理上都是一致的，下面介绍几种构图样式。

1．垂直构图

垂直构图能够表现景物的高度和深度，常用于表现险峻的山石、摩天大楼及由竖直形状组成的其他画面。在产品 Banner 设计方面，竖版切割的延伸和量化能增加冲击力，表现统一感和阵列感。图 2-1-11 所示为垂直构图示例。

图 2-1-11　垂直构图示例

2．平衡式构图

平衡式构图能够给人以满足感，画面结构完美无缺，安排巧妙，对应而平衡，常用于表现月夜、水面、夜景等画面。在设计方面，平衡式构图常用于地产设计、开水瓶等稳定类产品的 Banner 设计。图 2-1-12 所示为平衡式构图示例。

图 2-1-12　平衡式构图示例

3. 斜线构图

斜线构图可以分为立式斜线和平式斜横线两种，常用于表现运动、倾斜、动荡、失衡、紧张和危险等画面。有的画面利用斜线指出特定的物体，起固定导向的作用。在设计方面，斜线构图常用于表现运动鞋和运动服，以及细长的铅笔、牙刷和灯管等产品。图 2-1-13 所示为斜线构图示例。

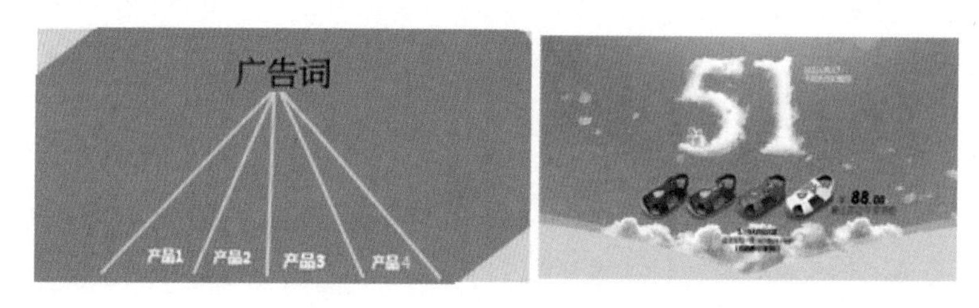

图 2-1-13　斜线构图示例

4. 放射线构图

放射线构图以主体为中心向四周扩散，元素呈放射状，用于突出主体元素，场景变化微妙而富有张力。例如，在多产品、多状态的情况下，或者在产品较多而单个产品和画面比例严重失调的情况下，可以采用此种构图形式。图 2-1-14 所示为放射线构图示例。

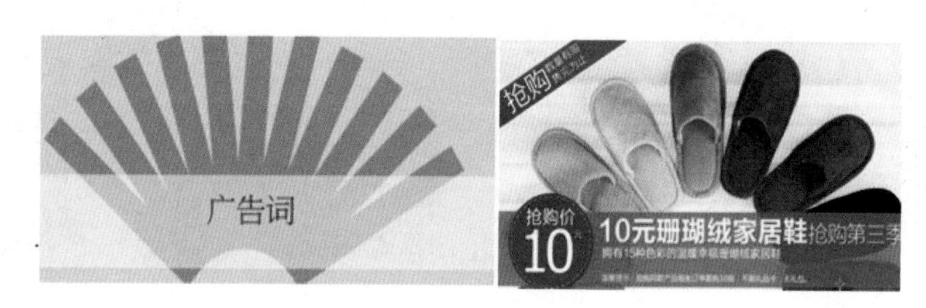

图 2-1-14　放射线构图示例

5. 对角线构图

对角线构图把主体安排在对角线上，能有效地利用对角线的长度延伸画面，富有动感，显得活泼，容易产生线条的汇聚趋势，以吸引人的视线，达到主体突出、视觉均衡的效果。图 2-1-15 所示为对角线构图示例。

图 2-1-15　对角线构图示例

6．三角形构图

三角形是最稳定的图形，三角形构图方式中正三角形有安全感，倒三角形则具有不安定的动感效果。三角形构图以 3 个视觉中心来安排景物的位置，或者以三点成一面的几何形状来安排景物的位置，形成一个稳定的三角形。构图的三角形既可以是正三角形，也可以是斜三角形或倒三角形。其中，斜三角形较为常用。三角形构图的特点是稳定、均衡、灵活。图 2-1-16 所示为三角形构图示例。

图 2-1-16　三角形构图示例

7．框架式构图

框架式构图用景物的框架作为前景，能增加画面的纵向对比和装饰效果，使图片产生纵深感。在设计方面，框架式构图用主体元素在左右两侧填充，中间的空白放置广告词。图 2-1-17 所示为框架式构图示例。

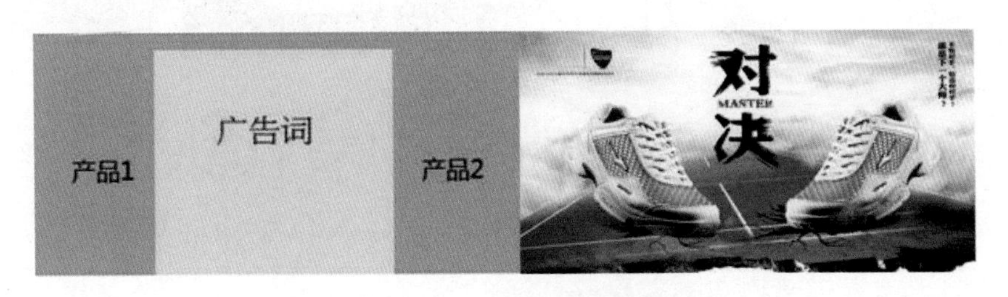

图 2-1-17　框架式构图示例

8．九宫格构图

九宫格构图将主体或重要元素放在“九宫格”交叉点的位置上，“井”字的 4 个交叉点就是主体的最佳位置。一般认为，最理想的是右上方的交叉点，其次是右下方的交叉点。但最佳位置也不是固定不变的，只是比较符合人们的视觉习惯，使主体自然成为视觉中心，突出主体，并使画面趋向于均衡。图 2-1-18 所示为九宫格构图示例。

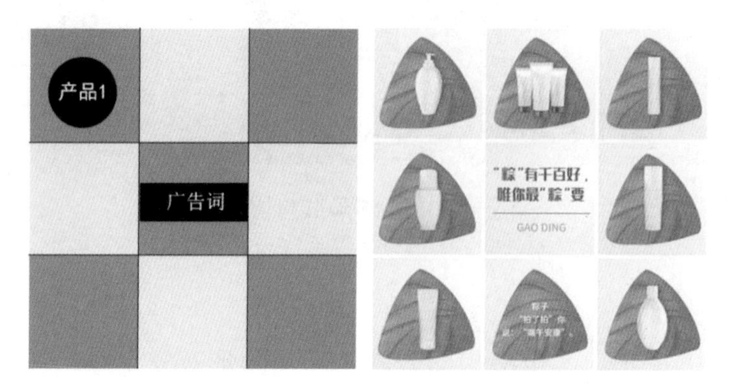

图 2-1-18　九宫格构图示例

下面通过一个简单的案例介绍 Banner 设计与制作的构图、配色及编排等。

案例 2-1-1　制作"中国传统美食"Banner 效果图

【情景模拟】浓郁中国风的"福"字暗纹搭配复古边框背景，与中国传统美食"饺子"的食物图片及"中华味道"文字相得益彰，可以完美呈现主题内容，整体效果如图 2-1-19 所示。

图 2-1-19　Banner 效果图

【案例分析】设计与制作"中国传统美食"Banner 效果图，需要先分析内容特性，设计 Banner 构图方式，确定配色方案，再进行内容设计与编排，完善图片的细节内容。

（1）分析内容特性。本案例是宣传中国传统美食的 Banner 效果图，为了突出中国特色，在背景上选择了带有"福"字暗纹的背景，搭配了复古风格的边框修饰及最具中国传统特色的美食——"饺子"，并使用"中华美食"的印章细节修饰整体效果，处处体现"中国风"

特色元素，如图 2-1-20 所示。

（2）设计 Banner 构图方式。利用平衡式构图方案，使得图片、文字及标题内容相呼应，画面整体构成协调统一，如图 2-1-21 所示。

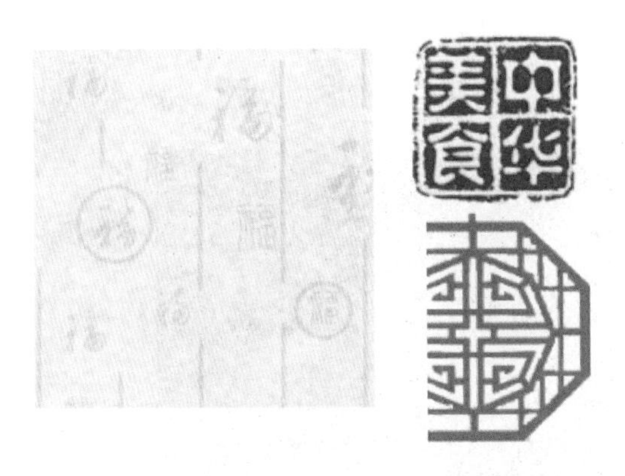

图 2-1-20 “中国风”特色元素

图 2-1-21 构图方式

（3）确定配色方案。搭配色彩也要考虑内容本身定位的特性，红棕色和浅咖色的搭配刚好可以表现具有中国复古风格的色彩，如图 2-1-22 所示。

（4）内容的设计与编排。按照构图方案，在运用配色的基础上安排各个元素的位置、比例，并确定文字标题等，如图 2-1-23 所示。

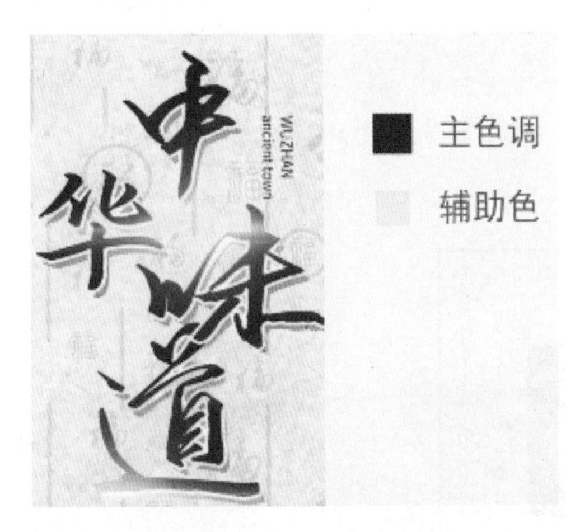

图 2-1-22 配色方案

图 2-1-23 内容的设计与编排

（5）完善图片的细节内容。在完成主体内容的基础上进行图片的细节处理，增加 Banner 效果图的视觉观赏效果。

【制作步骤】动画制作步骤如下。

（1）新建一个平台类型为 ActionScript 3.0 的 Animate 文档，将舞台大小设置为 600px×400px，背景颜色设置为“#ffffff”，帧频设置为 24fps。

（2）将“图层 1”重命名为“背景”。在菜单栏中选择“文件”→“导入”→“导入到舞台”命令，在弹出的“导入”对话框中，将“bj.jpg”图片导入舞台中，并调整大小使其与舞台大小相同。

（3）新建图层，并重命名为“美食”。在菜单栏中选择“文件”→“导入”→“导入到舞台”命令，在弹出的“导入”对话框中，将“jiaozi.jpg”图片导入舞台中，调整其大小，将其放在舞台右侧的合适位置。选中图片，单击鼠标右键，在快捷菜单中选择“转换为元件”命令，将其转换为影片剪辑元件，增加“投影”和“发光”效果，如图 2-1-24 所示。

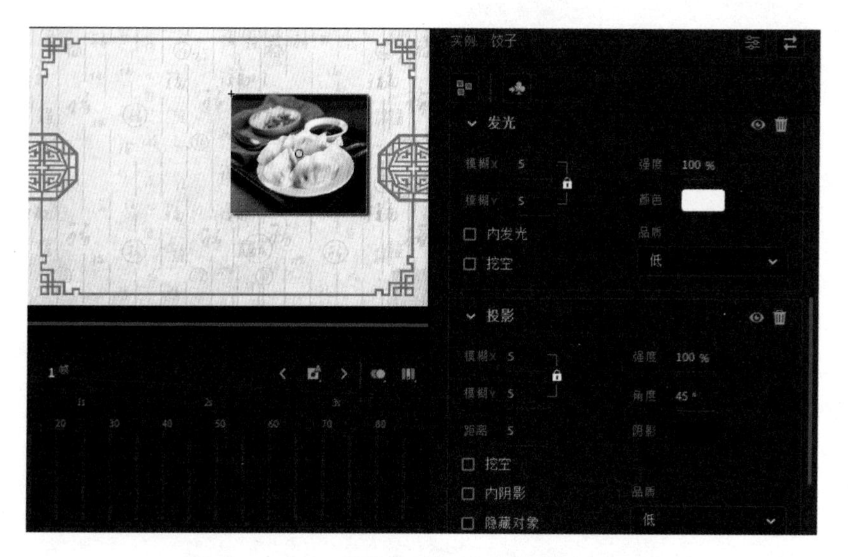

图 2-1-24 “饺子”影片剪辑滤镜属性

（4）新建图层，并重命名为“文字”。在菜单栏中选择“文件”→“导入”→“导入到舞台”命令，在弹出的“导入”对话框中，将“wz.png”图片导入舞台中，调整其大小，将其放在舞台左侧的合适位置，如图 2-1-25 所示。

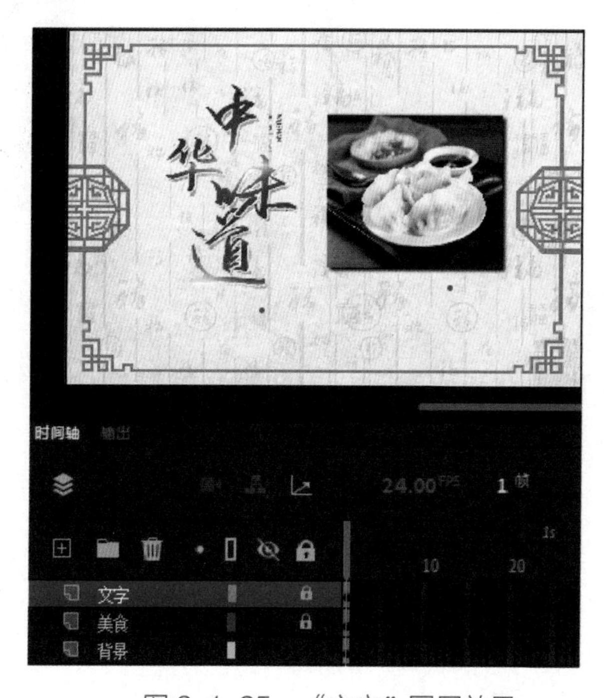

图 2-1-25 “文字”图层效果

（5）在“文字”图层下方新建“修饰”图层，使用椭圆工具，关闭填充颜色，设置笔触颜色为“#990000”，笔触为 2.0，在“中华味道”文字下方绘制正圆形图案修饰文字效果，在菜单栏中选择“文件”→“导入”→“导入到舞台”命令，在弹出的“导入”对话框中，将“yz.png”图片导入舞台中，调整其大小，将其放在合适位置，如图 2-1-26 所示。

图 2-1-26　“修饰”图层效果

（6）在“文字”图层上方新建“标题”图层，使用线条工具和多边形工具，绘制六边形和分割修饰线条，使用文字工具输入“中国传统美食”标题内容，设置文字属性，字体为黑体，大小为 32 点，颜色为黑色，效果如图 2-1-27 所示。

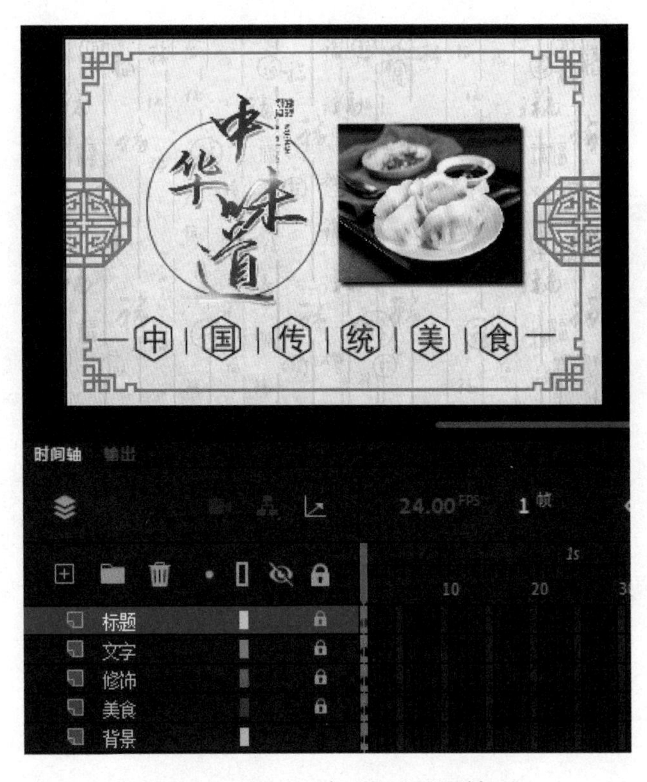

图 2-1-27　“标题”图层效果

（7）按“Ctrl+S”组合键保存文件，按“Ctrl+Enter”组合键测试动画效果并发布。

任务小结

本任务主要介绍了 Banner 的应用领域、Banner 设计的重要性，以及构图的概念、法则、样式和结构等相关知识。通过设计与制作 Banner 案例，读者可以了解 Banner 的构图、配色及编排等。

模拟实训

一、实训目的

（1）了解 Banner 的应用领域。

（2）认识 Banner 设计的重要性。

（3）掌握构图的概念和法则。

（4）熟悉构图的样式和结构。

二、实训内容

（1）分析“我要自学网”网站首页 Banner 效果图的构图、配色及编排效果，完成 Banner 的设计与制作，如图 2-1-28 所示。

（2）分析“唐狮音乐节”网站首页 Banner 效果图的构图、配色及编排效果，完成 Banner 的设计与制作，如图 2-1-29 所示。

图 2-1-28 “我要自学网”网站首页 Banner 效果图

图 2-1-29 “唐狮音乐节”网站首页 Banner 效果图

任务 2　设计与制作 Banner 图片

在 Banner 图片特效动画中，图片占据了非常重要的位置，出彩的图片是十分有力的表现手法。本任务除了介绍 Banner 图片设计的版式和排版原则，还会结合实际案例讲解 Banner 图片特效动画的制作方法。

任务目标

（1）了解 Banner 图片设计的版式。

（2）熟悉 Banner 图片设计的排版原则。

（3）掌握 Banner 图片特效动画的制作方法。

任务训练

一、了解 Banner 图片设计的版式

图片设计的版式包括主题形象的体现、整体的布局、视觉元素的大小和数量、图片与文字的关系等。根据不同的组织形式，可以将图片设计的版式大致划分为以下几种。

1. 两栏式

两栏式版式布局采用的是左文右图或左图右文的形式，表现主题内容的图片一般占大部分区域，补充说明性的文字用于进一步表达主题。图 2-2-1 所示为两栏式版式示例。

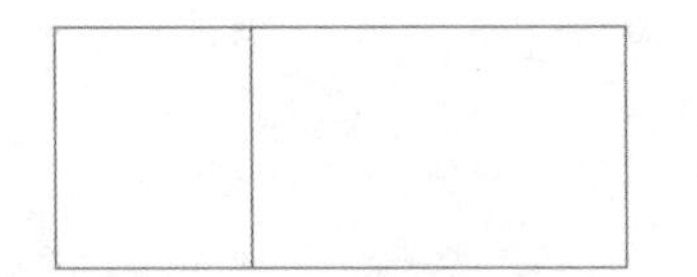

两栏式：左文右图或左图右文

图 2-2-1　两栏式版式示例

2. 三栏式

三栏式版式布局采用的是中间文字、两边图片的形式，主次关系明确。图 2-2-2 所示为三栏式版式示例。

图 2-2-2　三栏式版式示例

3．上下式

上下式版式布局采用的是上面文字、下面图片的形式，先由上面的文字引导用户的阅读视线，再由下面的图片更好地表现主题内容，使图文相结合。图 2-2-3 所示为上下式版式示例。

图 2-2-3　上下式版式示例

4．组合式 1

组合式 1 版式布局采用一边为展示产品的模特人物，而另一边为文字加图片的形式，在表现形式上更加灵活。图 2-2-4 所示为组合式 1 版式示例。

图 2-2-4　组合式 1 版式示例

5．组合式 2

组合式 2 版式布局采用两边为模特人物、中间为文字加图片的形式，在展示类的 Banner 图片中使用居多，如服饰、潮流单品等。图 2-2-5 所示为组合式 2 版式示例。

图 2-2-5　组合式 2 版式示例

6. 文字+背景

文字+背景版式布局采用的是纯文字加背景的图片形式，在背景的衬托下，突出文字主题的内容，重点鲜明。图 2-2-6 所示为文字+背景版式示例。

图 2-2-6 文字+背景版式示例

二、熟悉 Banner 图片设计的排版原则

排版就是把可视化信息（如文字、图片等元素）在整体布局上调整位置、大小和方向，使版面美观。在 Banner 中，图片设计排版遵循以下原则。

（1）对齐原则。为了使用户可以快速浏览画面，相关的内容要对齐，以便一眼就可以关注到最重要的信息。

（2）集中原则。如果画面中的内容分成几个不同的区域，那么在同一个区域中应该聚集相关的内容。

（3）留白原则。专业的 Banner 设计绝不会排得密密麻麻，要留出一定的空间，这样既可以避免 Banner 的拥挤感，又可以集中用户视线，突出重点内容。

（4）降噪原则。颜色太多、字体太多、图形太过复杂，这些都是分散用户关注度的“噪声”。

（5）重复原则。在排版时，要关注整体设计的一致性和连贯性，避免出现多种类型的视觉元素。

（6）对比原则。增加不同元素的视觉差异，这样既能体现 Banner 的活泼性，又能突出视觉重点，以使用户第一眼就能浏览到重要的信息。

三、掌握 Banner 图片特效动画的制作方法

Banner 中的图片特效动画在实现动画的基础上，大大提升了动画本身的可观赏性。下面通过两个案例来介绍图片特效动画的制作方法。

案例 2-2-1 制作可容纳动物的格子

【情景模拟】本案例要制作的是可容纳动物的格子。当鼠标指针滑过有卡通动物图片的格子时，相应的动物图片就从格子中显示出来，整体设计风格简洁大方，其效果如图 2-2-7

所示。

图 2-2-7　可容纳动物图片的格子动画的效果

【案例分析】导入合适的图片素材，制作每个格子的按钮和影片剪辑元件；按钮的“弹起”帧放入卡通动物图片，影片剪辑元件放到按钮的“经过”帧中；可以用遮罩技术制作动物图片从格子中显示出来的效果。

【制作步骤】制作动画的步骤如下。

（1）新建一个平台类型为 ActionScript 3.0 的 Animate 文档，将舞台大小设置为 900px×355px，背景颜色设置为白色，帧频设置为 24fps。在菜单栏中选择“文件”→“导入”→“导入到库”命令，弹出“导入”对话框，在该对话框中将素材文件导入“库”面板中备用。

（2）将“图层 1”重命名为“背景”，使用“矩形工具”创建一个和舞台大小一致的矩形，使用“线条工具”将矩形分割成格子形状，使用“颜料桶工具”给各个格子填充不同的颜色，并将分割后的各个格子（除了左下角和右上角的格子）转换为图形元件，名称分别为“格 1”“格 2”“格 3”“格 4”，如图 2-2-8 所示。

（3）新建“图层 2”并将其重命名为“文字”，使用“文本工具”在左下角和右上角的格子中添加文字，并使用“任意变形工具”调整文字的位置和方向，如图 2-2-9 所示。

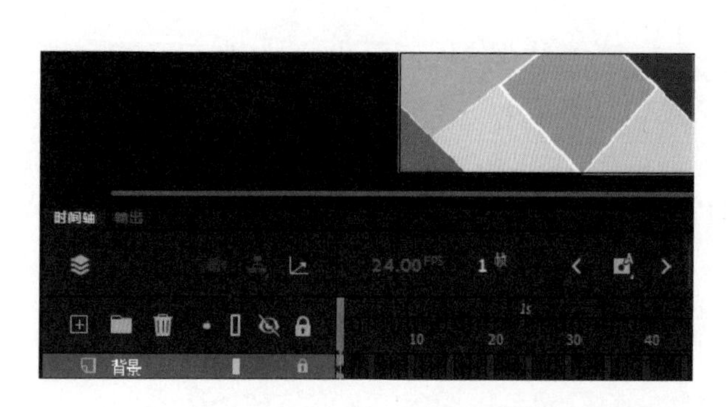

图 2-2-8　将“背景”图层分割成格子

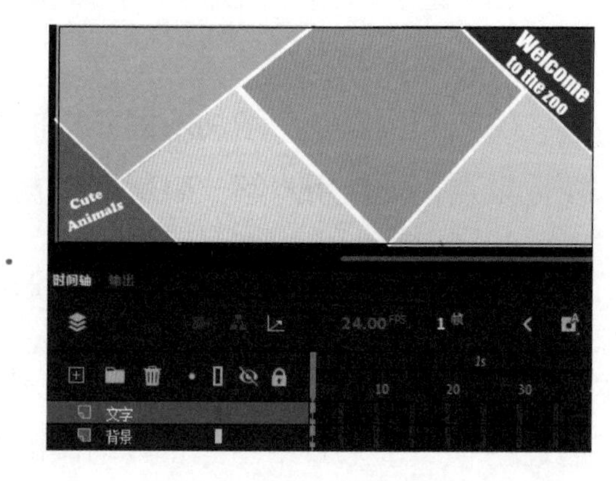

图 2-2-9　添加文字

（4）创建“格子 1 动画”影片剪辑元件。在该元件“图层 1”的第 1 帧，将图片“长颈鹿.jpg”拖到舞台中间；新建“图层 2”，将“格 1”图形元件拖到舞台中间，根据“格 1”图形元件的大小修改“图层 1”中图片实例的大小；选中“图层 2”并右击，在弹出的快捷菜单中选择“遮罩层”命令，创建遮罩动画，如图 2-2-10 所示。

（5）返回“场景 1”，新建按钮元件并将其命名为“格子 1”，在“弹起”帧中，将图片“长颈鹿卡通.png”拖到舞台中间，在“指针经过”帧中插入空白关键帧，将“格子 1 动画”影片剪辑元件拖到舞台中间，如图 2-2-11 所示。

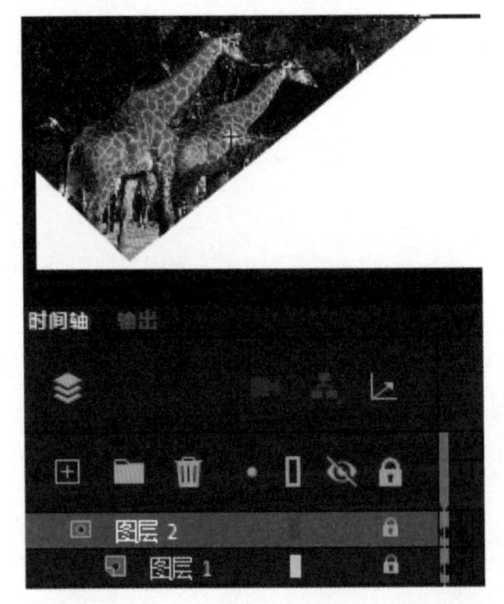

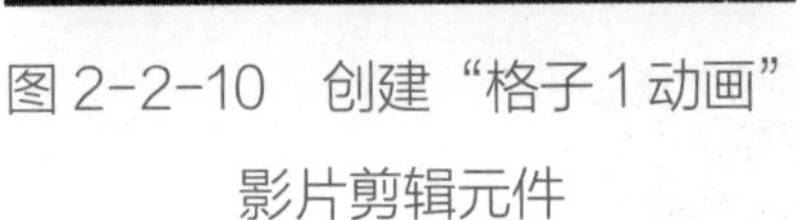

图 2-2-10　创建“格子 1 动画”影片剪辑元件

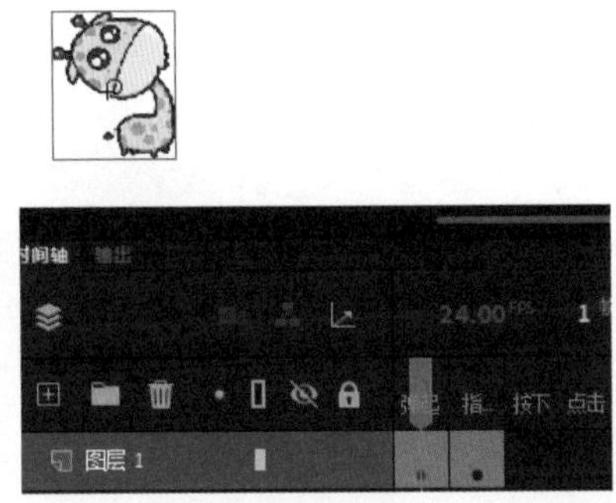

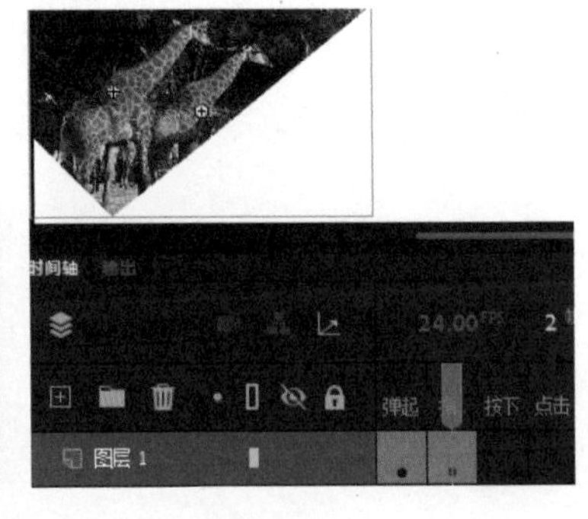

图 2-2-11　创建“格子 1”按钮元件

（6）返回“场景 1”，新建“图层 3”并将其重命名为“按钮”，将“格子 1”按钮元件拖到左上角相应的格子中，适当调整按钮实例的大小，如图 2-2-12 所示。

图 2-2-12　创建“按钮”图层并添加按钮元件

（7）重复步骤（4）～（6），制作其余几个格子中的动画，制作完成后的效果如图 2-2-13 所示。

（8）选中“文字”图层，在相应的格子中使用“文本工具”添加文字，添加文字后的效果如图 2-2-14 所示。

图 2-2-13　制作完成后的效果

图 2-2-14　添加文字后的效果

（9）按“Ctrl+S”组合键保存文件，按“Ctrl+Enter”组合键测试动画效果，当鼠标指针滑过各个格子时观看动画效果。

案例 2-2-2　制作“点按式”相册

【情景模拟】本案例设计的是电子婚纱相册，单击左侧的缩略图，在右侧可以查看放大的相册图片，其效果如图 2-2-15 所示。

图 2-2-15　“点按式”相册动画的效果

【案例分析】使用“矩形工具”绘制装饰底图，通过为按钮添加动作脚本实现动画效果。

【制作步骤】制作动画的步骤如下。

（1）新建一个平台类型为 ActionScript 3.0 的 Animate 文档，将舞台大小设置为 640px×560px，背景颜色设置为白色，帧频设置为 12fps，将图片素材“Img1.jpg”、“Img2.jpg”和“Img3.jpg”导入“库”面板中。

（2）制作透明按钮元件“button”。在菜单栏中选择“插入”→“新建元件”命令，或者按“Ctrl+F8”组合键，弹出“创建新元件”对话框，在“类型”下拉列表中选择“按钮”选项，在“名称”文本框中输入“button”，进入元件编辑区，选中“点击”帧并右击，在弹出的快捷菜单中选择“插入空白关键帧”命令，在“点击”帧中创建空白关键帧。选择“矩形工具”，在“点击”帧的空白关键帧中绘制一个 96px×120px 的矩形，如图 2-2-16 所示。

（3）制作“图片动画”影片剪辑元件。选中“图层 1”的第 1 帧，将“库”面板中的图片“Img1.jpg”拖到舞台的合适位置，并将其转换为图形元件 pic1。在时间轴的第 15 帧、第 30 帧和第 45 帧中分别插入关键帧，并将第 1 帧和第 45 帧中实例 pic1 的 Alpha 值设置为 0，创建传统补间动画，制作图片渐隐和渐现效果，在第 30 帧中添加动作脚本“stop()”，如图 2-2-17 所示。

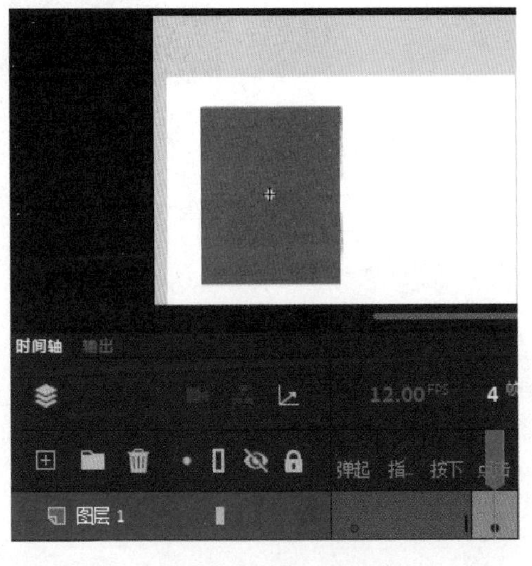

图 2-2-16　制作透明按钮元件“button”

图 2-2-17　制作“图片动画”影片剪辑元件

（4）新建“图层 2”和“图层 3”，按照上述步骤，将图片“Img2.jpg”和“Img3.jpg”分别转换为图形元件 pic2 和 pic3，并且分别在“图层 2”和“图层 3”上制作与 pic1 相同的动画效果，需要注意的是，在时间轴上需要把各个图层的动画时间错开，此时的“时间轴”面板如图 2-2-18 所示。

图 2-2-18　“时间轴”面板

（5）返回主场景，将“图层 1”重命名为“底图”，选中该图层的第 1 帧，选择“矩形工具”，在舞台左方绘制两个矩形，作为相册的封底图案，如图 2-2-19 所示。

（6）在“底图”图层上方新建图层并将其重命名为“相册大图”，将“图片动画”影片剪辑元件拖到舞台右方合适的位置，将其实例名称设置为“tu”，如图 2-2-20 所示。

图 2-2-19　制作相册的封底图案

图 2-2-20　将实例名称设置为“tu”

（7）在“相册大图”图层上方新建图层并将其重命名为“缩略图”，将图形元件 pic1、pic2 和 pic3 拖到舞台左方，并调整其大小和位置，效果如图 2-2-21 所示。

图 2-2-21　“缩略图”图层的效果

（8）在“缩略图”图层上方新建图层并将其重命名为“透明按钮”，先将按钮元件“button”拖动 3 次并分别放置到舞台中 pic1、pic2 和 pic3 实例的上方，再为 3 个按钮分别命名为“button1”、“button2”和“button3”。单击图层“透明按钮”，选择“窗口”→“代码片段”→“事件处理函数”→“Mouse Click 事件”添加相应的动作脚本。

动作脚本代码如下。

```
"button1.addEventListener(MouseEvent.CLICK, fl_MouseClickHandler1);
function fl_MouseClickHandler1(event:MouseEvent):void
{
    tu.gotoAndPlay(30);
}
button2.addEventListener(MouseEvent.CLICK, fl_MouseClickHandler2);
function fl_MouseClickHandler2(event:MouseEvent):void
{
    tu.gotoAndPlay(75);
}
button3.addEventListener(MouseEvent.CLICK, fl_MouseClickHandler3);
function fl_MouseClickHandler3(event:MouseEvent):void
{
    tu.gotoAndPlay(121);
}"
```

其效果是当单击某个按钮时，动画跳转到影片剪辑实例“tu”动画相应帧上播放，如图 2-2-22 所示。

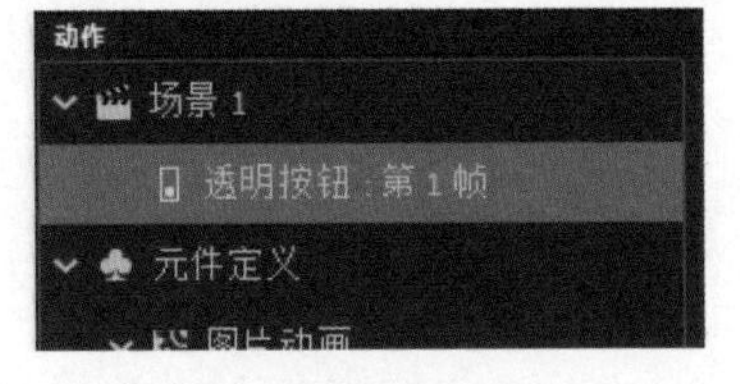


```
button1.addEventListener(MouseEvent.CLICK, fl_MouseClickHandler1);
function fl_MouseClickHandler1(event:MouseEvent):void
{
    tu.gotoAndPlay(30);
}
```

图 2-2-22 为“透明按钮”添加动作脚本

（9）新建图层并将其重命名为“边框”，将图片“bk.gif”拖到舞台中，添加花纹边框，修饰整体效果。

（10）按“Ctrl+S”组合键保存文件，按“Ctrl+Enter”组合键测试动画效果。

强化案例 2-2-1　制作“幻灯片”动画

【情景模拟】在网站的 Banner 中，经常会制作“幻灯片”动画，以传递网站展示给浏览者的信息。其效果是应用图片或文字等自动进行淡入/淡出效果切换，而当鼠标指针划过缩略图时可切换到大图显示，其效果如图 2-2-23 所示。

图 2-2-23　“幻灯片”动画的效果

任务小结

本任务主要介绍了 Banner 图片设计的相关知识，其中不仅包括 Banner 图片设计的版式和排版原则，还结合实际案例讲解了 Banner 图片特效动画的制作，读者通过学习本任务可以设计与制作简单的 Banner 图片。

模拟实训

一、实训目的

（1）了解 Banner 图片设计的版式。

（2）掌握 Banner 图片设计的排版原则。

（3）学会制作 Banner 图片特效动画。

二、实训内容

为了宣传低碳生活，保护环境，请制作如图 2-2-24 所示的“隐藏的图片”动画。当鼠标指针滑过第一张慢慢变黄的树叶图片时，文字描述是“我们还能挤出多少氧气？！”，切换到第二张图片时，回答第一张图片中的问题，倡导“低碳生活，让氧多起来”。

提示

制作按钮元件和影片剪辑元件，图片采用遮罩技术进行切换。

图 2-2-24 “隐藏的图片”动画

任务 3 设计与制作 Banner 文字

总体来说，一个 Banner 是由文字和辅助图两部分构成的。辅助图虽然占据大多数的面积，但是不添加文字进行辅助说明就很难让用户清楚这个 Banner 要表达的含义。就像人们可以通过观察一个人的五官来感受这个人的喜、怒、哀、乐，但其因何表现出喜、怒、哀、乐，还要通过文字来说明一样。本任务除了介绍 Banner 中文字设计的技巧，还会结合实际案例讲解在 Banner 中运用的一些特效文字动画。

任务目标

（1）了解文字在 Banner 设计中的地位。

（2）掌握 Banner 中文字设计的技巧。

（3）掌握特效文字动画的制作方法。

任务训练

一、了解文字在 Banner 设计中的地位

文字是记录语言的书面形式，是人类思想感情交流的必然产物，而特效文字更是各个领域中渲染主题的一种方法。在 Banner 中使用特效文字，可以使 Banner 表现得与众不同。

在 Banner 中，信息的表达通常使用文字、图像等方式，其中 Banner 中最重要的设计元素就是文字，相对于图形来说，文字的信息传递方式更直接，所以文字在 Banner 设计中占有举足轻重的地位。

为了配合网页的整体效果，网页中 Banner 文字的设计一般以特效文字样式呈现，用于突出主题。如图 2-3-1 所示，网页 Banner 中使用的是渐变描边文字，以彰显活动的主题。

图 2-3-1　网页 Banner

在网络广告中，为了突出广告主题，使用户可以在第一时间关注所要表达的内容，常常使用特效文字来突出显示。如图 2-3-2 所示，广告中使用了彩灯文字和描边文字（特效文字），将画面中的宣传语表达得独特、醒目。

图 2-3-2　广告中的特效文字

二、掌握 Banner 中文字设计的技巧

随着人们在日常生活中不同应用需求的增加，各类 Banner 设计对文字的要求也日益增多。Banner 中的文字可以根据不同需求、不同氛围，寻找具有准确性、关联性、独特性的个性设计，以传递用户的需求和产品的特征。下面介绍一些 Banner 中文字设计的技巧。

1. 处理文字的数量

在 Banner 中文字过长，并且不能删减文字的情况下，如图 2-3-3 所示，可以对 Banner 中的文字进行比较，以突出“端午”这类主要的文字信息，弱化“的”“之”“和”“年”“第 X 届”等信息量不多的文字，使文字信息结构清晰、主次分明、重点突出。

图 2-3-3 网页 Banner 长文字示例

如果 Banner 中的文字过短，画面太空，则可以加入一些辅助信息以丰富画面，如图 2-3-4 所示，可以在图中加入时间、英文、域名、频道名或意念等辅助文字，以充实画面。

图 2-3-4 网页 Banner 短文字示例

2. 构建辅助的视觉

1）文字+背景陪衬两段式

这类 Banner 设计的画面感强，视觉集中，突出文字，显示主题，其示例如图 2-3-5 所示。

图 2-3-5 文字+背景陪衬两段式示例

2）主体物+文字两段式

这类 Banner 设计中的文字和图案相辅相成，具有文字言事、图案补充理解的效果，最适合做介绍类或产品类的 Banner，其示例如图 2-3-6 所示。

图 2-3-6　主体物+文字两段式示例

3）主体物+背景+文字三段式

这类 Banner 设计是目前应用最广泛的主流设计，画面虚实结合，主次关系明显，其示例如图 2-3-7 所示。

图 2-3-7　主体物+背景+文字三段式示例

3. 控制文字的留白

文字的旁边要留有一定的空间，这样能使它们更突出，避免广告条的每个角都有文字，不要以为这样做会分散文字，调整个别文字可以使用户更好地理解广告主旨。文字紧靠边缘的广告条会让人觉得很不专业，在 Banner 设计中要避免这一点，即应留有适当的空白，如

图 2-3-8 和图 2-3-9 所示。

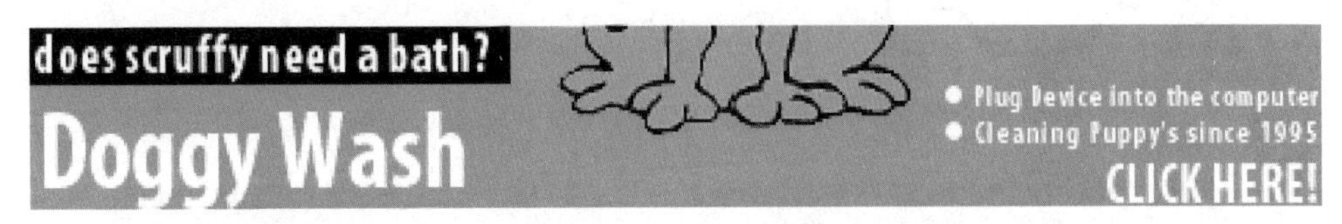

图 2-3-8　Banner 中文字紧靠边缘

图 2-3-9　Banner 中文字留有适当的空白

广告条的边缘既不是一个休息场所，也不是一个可以让文字“跑出去”的“空房间”，而是一个内容与边缘保持适当距离的区域。Banner 中文字边距太小和文字边距合适的效果如图 2-3-10 和图 2-3-11 所示。

图 2-3-10　Banner 中文字边距太小的效果

图 2-3-11　Banner 中文字边距合适的效果

4．调整文字的间距

如果文字较小，间距也较小，就会增加浏览的难度，轻微地进行调整能产生意想不到的变化。文字越小，越需要大的间距来提高它们的可读性。对比图 2-3-12 和图 2-3-13 可以发现，两张图中的文字的字号相同，但图 2-3-13 中的文字间距较大，浏览者更容易看清文字，效果一目了然。

Banner 中的大号文字要粗壮扁平，并且要减小大号文字的间距。对比图 2-3-14 和图 2-3-15 可以发现，图 2-3-15 的效果更好。

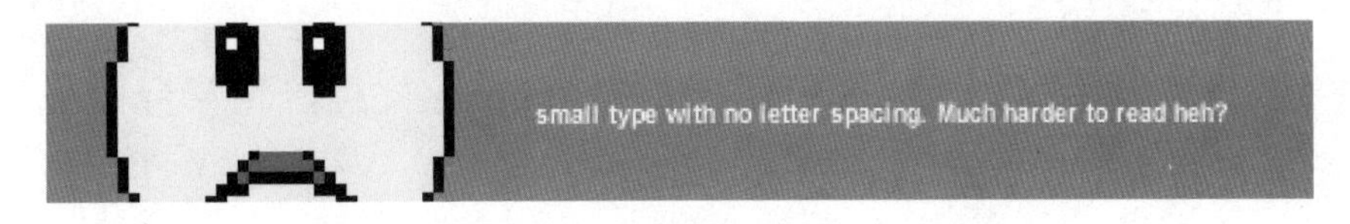

图 2-3-12　Banner 中小号文字间距过小

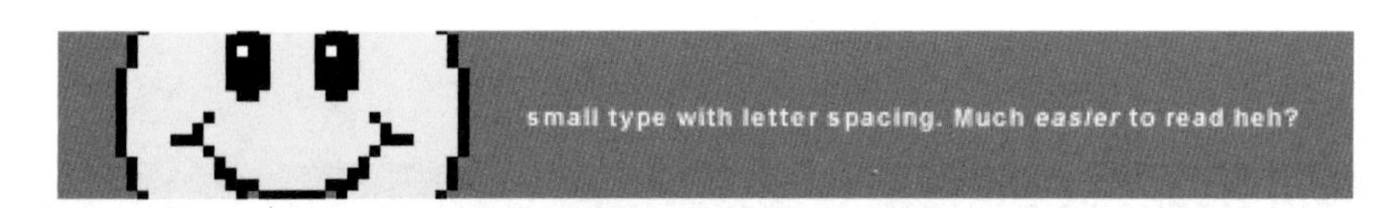

图 2-3-13 Banner 中小号文字间距合适

图 2-3-14 Banner 中大号文字间距效果（一）

图 2-3-15 Banner 中大号文字间距效果（二）

三、掌握特效文字动画的制作方法

Animate 提供了非常强大的文本编辑功能，在动画效果中，除了可以输入文本内容，还可以制作出各种特效文字动画。下面通过案例来介绍特效文字动画的制作方法。

案例 2-3-1 制作“淡入/淡出”动画

【情景模拟】本案例是为科技公司网站设计的 Banner 特效文字动画，在富有科技感的渐变蓝色背景下，左边自下向上双手托举起网络互联的地球图片，同时右边淡入/淡出文字显示广告宣传语，两者相得益彰，其效果如图 2-3-16 所示。

图 2-3-16 “淡入/淡出”动画的效果

【案例分析】本案例通过补间动画制作文字淡入/淡出效果。利用素材创建元件，通过时间轴帧数差别制作文字逐渐显示的动画效果。

【制作步骤】制作动画的步骤如下。

（1）新建一个平台类型为 ActionScript 3.0 的 Animate 文档，将舞台大小设置为 980px×260px，背景颜色设置为蓝色，帧频设置为 24fps。

（2）将“图层 1”重命名为“背景”，在菜单栏中选择“文件”→“导入”→“导入到舞台”命令，将图片“blue.jpg”导入舞台中，调整图片大小，使其与舞台大小相同。

（3）将图片“diqiu.png”导入“库”面板中并转换为“tu”图形元件，新建“td”影片剪辑元件，将该元件的“图层1”重命名为“tu”，在第1帧中将“tu”图形元件拖到舞台中心偏下方的位置，在第20帧处插入关键帧，将“tu”图形元件垂直上移至舞台中心，创建传统补间动画，制作自下而上运动的动画效果；新建“As”图层，在第20帧处插入关键帧，添加时间轴动作脚本“stop()”，如图2-3-17所示。

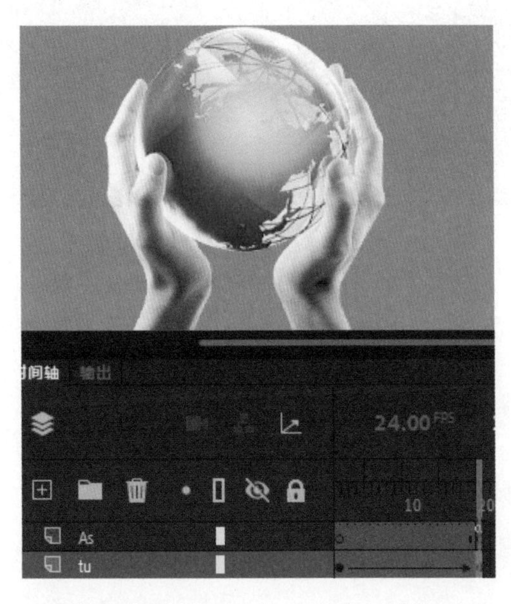

图2-3-17 新建“td”影片剪辑元件

（4）返回“场景1”，新建“图案”图层，在第1个关键帧处将“td”影片剪辑元件拖到舞台靠左边的位置，调整其位置和大小。

（5）将“科技创新”文字素材图片“wenzi.png”导入“库”面板中并转换为“text1”图形元件，再使用“文本工具”分别输入“源于浩瀚的梦想”和“Innovation stems from a dream”，设置文本属性，颜色均为黑色，字体均为黑体，大小均为20点，将这两段文字分别转换为“text2”图形元件和“text3”图形元件。

（6）新建“文字1”图层，在第1个关键帧处将“text1”图形元件拖到舞台中心稍偏左一点的位置，将元件实例的Alpha值设置为0；在第20帧处插入关键帧，将“text1”图形元件向舞台中心右边稍稍移动，将元件实例的Alpha值设置为100%，在两个关键帧之间创建传统补间动画，制作文字向右运动并淡入的动画效果；再分别在第100帧、第120帧处插入关键帧，将第1帧的内容复制到第120帧，创建第100～120帧两个关键帧之间的传统补间动画，制作文字向左移动并淡出的动画效果。分别新建“文字2”图层和“文字3”图层，同样，分别制作“text2”图形元件和“text3”图形元件的运动及淡入/淡出动画效果，其中，“text2”图形元件先向左移动再向右移动，“text3”图形元件先向下移动再向上移动，如

图 2-3-18 所示。

图 2-3-18　文字动画效果

（7）按“Ctrl+S”组合键保存文件，按“Ctrl+Enter”组合键测试动画效果。

案例 2-3-2　制作“跳动”文字动画

【情景模拟】本案例设计的是房地产 Banner 广告。在楼盘背景图片的衬托下，一排跳动的文字形成一幅美丽的风景画面，动态文字更具有表现力，引人入胜，其效果如图 2-3-19 所示。

图 2-3-19　“跳动”文字动画的效果

【案例分析】输入文字，分离文本后转换为图形元件，创建补间动画，单个文字先向上跳跃，再落下，并为文字实例添加“发光”滤镜效果。

【制作步骤】制作动画的步骤如下。

（1）新建一个平台类型为 ActionScript 3.0 的 Animate 文档，将舞台大小设置为 600px×400px，背景颜色设置为白色，帧频设置为 12fps。

（2）将“图层 1”重命名为“背景”，在菜单栏中选择“文件”→“导入”→“导入到舞台”命令，将图片“bj.jpg”导入舞台中，调整图片的大小，使其与舞台大小相同，“背景”

图层的效果如图 2-3-20 所示。

图 2-3-20 “背景”图层的效果

（3）新建“文字”影片剪辑元件，在舞台中创建“为山水而居”文本，将文本打散后使用“分散到图层”命令，并将每个文字转换为图形元件，元件名称与文字一致。在“为”图层的第 5 帧和第 10 帧中分别插入关键帧，将第 5 帧中的元件实例垂直向上移动一定高度，创建第 1～5 帧、第 5～10 帧的补间动画，实现文字跳上去又返回原处的动画效果，在第 30 帧中插入普通帧，延长动画播放时间。按照此方法依次制作其他文字的动画效果，其中各个文字动画的起始帧依次后移 2 帧，各个文字跳动的高度相同，如图 2-3-21 所示。

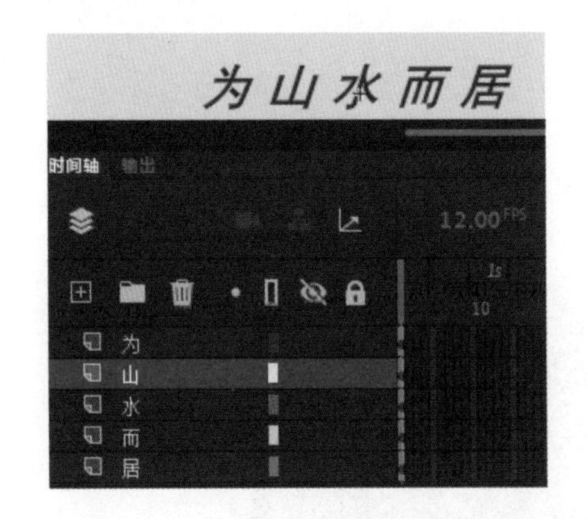

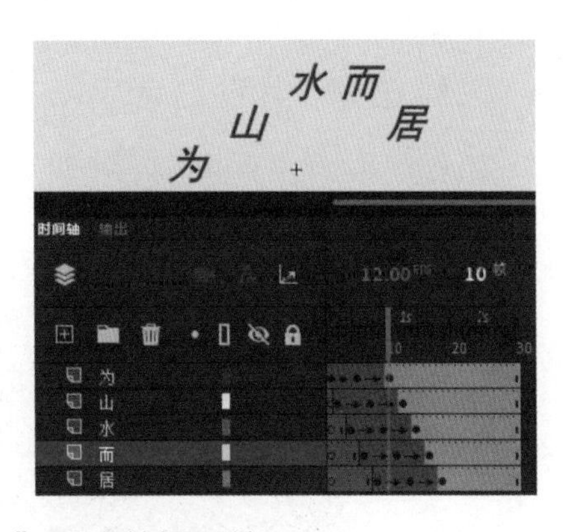

图 2-3-21 新建“文字”影片剪辑元件

（4）返回“场景 1”，新建“文字”图层，将“文字”影片剪辑元件拖到舞台的合适位置，“文字”图层的效果如图 2-3-22 所示。

（5）复制“文字”图层并将其重命名为“滤镜”，选中“文字”影片剪辑元件，在“属性”面板的“滤镜”选项组中，单击左下角的“添加滤镜”按钮，在弹出的下拉列表中选择“发光”命令，并设置其参数，如图 2-3-23 所示。

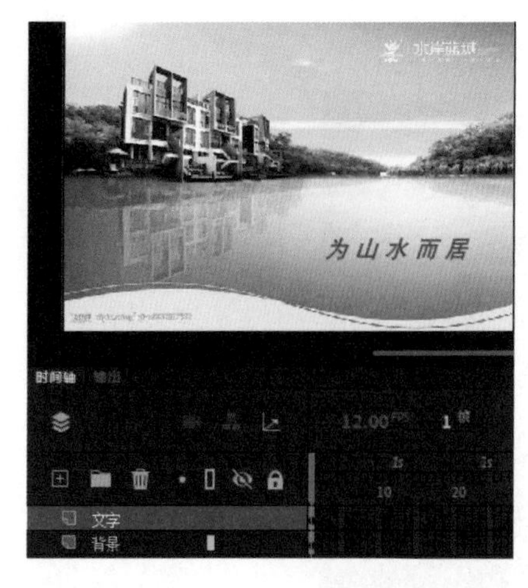

图 2-3-22 “文字”图层的效果

图 2-3-23 添加“发光”滤镜

（6）至此，完成动画的制作，按“Ctrl+S”组合键保存文件，按“Ctrl+Enter”组合键测试动画效果。

提示

滤镜功能：用户可以使用滤镜为文本、按钮和影片剪辑元件的实例添加特殊的视觉效果，如投影、模糊、发光、调整颜色和斜角等。

案例 2-3-3 制作“渐出”文字动画

【情景模拟】本案例设计的是珠宝网站首页动画中的“渐出”文字动画，文本由左向右、由大到小、由透明到清晰依次出现，使网站页面更具有表现力，其效果如图 2-3-24 所示。

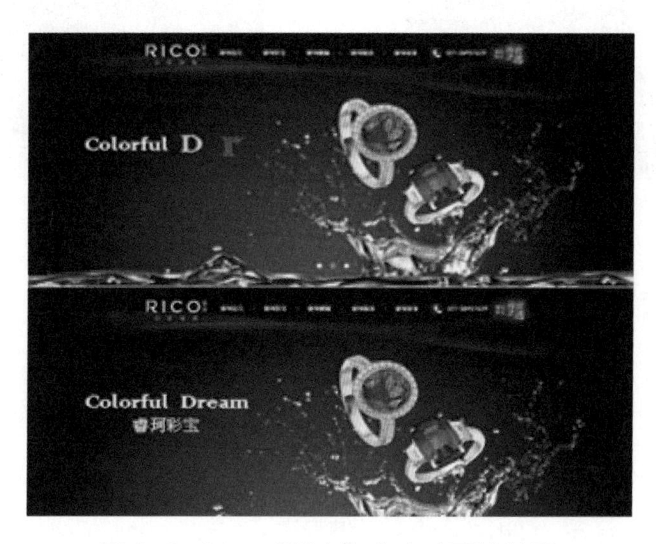

图 2-3-24 “渐出”文字动画的效果

【案例分析】使用“文本工具”输入文本，将文本分离并分散到各个图层中，设置各个字母的大小和颜色等属性，创建补间动画表现渐出文字效果。

【制作步骤】制作动画的步骤如下。

（1）新建一个平台类型为 ActionScript 3.0 的 Animate 文档，将舞台大小设置为 900px×450px，背景颜色设置为白色，帧频设置为 12fps。

（2）选中“图层 1”，在菜单栏中选择“文件”→“导入”→“导入到舞台”命令，弹出“导入”对话框，将图片“jcbj.jpg”导入舞台中，调整图片大小，使其与舞台大小相同，将“图层 1”重命名为“背景”，在第 80 帧中插入普通帧，将背景画面延续至第 80 帧。

（3）新建“动态英文”影片剪辑元件，使用“文本工具”输入“Colorful Dream”，并在“属性”面板中设置其参数，如图 2-3-25 所示。

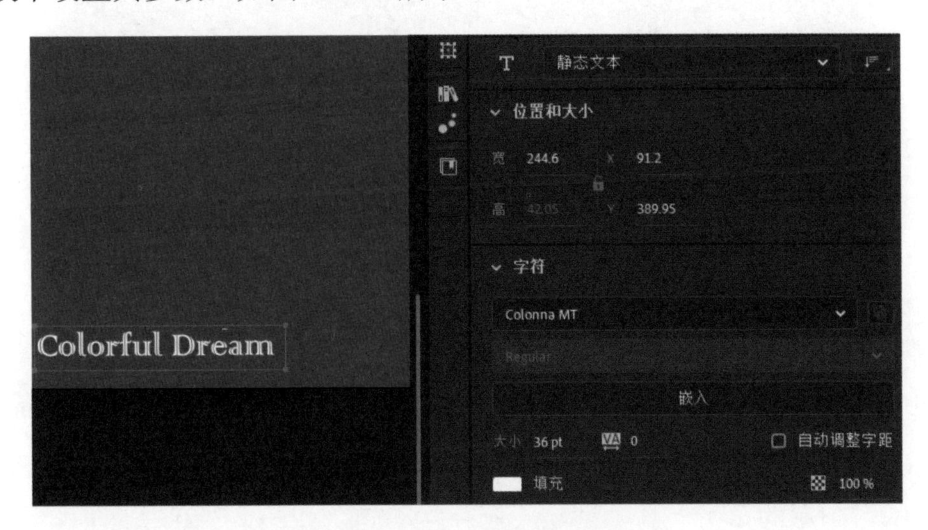

图 2-3-25　设置文本属性

（4）在“动态英文”影片剪辑元件中，将文本保持为选中状态并右击，在弹出的快捷菜单中先选择“分离”命令，将一行文本分离为单个字母，再选择“分散到图层”命令，如图 2-3-26 所示。

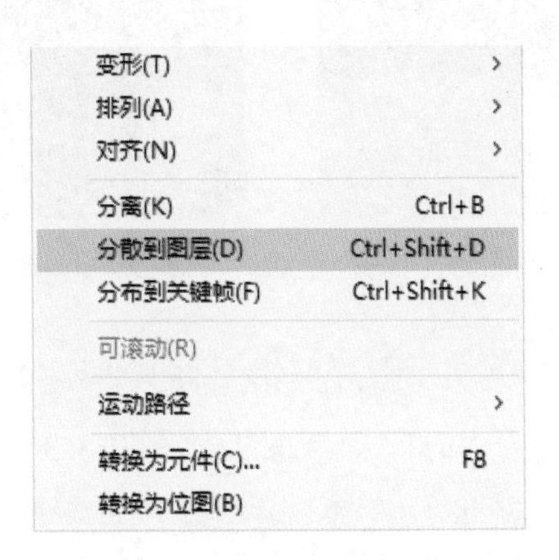

图 2-3-26　选择“分散到图层”命令

（5）选择“分散到图层”命令之后，以每个字母为名新建若干图层，每个字母都放在每个图层的第 1 帧中。在“库”面板中，将每个字母转换为图形元件。然后在“动态英文”影片剪辑元件中，选中“C”图层的第 1 帧所对应的实例，在“属性”面板中将 Alpha 值设置为 0，在“变形”面板中将实例的缩放宽度和缩放高度均设置为 300%，如图 2-3-27 所示。

图 2-3-27　设置字母实例的参数

（6）在“C”图层的第 10 帧中插入关键帧，选中字母“C”的元件实例，在“属性”面板中将 Alpha 值设置为 100%，在“变形”面板中将实例的缩放宽度和缩放高度均设置为 100%。

（7）在“C”图层的第 1～10 帧创建传统补间动画，如图 2-3-28 所示。

（8）选中“动态英文”影片剪辑元件“o”图层，将该图层第 1 个关键帧向后拖到第 5 帧，制作与字母“C”类似的动画，并使字母“o”动画延时与帧播放，如图 2-3-29 所示。

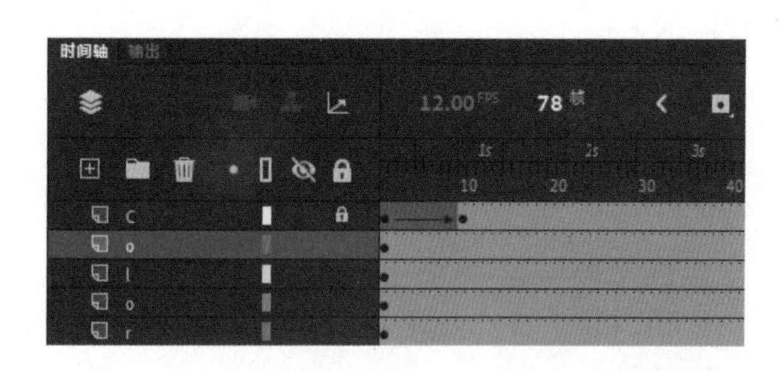

图 2-3-28　创建字母“C”的补间动画

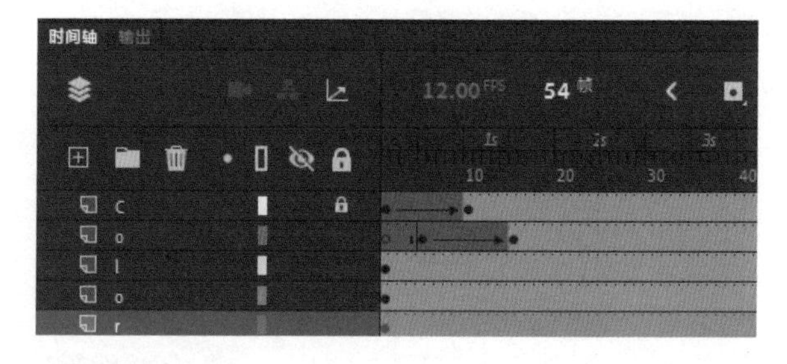

图 2-3-29　创建字母“o”的补间动画

（9）按上述步骤制作“动态英文”影片剪辑元件其他英文字母的动画，之后在各时间轴的第 80 帧插入普通帧，完成后的“时间轴”面板如图 2-3-30 所示。

（10）返回“场景 1”，在“背景”图层上方创建“英文”图层，将“动态英文”影片剪辑元件拖到舞台的合适位置，并调整其大小，如图 2-3-31 所示。

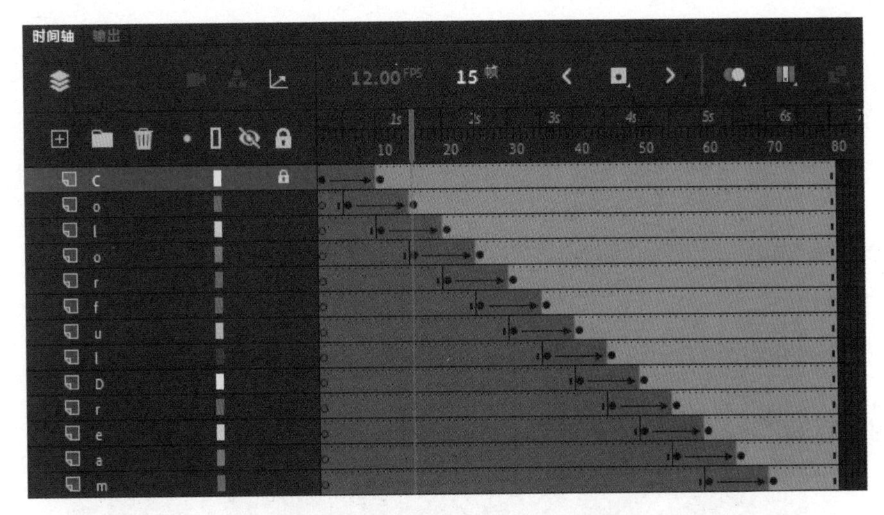

图2-3-30 “时间轴”面板

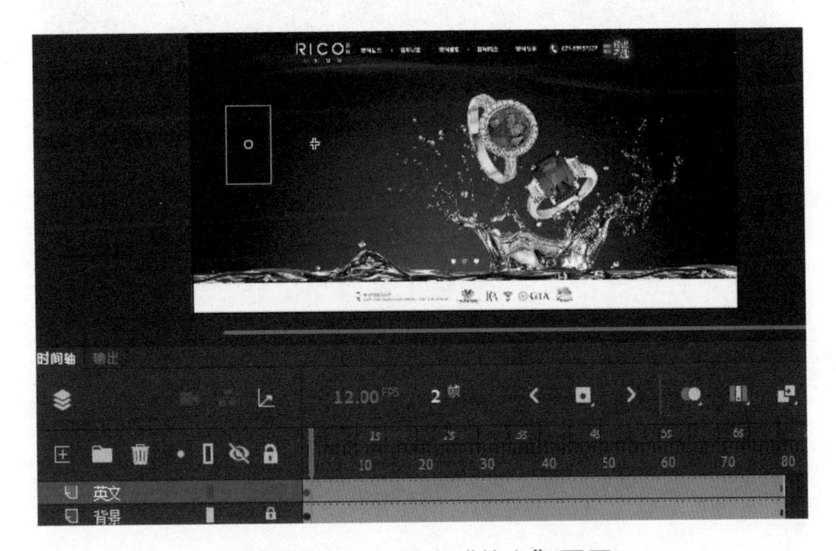

图2-3-31 创建“英文”图层

（11）新建“文字”图形元件，使用“文本工具”输入文本“睿珂彩宝”，然后在“属性”面板中设置其参数，如图2-3-32所示。

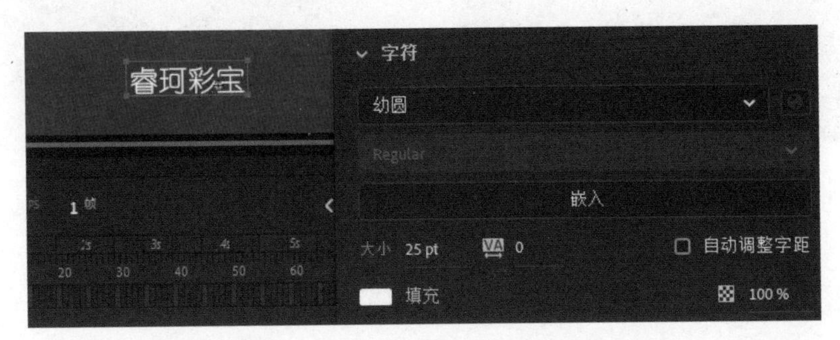

图2-3-32 设置“文字”元件的属性

（12）返回“场景1”，在“英文”图层上方创建“文字”图层，在第70帧中插入空白关键帧，将“文字”元件拖到舞台的合适位置，在第75帧中插入关键帧，将第70帧和第

75 帧实例的 Alpha 值分别设置为 0 和 100%，在第 80 帧中插入普通帧，延续文字动画效果，制作出文字渐现动画效果，如图 2-3-33 所示。

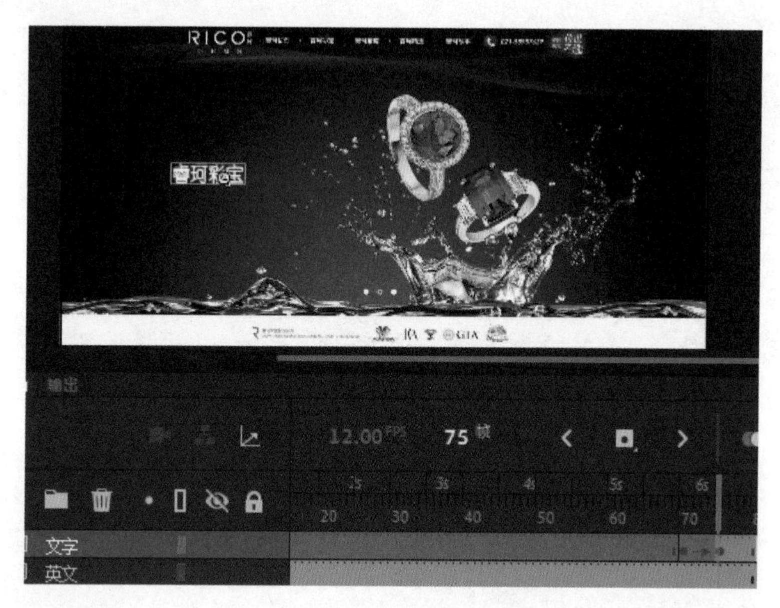

图 2-3-33　文字渐现动画效果

（13）按“Ctrl+S”组合键保存文件，按“Ctrl+Enter”组合键测试动画效果。

强化案例 2-3-1　制作“卷帘”文字动画

【情景模拟】本案例是为咨询公司设计宣传动画，在古典风格的背景下，配合“睿智全瞻　文才韬略”的文字，巧妙地把公司名称融汇其中，营造出大气磅礴的氛围，其效果如图 2-3-34 所示。

图 2-3-34　“卷帘”文字动画的效果

任务小结

本任务主要介绍了设计与制作 Banner 文字的相关知识。本任务首先介绍文字在 Banner 设计中的地位，然后介绍 Banner 中文字设计的技巧，最后结合案例讲解特效文字动画的制作方法，希望读者通过本任务的学习可以设计与制作各类 Banner 文字动画。

模拟实训

一、实训目的

（1）了解 Banner 文字设计的方法。

（2）掌握 Banner 文字动画的制作方法。

二、实训内容

（1）制作横幅类广告中的“模糊文字”动画，要求文字清晰，冲击力强，文本由右向左闪电般模糊出现，并转换为金黄色发光的文本，与背景画面相映，其效果如图 2-3-35 所示。

提示

使用“文本工具”，将文字设置为粗体并输入文本，使用“属性”面板中的色调和“模糊”滤镜创建文本的模糊效果，使用“发光”滤镜为文字添加发光效果。

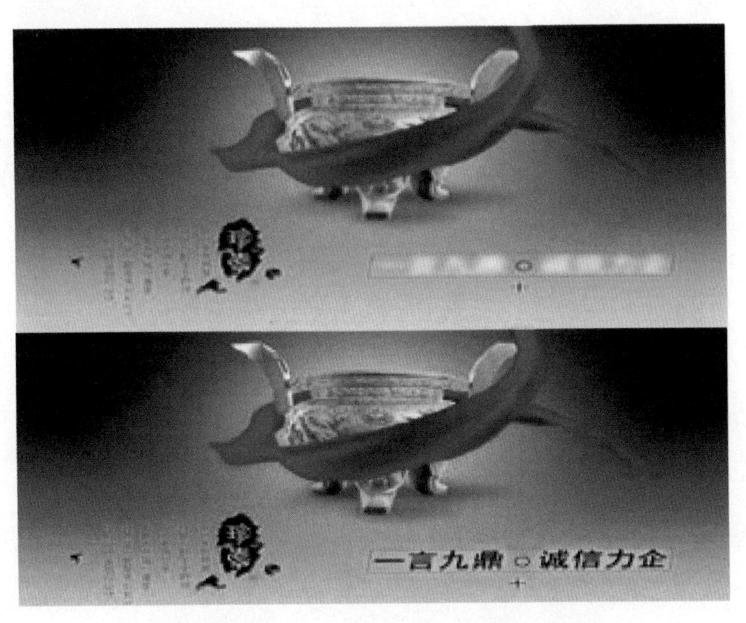

图 2-3-35 “模糊文字”动画的效果

（2）制作“火焰”文字动画。以网络游戏中的人物画面为背景，游戏名称采用火焰文字特效，使玩家产生激情燃烧的感觉，其效果如图 2-3-36 所示。

提示

使用遮罩层创建文字遮罩动画。

图 2-3-36 “火焰”文字动画的效果

任务 4 设计与制作 Banner 主题

在 Animate 中，Banner 动画占据了非常重要的地位，按照内容分类的不同可表现为不同风格的主题设计。本任务除了介绍 Banner 主题设计的风格和技巧，还结合案例讲解 Banner 主题设计动画的制作方法。

任务目标

（1）了解 Banner 主题设计的风格。

（2）掌握 Banner 主题设计的技巧。

（3）掌握 Banner 主题设计动画的制作方法。

任务训练

一、了解 Banner 主题设计的风格

在进行设计之前，应该先与用户进行沟通，了解用户想要表达的主题，并确定设计的风格，有针对性地对 Banner 主题进行设计，形象鲜明地展示所要表达的内容。下面通过一些示例来介绍常见的 Banner 主题设计的风格。

1．时尚风

如图 2-4-1 所示，两个 Banner 具有共同的特点：大标题、模特，报刊潮流杂志风。时尚风主要用于衣饰、鞋帽等流行单品的展示。

图 2-4-1 时尚风示例

2．复古风

复古风的特点是具有传统元素和复古图案。如图 2-4-2 所示，左边的 Banner 中的文字使用了水墨感觉的书法字体，右边的 Banner 则包含传统的赛龙舟剪纸元素，非常贴合端午节的主题。

图 2-4-2 复古风示例

3．清新风

清新风的特点就是画面清爽、唯美，色彩搭配清新自然。图 2-4-3 所示的 Banner 就给人一种十分清新和透亮的感觉。

图 2-4-3 清新风示例

4．炫酷风

炫酷风通常使用深色背景，并搭配有质感的元素与光影特效。图 2-4-4 所示的 Banner 色彩华丽，引人入胜。

5．简约风

简约风的特点就是极简主义、大空间。图 2-4-5 所示的 Banner 没有任何过多的装饰元素，整体简洁大方。

图 2-4-4　炫酷风示例

图 2-4-5　简约风示例

6．欧美风

如果艺术作品、商品等事物在整体上呈现出欧美事物的面貌，或者具有欧美面貌的特点，则被称为欧美风。它是一种风格，但不局限于一种风格。图 2-4-6 所示为某珠宝产品的 B2C 网站的 Banner。在 Banner 设计上，欧美风采用人物+产品+信息的结构，整体色彩鲜艳，产品展示突出醒目。

图 2-4-6　欧美风示例

二、掌握 Banner 主题设计的技巧

设计师在实际工作中经常会遇到不同 Banner 主题设计的需求。从设计成本方面来考虑，用户不会给太多的设计时间，因此设计师需要在短时间内做出一个成功的 Banner。下面总结了一些 Banner 主题设计的技巧，供读者参考。

1. 思考主题定位

1）对象的定位

因为分类内容不同，门户网站的各个频道具有不同的风格，所以在做设计时要考虑这个因素，如体育频道的运动感、时尚频道的潮流感等。

图 2-4-7 所示为女性频道主题 Banner，其定位是女性，所以此 Banner 的设计风格会贴合这个定位。

图 2-4-7 女性频道主题 Banner

图 2-4-8 所示为历史频道主题 Banner，以水墨画作为背景，表现出沧桑厚重的历史感。

图 2-4-8 历史频道主题 Banner

2）专题的定位

频道和专题的定位有时存在冲突。例如，在女性频道的大风格下，有时候可能需要呈现温馨浪漫的小情怀，在存在风格冲突的情况下，应尽量以贴合专题的定位为主，尽可能避免偏离频道风格。

图 2-4-9 所示为女性频道下的一个怀旧主题 Banner，在水墨画风格的背景映衬下，身着旗袍表现东方雅韵之美的女性人物形象跃然画面上，整体呈现出了复古怀旧的感觉。

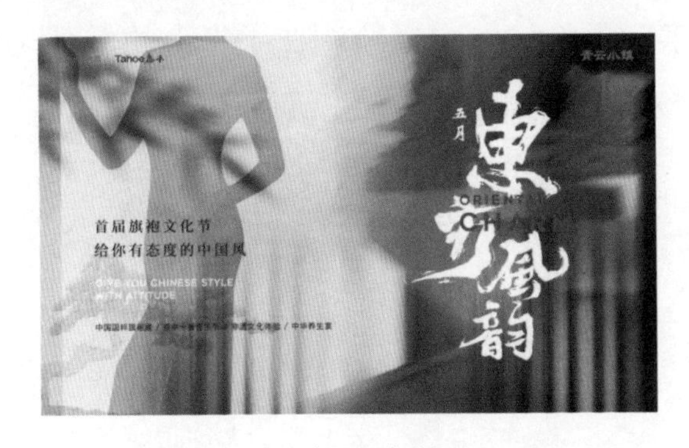

图 2-4-9 怀旧主题 Banner

图 2-4-10 所示为数码频道主题 Banner 中某手机赞助商的活动，Banner 的设计也流露出了一定的商业气息。

图 2-4-10　数码频道主题 Banner

2. 创造力对主题的艺术化表现

1）使用新感觉重塑严肃话题

做新闻报道的时候，遇到严肃话题，一般会比较公式化，表现得比较刻板，制作者通常不做视觉上的创新，这样就会使画面信息量弱，感染力不足，此时就要敢于挖掘内涵、拓展思维进行创新。

图 2-4-11 所示为抗洪救灾的新闻主题 Banner，画面中的洪流、堤坝、抗洪抢险的武警官兵及“抗洪救灾，你我同行”的文字内容，都很好地传达了主题思想。在设计 Banner 时，不仅要考虑整体画面的设计，还要突出主题。

图 2-4-11　新闻主题 Banner

2）使用幽默感呈现轻松话题

在设计一些轻松且具有娱乐感的主题时，更应该用天马行空的创意营造轻松诙谐的氛围。图 2-4-12 所示为娱乐专题 Banner，以绘制在手指上的漫画人物搭配手势动作表现主题内容，画面诙谐有趣，引人注目。

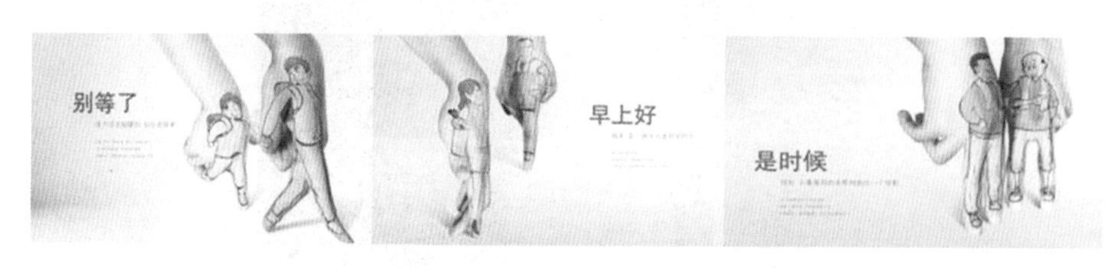

图 2-4-12　娱乐主题 Banner

3）使用小情调充实主题创意

有时一点小小的创意会使 Banner 增色不少。图 2-4-13 所示为中华传统文化主题 Banner，水墨晕染中不仅有皮影人物，还有文字，从背景到文字都体现出中华传统文化的主题内容。

图 2-4-13　中华传统文化主题 Banner

三、掌握 Banner 主题设计动画的制作方法

下面通过一个案例来介绍 Banner 主题设计动画的制作方法。

案例 2-4-1　制作复古主题设计动画

【情景模拟】本案例是东方意蕴设计工作室网站的 Banner 导航动画。在彩色图案和黑白色图案相结合的背景下，沿藤蔓飞舞的蝴蝶，下落的文字，营造出复古的氛围，呼应网站主题，其效果如图 2-4-14 所示。

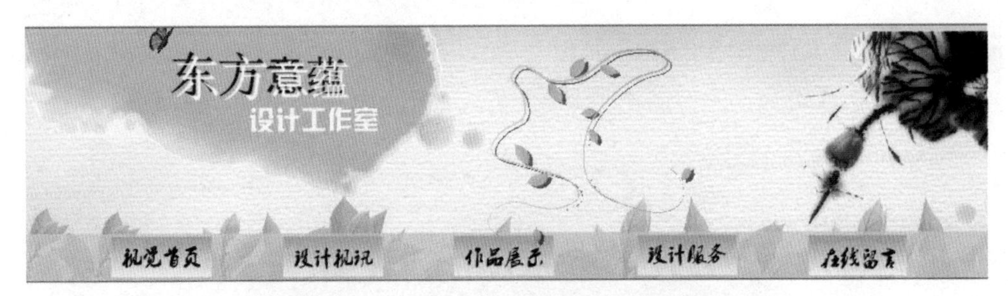

图 2-4-14　复古主题设计动画的效果

【案例分析】根据网站名称将整体风格设定为复古风，Banner 的背景具有纸张的纹理，并且有淡黄色的水印墨迹，再搭配一幅黑白色的水墨画，使画面蕴含诗意。

【制作步骤】制作动画的步骤如下。

（1）新建一个平台类型为 ActionScript 3.0 的 Animate 文档，将舞台大小设置为 1000px×250px，背景颜色设置为白色，帧频设置为 12fps。

（2）制作背景。在菜单栏中选择“文件”→“导入”→“导入到库”命令，弹出“导入”对话框，在该对话框中将素材图片导入“库”面板，选中“图层 1”的第 1 帧，将图片“背景.jpg”拖到舞台中，与舞台中心对齐；新建“图层 2”，选中“图层 2”的第 1 帧，把图片“墨迹.gif”拖到舞台中，与舞台中心对齐；新建“图层 3”，选中“图层 3”的第 1 帧，把图片“绿叶.gif”拖到舞台中，与舞台中心对齐；新建“图层 4”，选中“图层 4”的第 1 帧，把图片“水墨画.gif”拖到舞台中，与舞台中心对齐。背景的效果如图 2-4-15 所示。

图 2-4-15　背景的效果

（3）制作导航按钮。在菜单栏中选择“插入”→“新建元件”命令，或者按“Ctrl+F8”组合键，弹出“创建新元件”对话框，将元件名修改为“按钮 1”，“类型”设置为“按钮”，进入元件编辑区。在“图层 1”的“弹起”帧，使用“矩形工具”绘制一个宽为 100px、高为 40px 的矩形，并填充渐变色，在“点击”帧插入普通帧；新建“图层 2”，在其“弹起”帧中输入文字“视觉首页”，在“点击”帧中插入普通帧，如图 2-4-16 所示。

图 2-4-16　制作按钮元件

（4）其余导航按钮的制作和上述步骤相同。返回“场景 1”，新建“图层 5”，将按钮拖到舞台中，调整其位置和大小。导航按钮的效果如图 2-4-17 所示。

图 2-4-17　导航按钮的效果

（5）制作沿藤蔓飞舞的蝴蝶动画。新建“藤蔓”影片剪辑元件，在该影片剪辑元件“图层 1”的第 1 帧，将图片“藤蔓.gif”拖到舞台中心并转换为图形元件，在第 15 帧中插入关键帧，将第 1 帧元件实例的 Alpha 值修改为 0，创建传统补间动画，在第 40 帧中插入普通帧，其效果如图 2-4-18 所示。

（6）制作蝴蝶飞舞的引导线动画。继续在“藤蔓”影片剪辑元件中新建图层，在其第 15 帧中插入关键帧，将用逐帧动画制作好的“蝴蝶 1”影片剪辑元件拖到舞台中，放在藤蔓的左端，调整其大小、位置和方向；在第 40 帧中插入关键帧，将“蝴蝶 1”元件实例从左端拖到右端，创建传统补间动画。继续在此图层上方新建引导层，使用“钢笔工具”沿藤蔓的枝条形状绘制引导线，制作“蝴蝶 1”元件实例沿引导线运动的动画，其效果如图 2-4-19 所示。

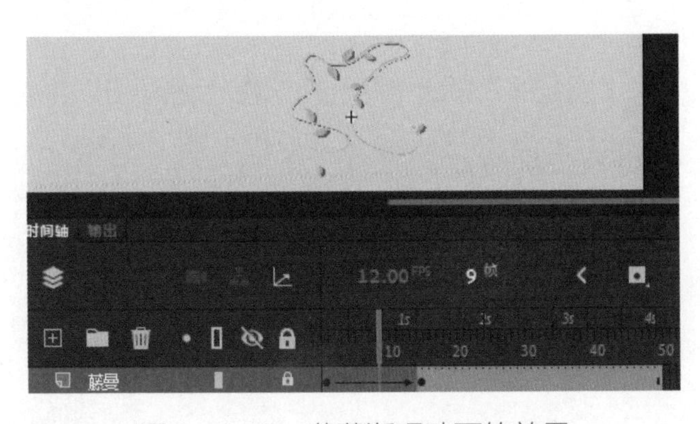

图 2-4-18　藤蔓渐现动画的效果

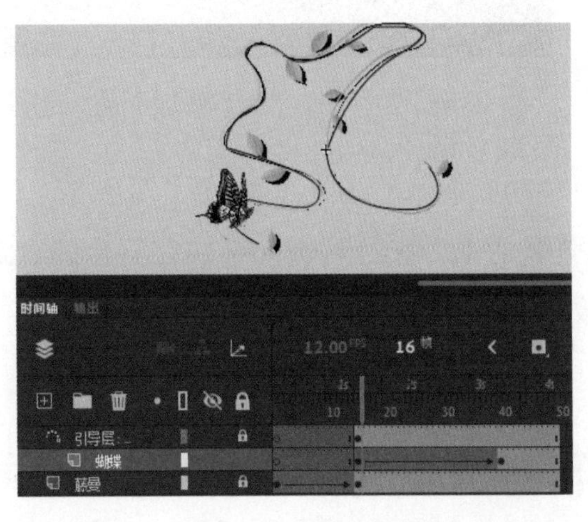

图 2-4-19　蝴蝶沿引导线飞舞的动画的效果

（7）制作文字动画。新建“文字”影片剪辑元件，在“文字”影片剪辑元件“图层 1”的第 1 帧中，使用“文本工具”输入文字“东方意蕴”，将文字的颜色设置为“#330000”，前两个字的大小设置为 48 点，后两个字的大小设置为 40 点，按“Ctrl+B”组合键将输入的文字分离成单个文字，使用“分散到图层”命令，将文字分散到多个图层中，并将每个图层中的文字转换为图形元件；选中“东”图层，在第 5 帧中插入关键帧，将文字实例移到舞台上方，创建传统补间动画。同样制作其余几个文字的传统补间动画，但在动画开始时间上要有间隔，生成使文字有依次下落的动画效果，如图 2-4-20 所示。

（8）在“东”图层上方新建“文字”图层，在第 15 帧中插入关键帧，使用“文本工具”输入文字“设计工作室”，将文字的颜色设置为“#FFFFFF”，大小设置为 26 点，并转换为图形元件，在第 25 帧中插入关键帧，将第 15 帧中元件实例的 Alpha 值修改为 0，创建传统补间动画。在“文字”图层上方新建“蝴蝶”图层，在第 15 帧中插入关键帧，将“库”面板中用逐帧动画制作好的“蝴蝶 2”影片剪辑元件拖到舞台的左上角，在第 25 帧中插入关键帧，将“蝴蝶 2”元件实例移到舞台“东”字的左上角，创建传统补间动画，如图 2-4-21 所示。

图 2-4-20　制作“文字依次下落”动画

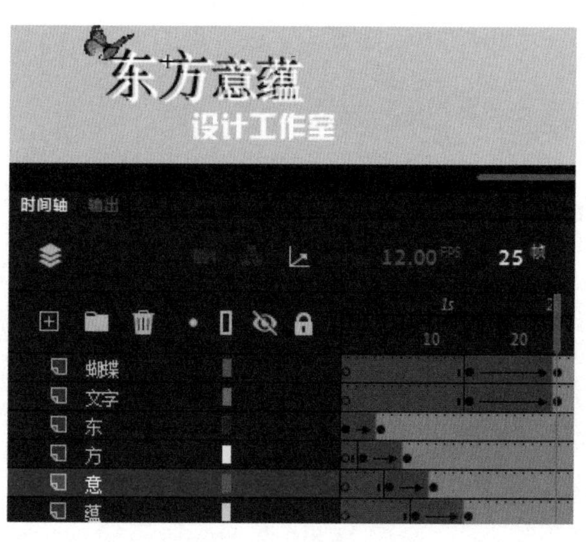

图 2-4-21　制作文字显示与“蝴蝶”飞行动画

（9）返回“场景 1”，在“图层 5”上方新建“图层 6”和“图层 7”。在“图层 6”中将“藤蔓动画”影片剪辑元件放在舞台的合适位置，在“图层 7”中将“文字”影片剪辑元件放在舞台的合适位置。

（10）按“Ctrl+S”组合键保存文件，按“Ctrl+Enter”组合键测试动画效果。

强化案例 2-4-1　制作卡通主题动画

【情景模拟】本案例是为购物网站设计卡通主题动画，动画中先显示鼠标连接显示器，然后出现购物橱窗，最后造型变为快递车，体现了网上购物“一站到家，快捷高效”的宣传主题，利用手绘的卡通图像造型，营造轻松愉快的购物氛围，其效果如图 2-4-22 所示。

图 2-4-22 卡通主题动画效果

任务小结

本任务主要介绍了设计与制作 Banner 主题的相关知识，首先介绍 Banner 主题设计的风格，然后介绍 Banner 主题设计的技巧，最后结合案例介绍 Banner 主题设计动画的制作方法。通过本任务的学习，希望读者能够举一反三，学会制作简单的 Banner 主题动画。

模拟实训

一、实训目的

（1）熟悉 Banner 主题设计的风格。

（2）掌握 Banner 主题设计的技巧。

（3）制作 Banner 主题设计动画。

二、实训内容

为某科技公司制作网站 Banner，在极具个性的工业化风格背景的映衬下，加上文字特效，整体色彩搭配极具科技感，引人入胜，其效果如图 2-4-23 所示。

提示

元件的制作，逐帧动画和补间动画的运用。

图 2-4-23 某科技公司的网站 Banner 动画的效果

任务5 设计与制作软文

Slogan（软文）是广告界常用的英文词汇，意为“口号”，对于企业网站来说，Slogan 的设计非常重要。Slogan 的作用就是以最简短的文字把企业或商品的特性及优点表达出来，为用户提供浓缩的广告信息。本任务除了介绍 Slogan 的构图规则和构图样式等基本知识，还结合案例介绍 Slogan 动画的制作方法。

任务目标

（1）熟悉 Slogan 的构图规则。

（2）掌握 Slogan 的构图样式。

（3）掌握 Slogan 动画的制作方法。

任务训练

一、熟悉 Slogan 的构图规则

构图就是对画面进行合理的布局，在构图的引导下，使用户了解画面中展示的内容，产生购买的冲动，如果能够达到这样的目标，就说明构图是成功的。构图的基本规则是均衡、对比和视点。

均衡：不同于对称，均衡是一种力量上的平衡感，使画面具有稳定性，如图 2-5-1 所示。

图 2-5-1　均衡不同于对称

对比：从构图上来说可以是大小的对比、粗细的对比、方圆的对比、曲线与直线的对比等，如图 2-5-2 所示。

视点：即如何将用户的目光集中在画面的中心点上，利用构图来引导用户关注的视点，如图 2-5-3 所示。

图 2-5-2 白色线条和灰色线条对比产生了空间感

图 2-5-3 将视点集中引导到 Slogan 上

了解构图的基本规则后，下面以一张新商品宣传 Banner 为例，帮助读者理解构图的规则，如图 2-5-4 所示。此 Banner 在整体构图上既平衡又不对称，在背景的映衬对比下，可以很容易地把客户的视点聚焦到画面中心的新商品上，很好地利用了基本构图规则进行设计。

图 2-5-4 新商品宣传 Banner

二、掌握 Slogan 的构图样式

Slogan 的构图样式大概分为以下几种：垂直水平式构图、三角形构图（正三角形构图和倒三角形构图）、对角线构图、渐次式构图、辐射式构图和框架式构图。

1. 垂直水平式构图

如图 2-5-5 所示，画面中的每个产品平行排列，各个产品所占的比例相同，秩序感强，每个产品都能很好地展示。垂直水平式构图使用户感觉规矩、正式、安全感强。

图 2-5-5 垂直水平式构图示例

2. 三角形构图

如图 2-5-6 所示，多个产品以正三角形排列，产品立体感强，各个产品所占的比例有轻有重，构图安定自然，空间感强。正三角形构图使用户感觉稳定可靠、安全感强。

图 2-5-6 正三角形构图示例

如图 2-5-7 所示，多个产品以倒三角形排列，产品运动感极强，构图活泼。倒三角形构图为用户呈现的是不稳定感，以激发用户的激情，有一种运动的感觉。

图 2-5-7 倒三角形构图示例

3. 对角线构图

图 2-5-8 所示为一个或多个产品进行组合的对角线构图示例，产品展示空间感强，各个产品所占的比例相对平衡，构图稳定，空间感强。对角线构图为用户呈现的是规律感、稳定感。

图 2-5-8 对角线构图示例

4. 渐次式构图

图 2-5-9 所示为多个产品的渐次式构图示例，产品展示空间感强，各个产品所占的比例不同，由大及小，构图稳定，次序感强，利用透视法指向 Slogan。渐次式构图使用户感觉稳定、自然、产品丰富可靠。

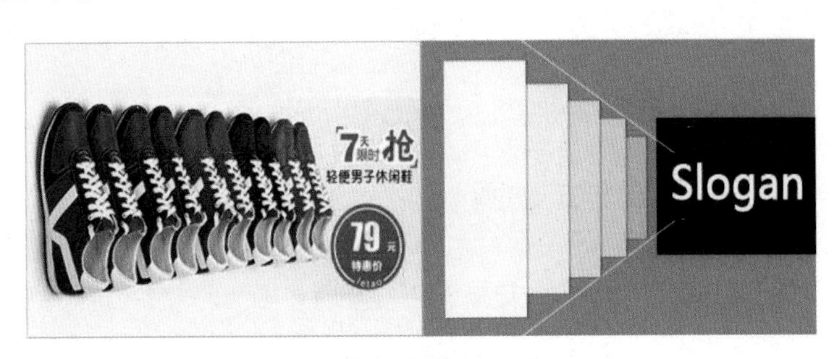

图 2-5-9 渐次式构图示例

5. 辐射式构图

图 2-5-10 所示为辐射式构图示例，多个产品展示立体空间感强，各个产品所占的比例不同，由大及小，构图活泼，次序感强，利用透视法指向 Slogan。辐射式构图使用户感觉活泼、产品丰富可靠。

图 2-5-10 辐射式构图示例

6. 框架式构图

图 2-5-11 所示为多个产品的框架式构图示例，能有效地展示产品，给人以画中画的感觉，构图规整平衡、稳定坚固。框架式构图为用户呈现的是可信任感。

图 2-5-11 框架式构图示例

三、掌握 Slogan 动画的制作方法

Slogan 可以有效地传递公司的产品理念，它强调的是一家公司及其产品最突出的特点。俗话说“话不在多，精辟就行”，Slogan 的设计，要言之有物，首先要抓住用户的心理，了解用户的想法，然后把用户最感兴趣的东西推荐给他们。下面通过案例介绍 Slogan 动画的制作方法。

案例 2-5-1 制作搜索引擎推广动画

【情景模拟】本案例制作的是搜索引擎推广动画，在一个经典问题“先有蛋？还是先有鸡？”的引入下，搭配搜索引擎框和醒目的广告文字，有效地传递了推广意图，动画效果如图 2-5-12 所示。

图 2-5-12 搜索引擎推广动画效果

【案例分析】在设计过程中，需要注意动画情景的设计、节奏的调节、元件的制作和动画运行过程的流畅、自然。

【制作步骤】制作动画的步骤如下。

（1）新建一个平台类型为 ActionScript 3.0 的 Animate 文档，将舞台大小设置为 960px×400px，背景颜色设置为白色，帧频设置为 24fps，将素材图片导入“库”面板中，并转换为相应的元件以备用。

（2）将“图层 1”重命名为“背景”，在第 1 帧中，将“背景”图形元件拖到舞台中，使其大小与舞台大小一致并对齐。在第 185 帧中插入普通帧，将背景画面延续到此帧中。

（3）新建“蛋壳动”影片剪辑元件，新建“图层 1”并将其重命名为“左”，新建“图层 2”并将其重命名为“右”。将“左蛋壳”图形元件和“右蛋壳”图形元件分别导入“左”图层和“右”图层的第 1 帧中，分别在两个图层的第 2～10 帧中插入关键帧，使每个图层的第 2～10 个关键帧都具有相同的图形，使用“任意变形工具”调整第 2～10 帧中蛋壳倾斜的位置和方向，制作“左蛋壳”和“右蛋壳”从中间向两边逐渐裂开的动画效果，如图 2-5-13 所示。

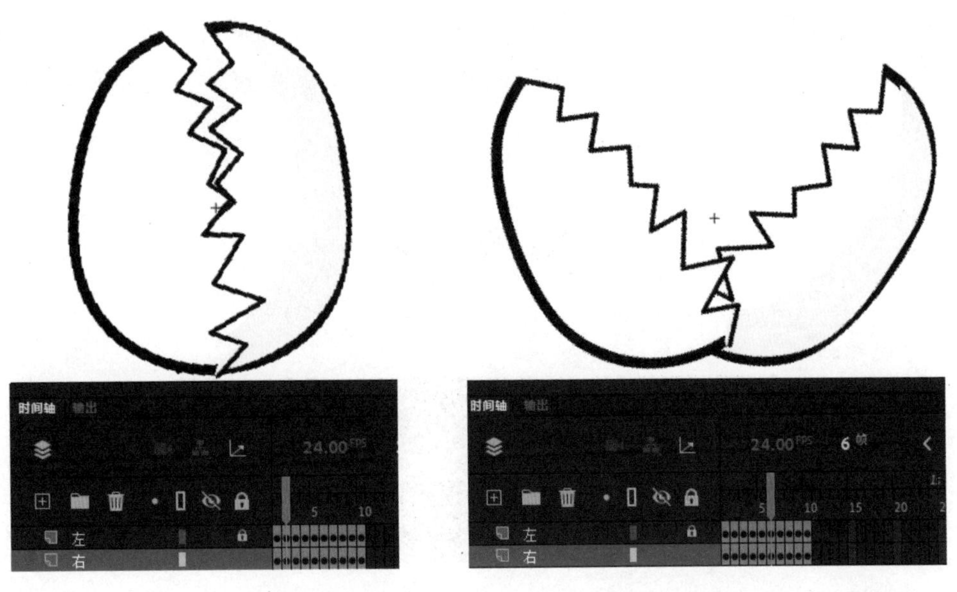

图 2-5-13 “左蛋壳”和“右蛋壳”从中间向两边逐渐裂开的动画效果

（4）新建“卡通鸡”影片剪辑元件，在元件中新建“左翅”图层、“右翅”图层、“身体”图层、“左腿”图层和“右腿”图层，将对应的图形元件导入各个图层的第 1 个关键帧中，利用逐帧和传统补间动画在各图层中分别制作卡通鸡微微上下跳动的动画效果，需要注意卡通鸡身体各个部分动作的协调性，如图 2-5-14 所示。

图 2-5-14 卡通鸡微微上下跳动的动画效果

（5）新建“动画 1”影片剪辑元件，在元件中新建“文字 1”图层，将“先有蛋？”图形元件拖到舞台中间偏下方，在第 20 帧中插入关键帧并将元件向上移动，将第 1 帧中实例的 Alpha 值修改为 0，创建传统补间动画，实现文字从下向上运动并淡出的动画效果；在第

35 帧和第 40 帧中分别插入关键帧，将第 40 帧中的实例向下移动，并将其 Alpha 值修改为 0，实现文字向下移动并淡出的动画效果；在第 50 帧中插入普通帧，延伸动画播放时间。此时的“时间轴”面板如图 2-5-15 所示。

图 2-5-15 “时间轴”面板

（6）在“动画 1”影片剪辑元件编辑状态下，在“文字 1”图层上方新建“鸡蛋”图层，在第 1 帧中将“鸡蛋”图形元件拖到舞台中间偏上方的位置，在第 20 帧中插入关键帧，向下移动实例，调整实例和文字之间的距离，创建传统补间动画，实现“鸡蛋”掉下来的动画效果；在第 30 帧和第 35 帧中插入关键帧，将第 35 帧中实例的 Alpha 值修改为 0，制作鸡蛋淡出的动画效果；在第 50 帧中插入普通帧，延伸动画播放时间，即制作“鸡蛋”图层动画，如图 2-5-16 所示。

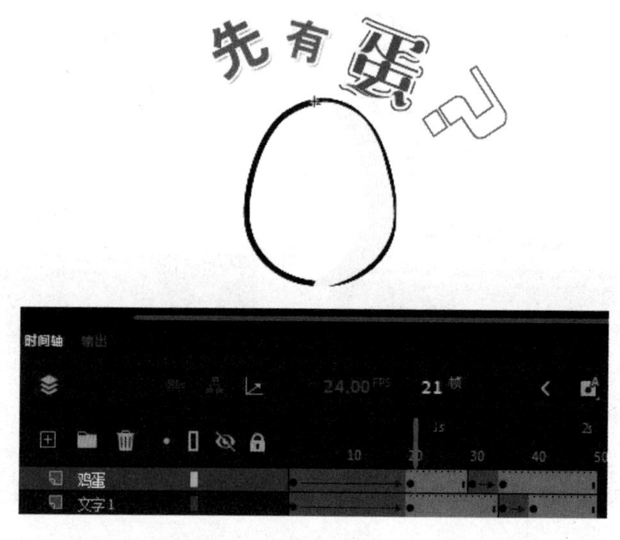

图 2-5-16 制作“鸡蛋”图层动画

（7）在“动画 1”影片剪辑元件编辑状态下，新建“蛋壳”图层，在第 35 帧中插入关键帧，将“蛋壳动”影片剪辑元件拖到舞台中文字下方的位置，在第 50 帧中插入关键帧，将其实例的 Alpha 值修改为 0，在两帧之间创建传统补间动画，制作蛋壳淡出的动画效果，如图 2-5-17 所示。

图 2-5-17 制作蛋壳淡出的动画效果

（8）在“动画 1”影片剪辑元件编辑状态下，新建“文字 2”图层，在第 40 帧中插入关键帧，将“还是先有鸡？”图形元件拖到舞台中间偏下方的位置，在第 55 帧中插入关键帧并把实例向上移动，将第 40 帧中实例的 Alpha 值修改为 0，创建传统补间动画，制作文字从下向上淡入的动画效果；分别在第 70 帧和第 85 帧中插入关键帧，将第 85 帧中的实例向上移动，并将其 Alpha 值修改为 0，制作文字向上淡出的动画效果，即制作“文字 2”图层动画，如图 2-5-18 所示。

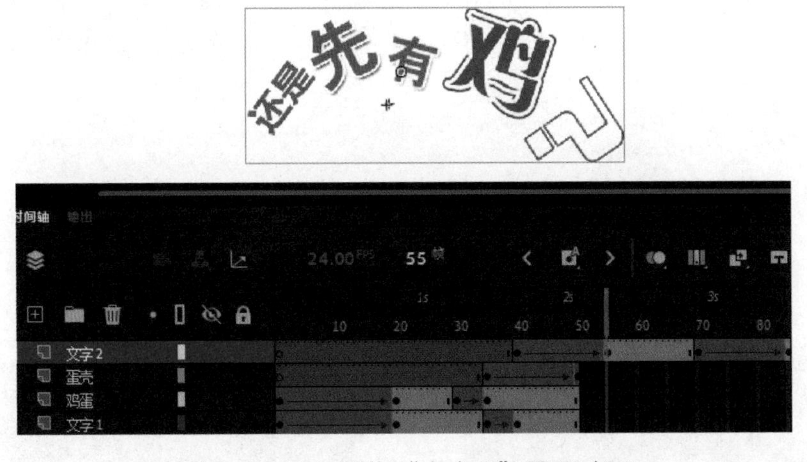

图 2-5-18 制作“文字 2”图层动画

（9）在“动画 1”影片剪辑元件编辑状态下，在“文字 2”图层上方新建“卡通鸡”图层，在第 40 帧中插入关键帧，将“卡通鸡”影片剪辑元件拖到舞台中，分别在第 45 帧和第 50 帧中插入关键帧，将第 45 帧中的实例向上移动，创建第 40～45 帧和第 45～50 帧的传统补间动画，制作卡通鸡随着文字上下跳动的动画效果；分别在第 70 帧和第 85 帧中插入关键帧，将第 85 帧中的实例向上移动，并将其 Alpha 值修改为 0，在两帧之间创建传统补间动画，制作卡通鸡配合文字一同向上淡出的动画效果，即制作“卡通鸡”图层动画，如图 2-5-19 所示。

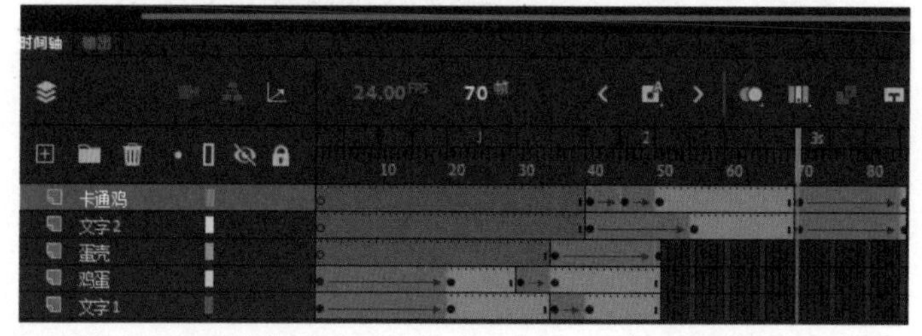

图 2-5-19　制作“卡通鸡”图层动画

（10）在“动画 1”影片剪辑元件编辑状态下，在“卡通鸡”图层上方新建“遮罩”图层，在第 40 帧中插入关键帧，使用“椭圆工具”绘制“实心椭圆”，并将其放置在“卡通鸡”实例上面，在第 50 帧中插入关键帧，修改“实心椭圆”的大小以覆盖“卡通鸡”实例，然后在第 40～50 帧创建补间形状动画。选中“遮罩”图层并右击，在弹出的快捷菜单中选择“遮罩层”命令，制作卡通鸡从蛋壳中破壳而出的动画效果，如图 2-5-20 所示。

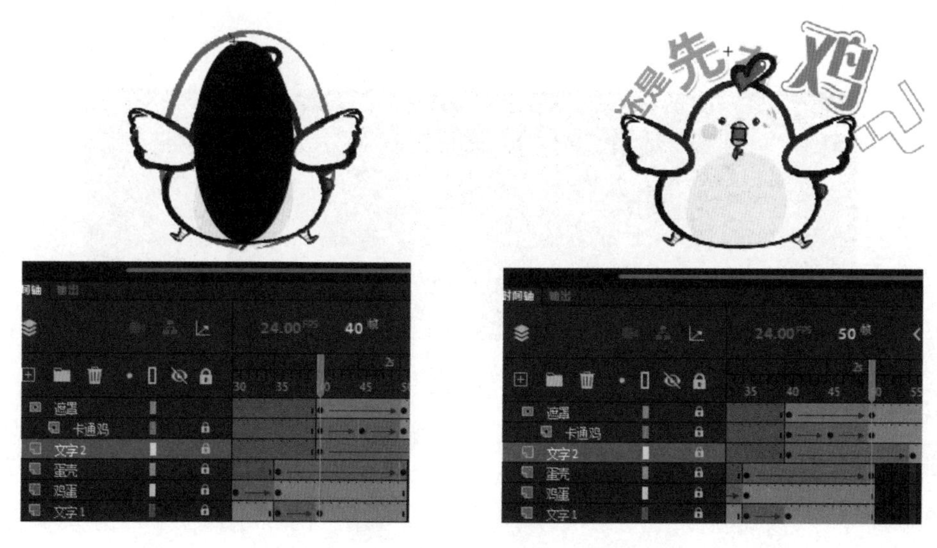

图 2-5-20　制作“遮罩”图层动画

（11）返回“场景 1”，新建“动画 2”影片剪辑元件，在其“图层 1”上使用矩形工具绘制笔触颜色为#ff9900，线条粗细为 3，无内部填充色，大小为 460 px×40px 的矩形，然后将矩形的 4 条边线分别转换为图形元件并分散到 4 个图层中，4 个图层分别命名为“上”“右”“下”“左”图层；分别在 4 个图层的第 15 帧中插入关键帧，修改各图层第 1 个关键帧上实例元件的位置并将其 Alpha 值修改为 0，创建各图层从第 1 帧到第 15 帧的传统补间动画，实现矩形 4 条边框从舞台四周渐现并移动到舞台中心组成矩形外框的动画效果，如图 2-5-21 所示。

（12）在“动画 2”影片剪辑元件的编辑状态下，新建“方块”图层，在其第 15 帧中插入关键帧，使用矩形工具绘制笔触颜色为无，填充色为#ff9900，大小为 60 px×40px 的矩形，并将其转换为图形元件，在第 25 帧中插入关键帧，修改第 15 帧中元件实例的 Alpha 值为 0，创建从第 15 帧到第 25 帧的传统补间动画，实现渐现动画效果；继续新建“图标”图层，在其第 30 帧中插入关键帧，使用椭圆和线条工具绘制类似放大镜的“搜索图标”图形，并将其转换为图形元件，在第 35 帧中插入关键帧，将第 30 帧中元件实例放大，创建从第 30 帧到第 35 帧的传统补间动画，实现“搜索图标”由大到小的下落动画效果，如图 2-5-22 所示。

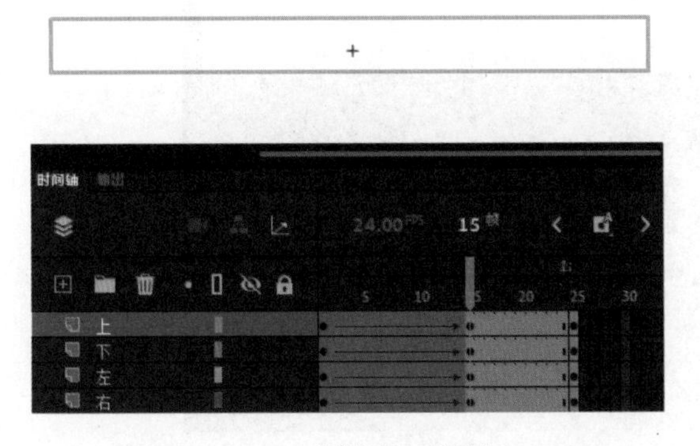

图 2-5-21　制作矩形外框动画

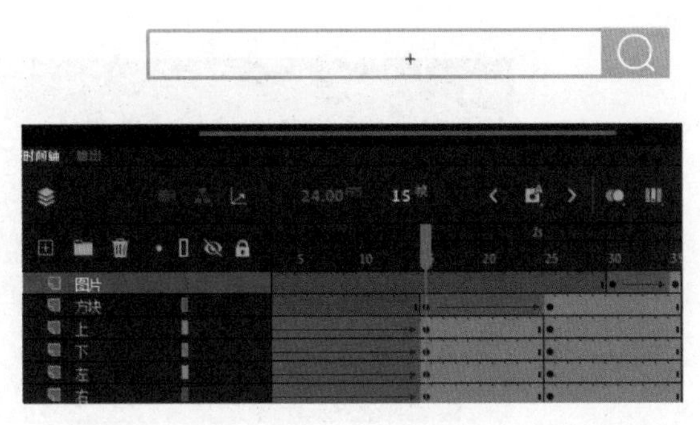

图 2-5-22　制作“搜索图标”动画

（13）在“动画 2”影片剪辑元件的编辑状态下，新建“文字”图层，在第 40 帧中插入关键帧，使用线条工具绘制类似等待文字输入的光标显示条，在第 41 帧中插入空白关键帧，复制第 40 帧和第 41 帧到第 42 帧和第 43 帧中，制作光标闪烁效果；从第 45 帧处开始逐帧插入关键帧并依次输入“www.danke.com”文字，制作逐帧动画，实现类似打印机的文字动画效果，如图 2-5-23 所示。

（14）在“动画 2”影片剪辑元件的编辑状态下，新建“广告”图层，在第 60 帧处插入空白关键帧，使用文字工具，输入广告文字，设置文字颜色、字体样式等，然后在文字的“属性”面板中设置文字“投影”和“模糊”滤镜效果；最后在其所有图层的第 100 帧中插入普通帧，延续动画播放到第 100 帧，如图 2-5-24 所示。

图 2-5-23　制作文字动画效果

图 2-5-24　“动画 2”影片剪辑元件动画

（15）返回“场景 1”，新建“图层 2”并命名为“动画”图层，在其第 1 个关键帧中将“动画 1”影片剪辑元件拖动舞台中，在其第 85 帧中插入空白关键帧，并将“动画 2”影片剪辑元件拖到舞台中，调整实例的位置和大小，最后在其第 185 帧中插入普通帧。

（16）按“Ctrl+S”组合键保存文件，按“Ctrl+Enter”组合键测试动画效果。

任务小结

本任务主要介绍了设计与制作 Slogan 的相关知识，先介绍 Slogan 的构图规则（均衡、对比和视点）和构图样式，然后结合案例介绍 Slogan 动画的制作方法。希望读者能够举一反三，学会制作简单的 Slogan 动画。

模拟实训

一、实训目的

（1）了解 Slogan 的构图规则。

（2）掌握 Slogan 的构图样式。

（3）能够制作 Slogan 动画。

二、实训内容

（1）设计与制作家具广告动画，请把欧式风格的典雅沙发的高贵华丽、古典气派展现在消费者面前。在雍容华丽的背景下，利用线条分割画面，广告文案以温馨、舒适为主题，展现典雅的品牌形象，其效果如图 2-5-25 所示。

提示

元件的制作，元件的 Alpha 值的设置，补间动画的运用。

图 2-5-25　家具广告动画的效果

（2）制作绿地 Banner 动画。在波光粼粼的水面上倒映着背景，从远景切换到近景，设置转场效果，在渐变色背景下，跳动显示的 Slogan 主标题活泼生动，变形文字动画的副标题吸引观看者的注意力，其效果如图 2-5-26 所示。

提示

元件的制作，遮罩动画、补间动画的运用。

图 2-5-26　绿地 Banner 动画的效果

Animate网站的设计与制作

项目背景

在网站制作中，动画具有很高的吸引力和互动性，能够吸引用户的注意力，提高用户体验。Animate动画的幽默形式和动感十足的制作风格可以帮助网站开发人员和设计师创建交互性强、视觉效果丰富的网站元素。随着Animate动画技术开发的日益成熟，越来越多的网站建设公司把应用动画交互当作重要的技术手段来作为业务筹码，成为一种备受关注的商业传播媒介。

Animate相对于之前Animate软件，在网站制作方面增添了HTML5支持、响应式设计、3D效果呈现以及实现了更强大的交互功能，使得网站可以更好地适应不同设备和浏览器。在网站建设中，Animate的确是一种很好的技术表现形式，其以轻巧、易于控制、互动性强、动感十足、视觉冲击力强等优点，成为网站制作爱好者的主流选择之一。

Animate网站作为一种新的媒介形式，通过直观、快捷的视觉传达，为人们带来了全新的体验方式，充分体现了网站的互动性，提升了网站的关注度，从而使网站更具有竞争力。

项目分析

本项目首先介绍Animate网站的架构与应用领域，然后介绍Animate网站美工设计，最后介绍制作Animate HTML5 Canvas交互网站和Animate网页游戏，由此引领读者完成Animate网站的设计与制作。

任务分解

本项目主要通过以下几个任务来实现。

任务1：熟识Animate网站的架构与应用领域。

任务2：Animate网站美工设计。

任务3：制作Animate交互网站。

任务4：设计与制作Animate网页游戏。

下面将分别对这些任务的目标进行确认，对任务的实施给予理论与实际操作的指导并进行训练。

任务1 熟识 Animate 网站的架构与应用领域

Animate 网站，顾名思义，就是通过 Animate 动画技术制作的网站，网页内容基本上以图形和动画为主，比较适合制作以文字内容为辅，以平面、动画视觉效果呈现为主的网站，如企业品牌推广、特定网络广告、网络游戏、个性网站等。本任务主要介绍 Animate 网站的架构与应用领域等。

任务目标

（1）掌握 Animate 网站的架构。

（2）了解 Animate 网站的应用领域。

任务训练

一、掌握 Animate 网站的架构

与网站的主体框架类似，网站的架构具有支撑网站的作用，就像人是由骨骼和血肉组成的，网站的架构和人的骨架一样，由此可见，网站的架构对于网站来说非常重要。

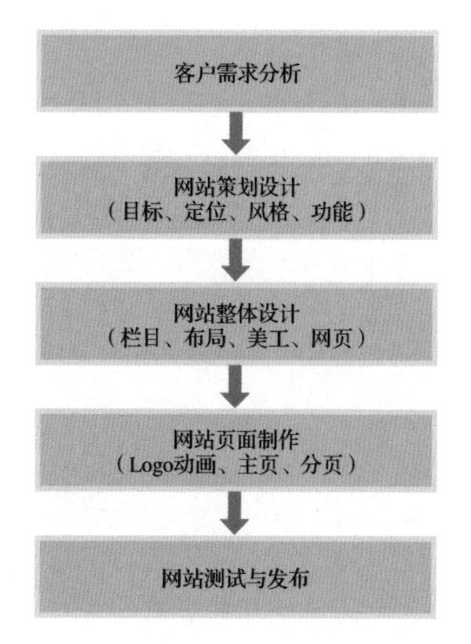

图 3-1-1　网站的开发流程

1. 网站的开发流程

为了加快建设网站的速度和降低项目失败的风险，应该采用一定的流程来策划、设计、制作和发布网站。网站的开发流程如图 3-1-1 所示。

2. 客户需求分析

客户需求分析的主要任务就是把客户的需求信息有机地表现出来，把网站的目标信息有效地传达给浏览者或潜在用户，从而达到最佳的网站营销效果。

3. 网站策划设计

（1）确定网站的目标。

建立网站的第一步就是确定目标。由于网站的分类不

同，目标受众也不同，因此在建立网站之前需要考虑网站所面对的对象。不同的网站有不同的目标，所以获得的收益不同。

（2）确定网站的主题。

网站的主题就是网站所要表达的主要内容，是对网站的一个准确定位。在选择主题和内容时，主题定位要小，内容要精。不要试图做一个包罗万象的网站，这样往往会使网站失去特色。

（3）确定网站的界面。

界面是网站给浏览者的第一印象，建立网站就像写论文，要先列大纲，才能主题明确、层次清晰。不仅要仔细考虑每个栏目和板块的组织编排，把架构规划好，还要考虑到以后的可扩充性，避免制作过程中多次修改整个网站的架构。

（4）确定网站的内容。

网站的内容和网站的建设目标及类型有很大的关系。个人网站的内容依赖个人的兴趣、爱好及其愿意为浏览者提供的特殊信息。企业网站一般用于展示其组织结构、业务范围、产品类型等。商业网站要根据网站提供的服务、实现的功能、达到的目标来确定内容。

（5）确定网站的风格。

风格是指网站带给浏览者的综合感受，包括网站的形象设计、版面布局、浏览方式、交互性等因素，不管是哪个因素，都要能够突出网站的独特性。

（6）确定网站的功能。

个人、企业做网站首先要知道自己想要的功能。网站的功能可以从系统、布局或交互的角度等多个方面进行描述。

4．网站整体设计

1）栏目结构的划分

网站结构是网站设计的基础，网站结构划分就是将网站的架构通过图表的形式表现出来。合理的结构设计对于网站的规划是非常重要的，下面介绍 3 种常用的结构类型。

（1）层状结构：类似于目录系统的树形结构。层状结构是按照网页之间的包含关系组织而成的，结构简单且直观，条理清晰，能将所有的内容划分得非常清晰且便于理解。层状结构如图 3-1-2 所示。

（2）线性结构：类似于数据结构中的线性表，如网络服务器的链接，各页面之间都建立了链接，可以引导浏览者按部就班地浏览整个网站的文件。线性结构常用于制作需要按步骤进行的栏目，如用户注册、建立订单等。线性结构如图 3-1-3 所示。

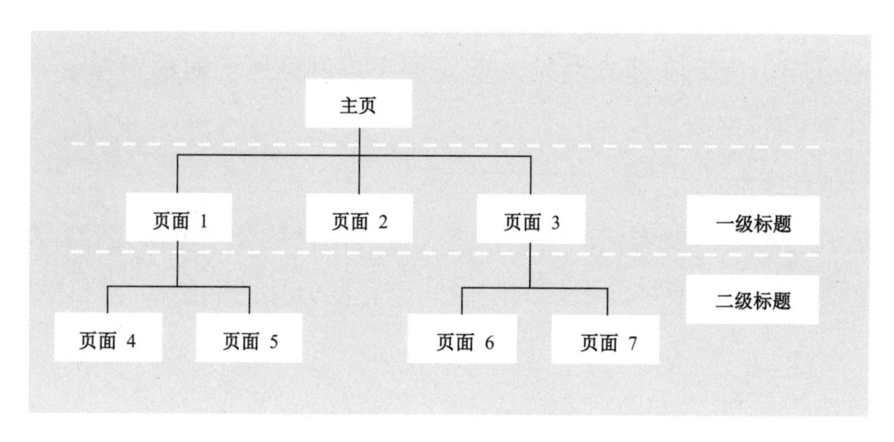

图 3-1-2　层状结构

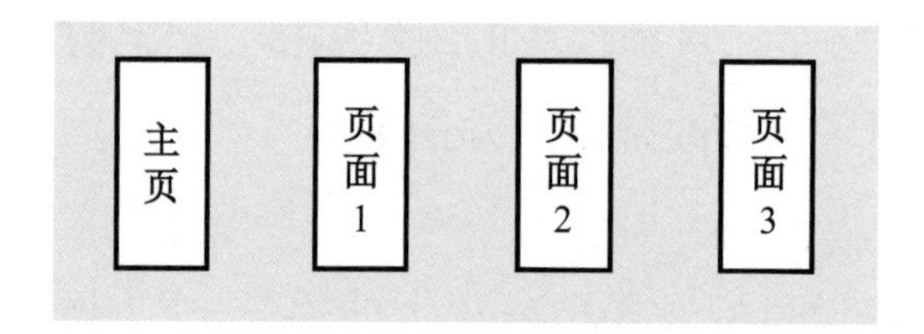

图 3-1-3　线性结构

（3）Web 结构：类似于 Internet 的组成结构，各网页之间形成网状连接，允许用户随意浏览。Web 结构如图 3-1-4 所示。

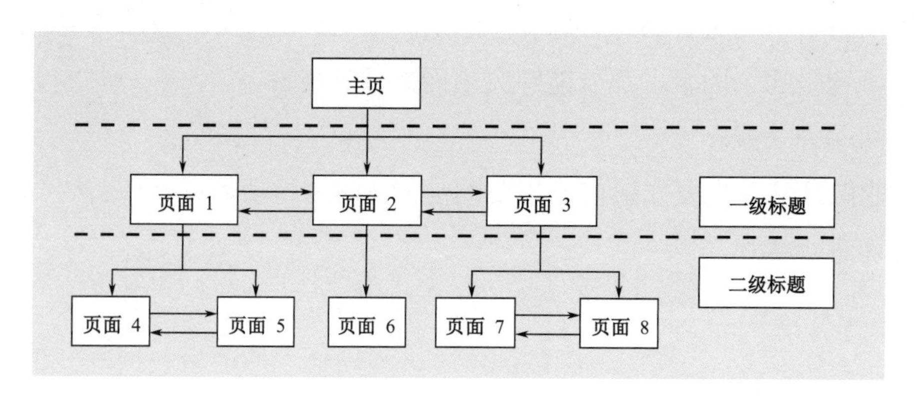

图 3-1-4　Web 结构

2）网站版式布局的设计

和传统的报刊类似，网站页面也需要进行排版布局。在设计时要把文字、图片、空白当作一个整体来看待，采用划分平面的方式，在传达信息的同时使浏览者产生感观与精神上美的享受。网站版式布局是一种不同于传统媒体的具有独特风格和艺术特色的视听表现方式，下面探讨网站版式布局的设计。

（1）对齐式布局。这种版式布局可分为上下对齐和左右对齐两种，使文字、图像等元素按比例合理布局。如图 3-1-5 所示，页面采用的是左右对齐式布局，满载文字信息，一点儿都不浪费空间，是特别适合传递商业性信息的版式。

图 3-1-5 左右对齐式布局

（2）全景式布局。这种版式布局可以分散排列多张图片，看起来就像在浏览电子画册一样，可以自由、轻松地细细品味，如图 3-1-6 所示。

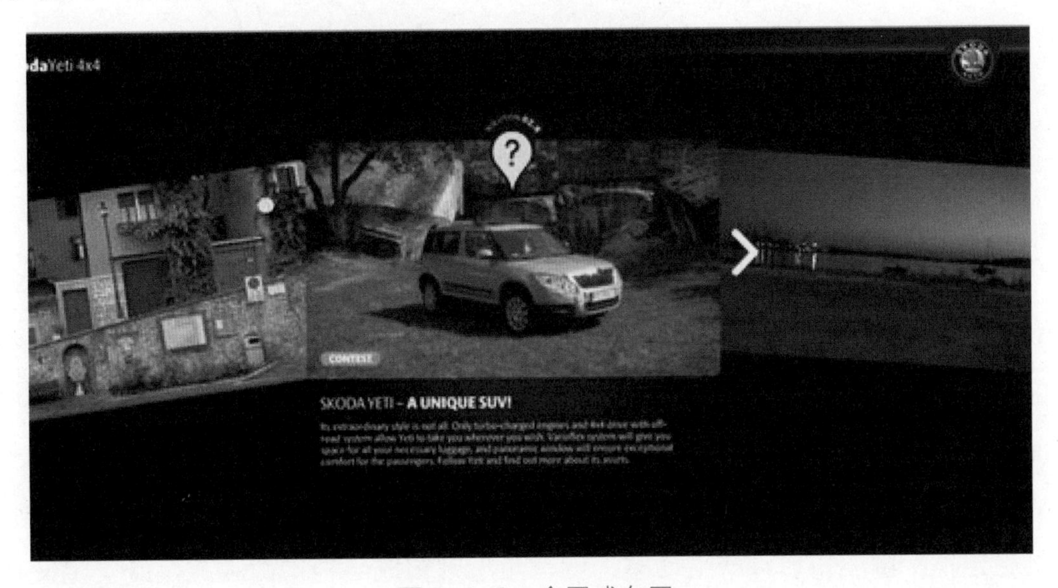

图 3-1-6 全景式布局

（3）包围式布局。这种版式布局的基本构思是在页面四周用纯色或图案包围起来，以便产生一个被界定的区域，如图 3-1-7 所示。

（4）对称式布局。这种版式布局以中心线为基准，且左右对称。这种版式是最常见的，是一种格调高雅的稳定型版式，给人以严谨、理性的感觉。如图 3-1-8 所示，文字和图像在页面中呈现为左右对称的形式，充分体现了页面主题。

图 3-1-7　包围式布局

图 3-1-8　对称式布局

（5）满版式布局。这种版式布局以图像充满屏幕，主要以图像为诉求点，可以将部分文字置于图像之上。其视觉传达效果直观而突出，给人以生动大方的感觉。如图 3-1-9 所示，整个画面充满了音乐气息，乐符、音响、吉他等元素的出现，使画面更具有律动感和空间感。

（6）三角形布局。这种版式布局是指网页中的各视觉元素呈三角形或多角形排列。正三角形最具稳定性；倒三角形可产生动感；侧三角形则构成一种均衡版式，既安定又有动感。如图 3-1-10 所示，将两个三角形分别放置在相应的对角上，并配以标志及导航，可以突显主题内容，使画面更具动感、现代感。

（7）自由式布局。采用这种版式布局的页面具有活泼、轻快的气氛。如图 3-1-11 所示，素描风格的背景搭配贴画风格的人物，有趣的导航奇妙地融入其中，这样搭配组合的构图自由、形式独特，极具趣味性。

图 3-1-9 满版式布局

图 3-1-10 三角形布局

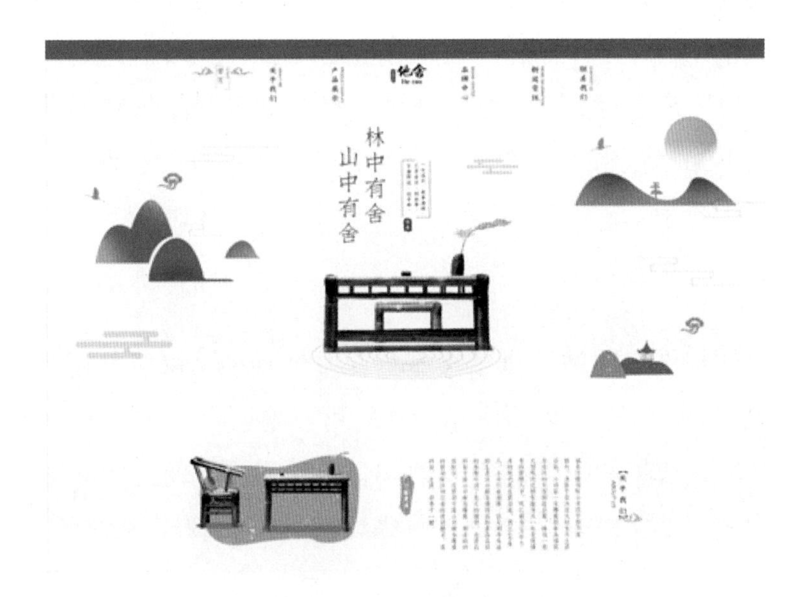

图 3-1-11 自由式布局

上面介绍的网站版式布局也不是一成不变的，在设计过程中要根据网页所传达的主题内容灵活地设计版式布局。在设计网站之前，需要根据网站的定位，灵活把握版式结构，这样才能更好地实现设计目的。

二、了解 Animate 网站的应用领域

Animate 以强大的交互性、无缝的跳转链接、跨平台和客户端的支持，以及极具视觉冲击表现力的特性，使其在网页制作中具有广泛的运用。它可以用于创建动态的和交互性的网页元素，增强用户体验和提高网站的吸引力。

1. 游戏开发

Animate 可以用于创建基于 HTML5 的网页游戏。它提供了丰富的动画和交互功能，可以帮助开发者创建各种类型的游戏，从简单的角色动作到复杂的策略游戏。网络游戏的代表：仙剑类《飘渺仙缘》、角色扮演类《十年一剑》、策略类《三十六计》等。

2. 电子杂志

企业文化的建设直接影响企业的凝聚力和竞争力，越来越多的企业开始注重并花费大量的人力和财力进行这方面的团队建设。传统的板报和告示栏显然已无法满足需求，网络传播成了最有效且最经济的手段。电子杂志是网络时代的一种重要工具，可以用于各种群体之间的信息交流和信息发布。通过电子杂志可以轻松解决印制成本及运输费用的问题。

3. 特定网上广告

与传统的广告相比，使用 Animate 制作的广告具有明显的优势，因为其制作成本低、周期短、产品多样化、自由度高且具有交互性。Animate 制作的广告可以在网页上显示动态的、有吸引力的内容，并与用户进行交互，通过网络有目的地将产品信息随着动画悄无声息地传递给用户，使用户在不知不觉中了解产品，并且不容易产生逆反心理，也突显了 Animate 动画在商业推广上的巨大价值。

4. 企业品牌推广

使用 Animate 软件制作的网站提供了丰富的交互性功能，可以与用户进行实时互动。通过使用鼠标悬停效果、按钮点击效果、滑动动画等，可以增强用户的参与感和娱乐性。Animate 以新颖独特的视觉体验，被越来越多的有实力的企业所引用。使用 Animate 软件制作的网站对企业品牌推广来说效果非常好，特别是一些高端的汽车品牌和房地产项目。

除了上述应用，Animate 网站还可以用于企业宣传、产品展示、形象推广、动态视频展示等。

下面通过案例来介绍网站的规划设计。

案例 3-1-1 笛东公司网站规划书展示

笛东规划设计股份有限公司（以下简称笛东公司）是一家综合性设计机构，主要提供城市规划、旅游规划、景观设计及生态修复等专业服务。笛东公司基于人本主义和环境共生理念，从人类行为和体验需求出发，结合严谨周密的环境功能分析，追求功能性、合理性、适宜性、创造性与艺术性的完美结合，而且极其重视从创意、设计、构筑到体验等完整过程的现场落实，强化相关设计及现场监理服务，以确保每个项目的实施效果。

1. 网站的目标和定位

（1）帮助笛东公司建立有效的形象宣传、风采展示、产品宣传，宣传公司的核心价值观，打造公司的新形象。

（2）充分利用网络快捷、跨地域等优势进行信息传递，对公司的新闻进行及时报道。

（3）通过信息平台对公司的典型案例和设计师进行介绍，展示公司的实力。

（4）为公司和客户提供网上信息互通、经验交流的平台。

2. 网站内容规划

（1）导航设计。

在导航设计上采用简练的文字作为导航内容，选取横向下拉式动态导航菜单，当单击一级导航菜单时显示下级菜单内容，当鼠标指针移开时隐藏菜单内容，最大限度地节省屏幕空间。

（2）风格设计。

网站整体采用简洁朴素的页面风格，符合公司的形象，以简单的背景色衬托主题图，突出公司的品牌形象及产品形象。

（3）主题图设计。

主题图采用点按式相册的形式，展示公司的成功案例，彰显公司的专业实力，为浏览者提供直观的视觉体验。当单击按钮时，可以切换主题图。

3. 网站整体设计

（1）栏目结构划分。

根据网站的建设目标和定位，网站的主要栏目有“关于我们”“DDON 项目”“DDON 动态”“合作伙伴”“加入 DDON”“联络 DDON”一级栏目。网站栏目结构划分采用层状结构，一级级进入，一级级退出，结构简单直观，条理清晰，能将所有的内容划分得非常清晰且便于理解。浏览者明确知道自己在什么位置，不容易“迷路”。具体栏目组织结构如图 3-1-12 所示。

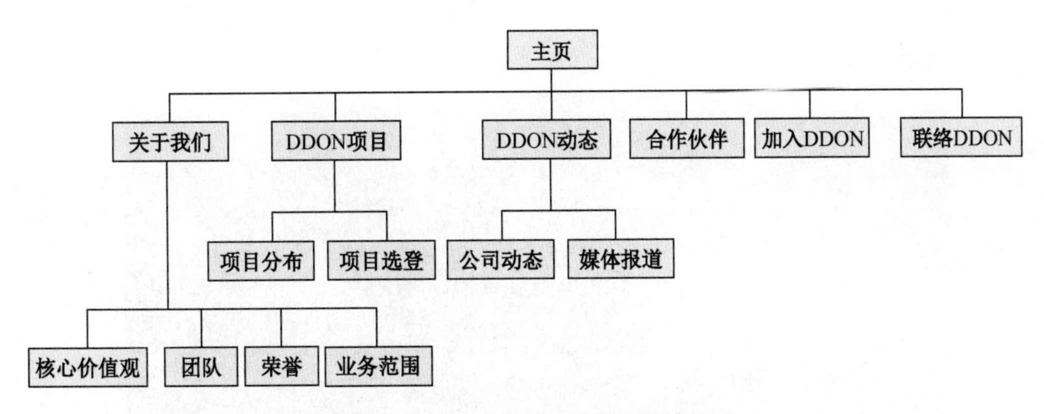

图 3-1-12 具体栏目组织结构

（2）网站版式设计。

网站版式使用对齐式布局，上方是网站 Logo 和导航，下方是主题图的展示，通过主题图的切换，展示公司的形象，吸引浏览者的注意力。整个页面的布局既简洁大方，又不失整体风格的优雅。通过图片与文字的整体布局来展示主页的风格，如图 3-1-13 所示。

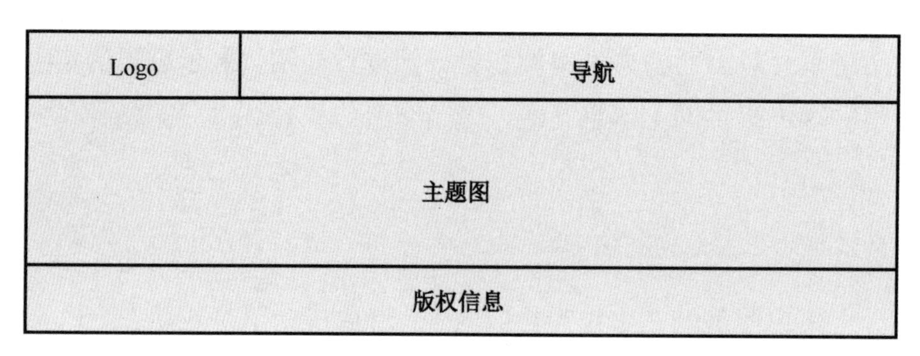

图 3-1-13　主页布局

网站主页效果如图 3-1-14 和图 3-1-15 所示。

图 3-1-14　网站主页效果（一）

图 3-1-15　网站主页效果（二）

任务小结

本任务主要介绍 Animate 网站的相关知识，包括 Animate 网站的架构与应用领域。通过学习本任务，读者能够基本了解 Animate 网站，并为后续的学习奠定良好的基础。

模拟实训

一、实训目的

（1）掌握 Animate 网站的架构。

（2）了解 Animate 网站的应用领域。

二、实训内容

分组制作网站的策划书（自选题目），应包括建设网站的目标、主题、功能和栏目内容，在 Word 或 Photoshop 中制作网站结构图和版式布局设计草图。

任务 2 Animate 网站美工设计

人们对美的追求是不断加深的，网页设计也是如此。网页设计的审美需求是对平面视觉传递美学设计的一种继承和拓展。需要考虑如何提高用户接收网页信息的效率，增加网页设计的美感，从而迎合大众的视觉审美。本任务主要介绍 Animate 网站美工设计的相关知识，包括 Animate 网页的平面构成、色彩搭配及设计风格等。

任务目标

（1）了解 Animate 网页的平面构成。

（2）熟悉 Animate 网页的色彩搭配。

（3）掌握 Animate 网页的设计风格。

任务训练

一、了解 Animate 网页的平面构成

网页具有独特的信息表达方式和强大的交互性，因此网页设计在平面构成的创意上受到诸

多限制和挑战。在设计网页时，运用平面构成的原理和艺术表现形式能够使网页效果更加丰富。

1. 平面构成的形式表现

平面构成的原理已经广泛应用于不同的设计领域，在网页设计中也不例外。

1）分割构成

在平面构成中，把整体分成各个部分称为分割，下面介绍几种常用的分割方法。

（1）等形分割。这种分割方法要求分割的形状完全相同，分割后再加上分割线用于界定会有更好的效果。等形分割页面示例如图 3-2-1 所示。

图 3-2-1　等形分割页面示例

（2）自由分割。这种分割方法将画面进行自由分割，呈现的是不规则的形状。不同于等形分割的整齐效果，自由分割根据图像效果随意分割，以呈现活泼灵动的感觉。自由分割页面示例如图 3-2-2 所示。

图 3-2-2　自由分割页面示例

（3）比例分割。这种分割方法是按比例分布形成网页的构图，画面表现出秩序感，具有明亮的特性，给人以清新自然的感觉。比例分割页面示例如图 3-2-3 所示。

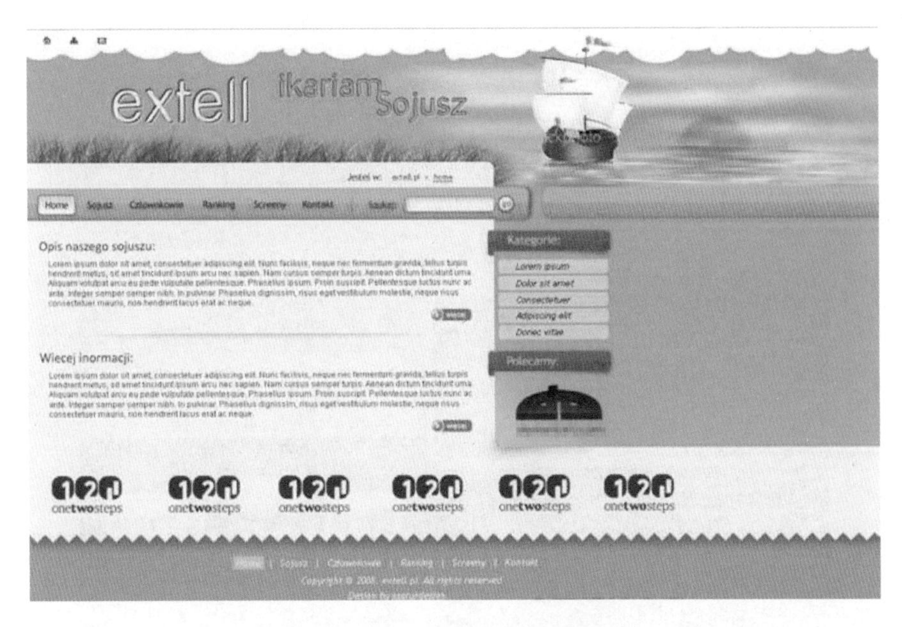

图 3-2-3　比例分割页面示例

2）对称构成

对称通常分为上下、左右或反射等基本形式，但仅限于此不免单调乏味，所以在设计网页时要在基本形式的基础上添加灵活的运用，这样才能达到意想不到的效果。网页中常用的几种对称形式如下。

（1）左右对称。这种对称形式在平面构成中最常见，可以将对立的元素在一个页面中平衡放置。左右对称页面示例如图 3-2-4 所示。

图 3-2-4　左右对称页面示例

（2）中轴对称。这种对称形式的布局比较简单，所以在修饰方面也尽量以简单朴素的方式呈现。中轴对称页面示例如图 3-2-5 所示。

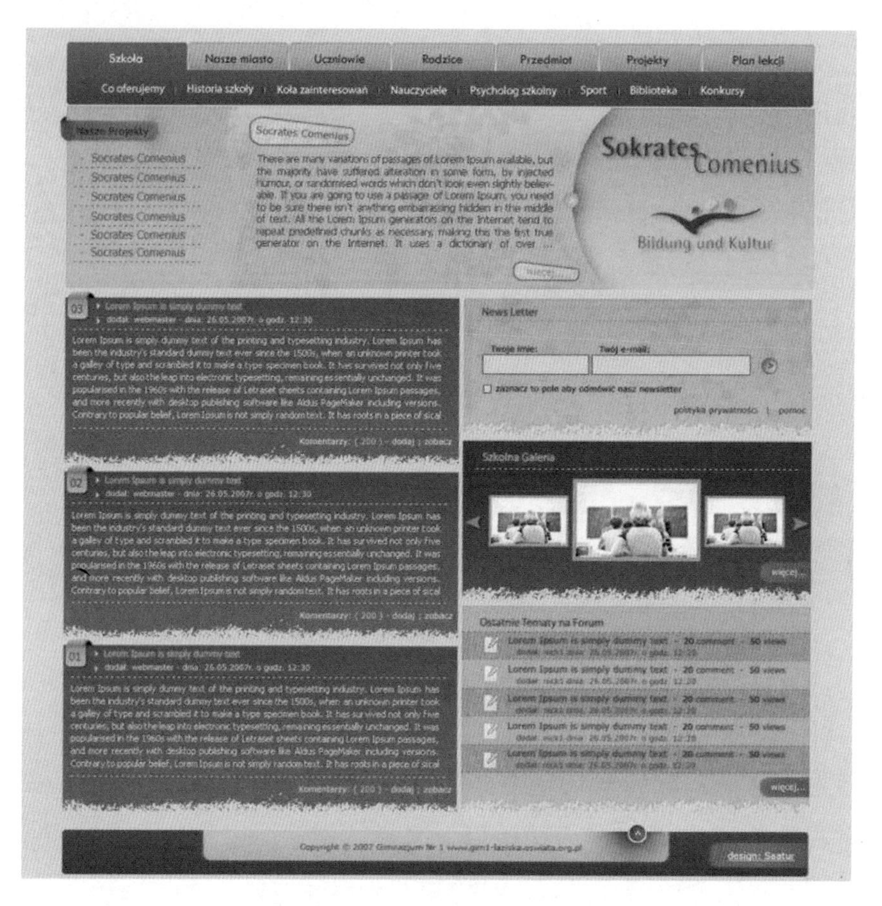

图 3-2-5　中轴对称页面示例

（3）回旋对称。这种对称形式给人一种相对平衡的感觉，使用该形式布局网页时，打破了常规的设计习惯，可以给人耳目一新的感觉。回旋对称页面示例如图 3-2-6 所示。

图 3-2-6　回旋对称页面示例

3）平衡构成

在设计的时候，平衡是非常重要的因素。平衡可以让人们在浏览网页时产生视觉上的满足感。平衡构成一般分为对称平衡和非对称平衡两种。

（1）对称平衡。这种平衡方法是最自然、最常用到的。在网页中，整体或局部采用对称平衡布局，可以在视觉上达到平衡，让画面呈现稳定感。对称平衡页面示例如图 3-2-7 所示。

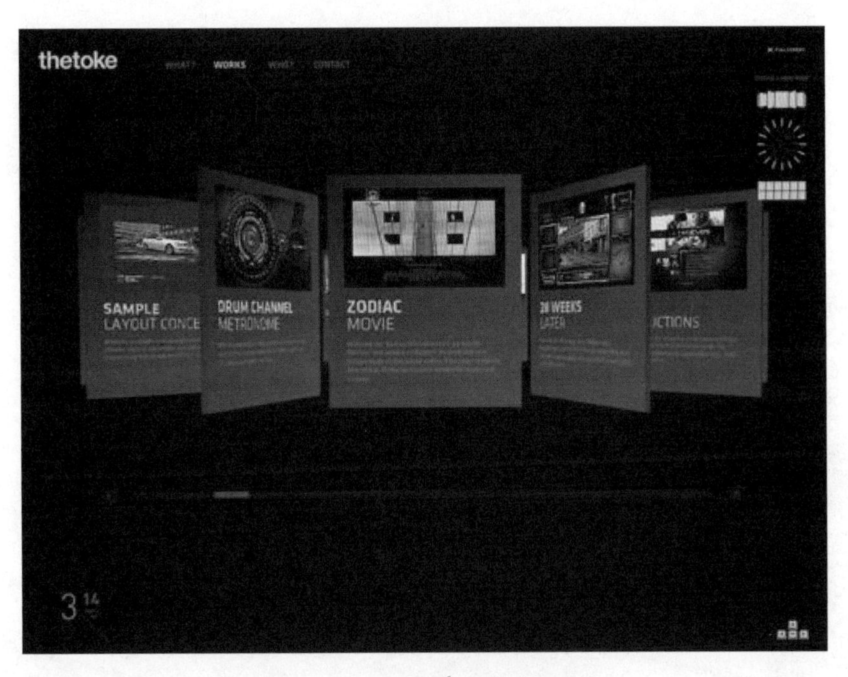

图 3-2-7　对称平衡页面示例

（2）非对称平衡。这种平衡方法并非真正的“不对称”，而是更高层次的“对称”，如果没有设计好，页面就会显得凌乱，故采取这种方法进行布局时要谨慎。非对称平衡页面示例如图 3-2-8 所示。

图 3-2-8　非对称平衡页面示例

2．平面构成的纹理表现

纹理是网页中重要的视觉特征，其实际上来源于色彩。在网页设计中，采用不同的纹理，搭配对应的内容，能够给浏览者留下深刻的印象，尤其是纸质、木纹等图案更具有真实感，而发散和密集的构成也可以增加网页的空间感。

1）肌理构成

肌理也可以理解为质感，由于不同物体的材料不同，表现出的组织、构造也不同，因此产生的光滑感、粗糙感和软硬感不同。在网页设计中，为了达到预期的效果，强化心理表现和独特的视觉呈现，可以通过多种方法创建不同的肌理构成。如图 3-2-9 所示，网页的背景以木纹图案构成，可以更好地衬托网站主题。

图 3-2-9　肌理构成页面示例

2）发散构成

发散现象在日常生活中随处可见，如太阳的光芒、怒放的花朵、蜘蛛网等都可以构成发散的图形。发散其实是一种特殊的重复和渐变，基本的线条、形状围绕一个中心，形成强烈的视觉效果，可以产生炫目、富有节奏变化的页面，如图 3-2-10 所示。这种构图由中心向外或由外向中心集中，以螺旋线的方式排列发散。

3）密集构成

密集构成在网页设计中也是常见的构图方式。这种构图使用基本形状在整个页面中自由发散，最集中或最稀疏的地方常常成为设计的视觉焦点，在构图上呈现了视觉的张力。如图 3-2-11 所示，使用密集的方块构成网页画面，呈现有韵律的节奏感。

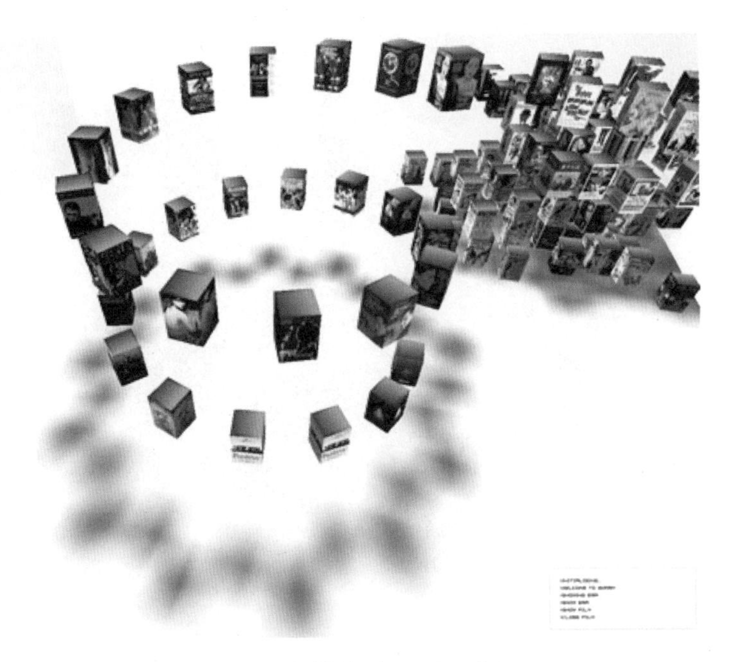

图 3-2-10 发散构成页面示例

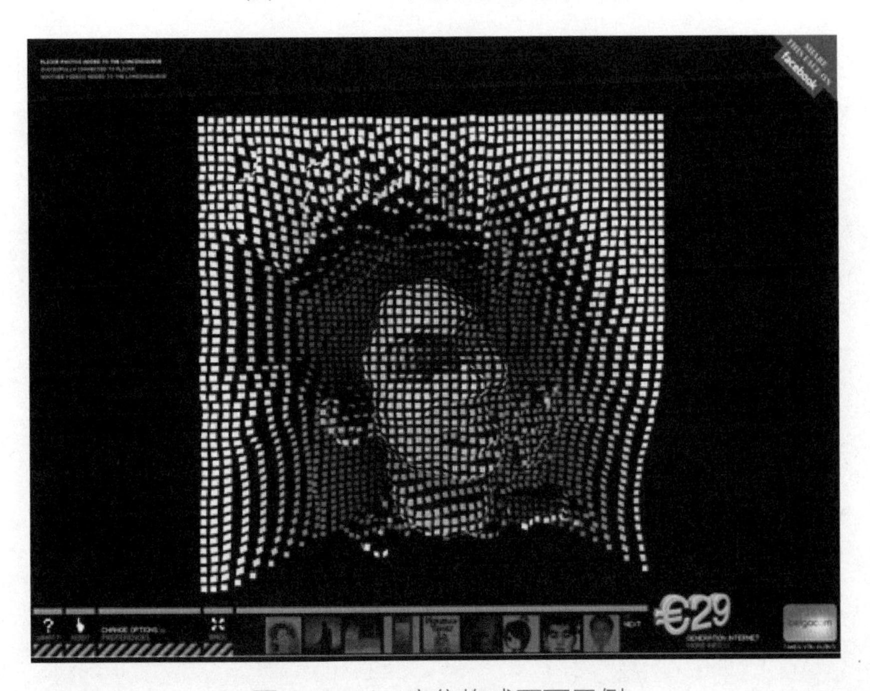

图 3-2-11 密集构成页面示例

3．平面构成的艺术表现

重复、渐变和空间构成属于色彩构成的方式，适用于网页设计。运用这些方式可以使网页具有丰满、稳重、整体的视觉感观。

1）重复构成

重复构成方式是指相同的形状在同一页面中多次出现，利用重复的图案加深人们的印象，突出主题，在网页设计中可以以背景和图像两种形式出现。重复构成页面示例如图 3-2-12 所示。

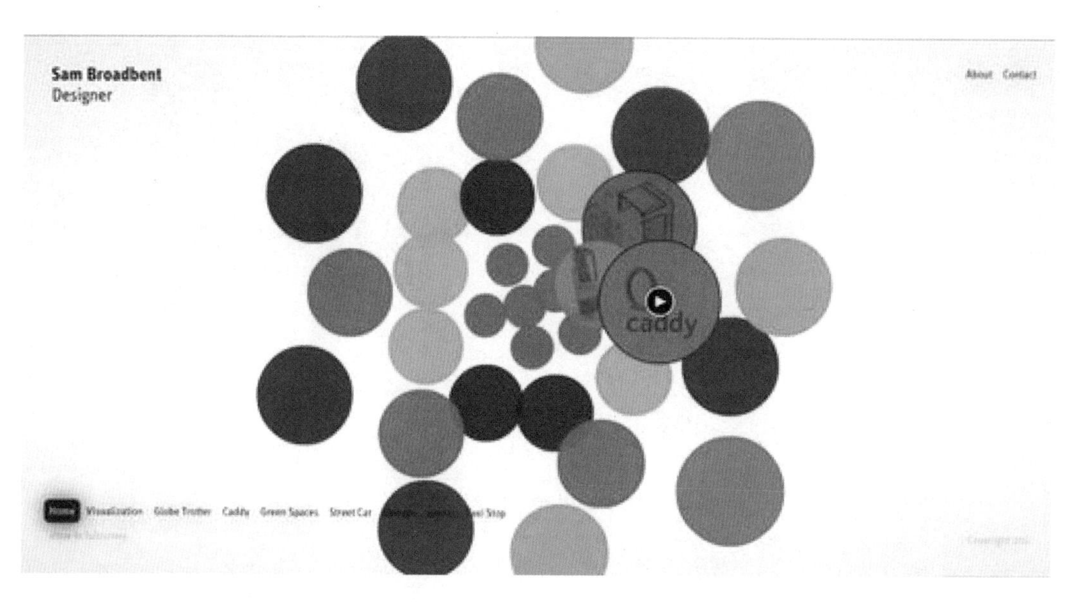

图 3-2-12　重复构成页面示例

2）渐变构成

渐变构成方式以基本的形状形成渐次的构图变化。渐变构成页面示例如图 3-2-13 所示。

图 3-2-13　渐变构成页面示例

3）空间构成

一般的空间是指二维空间。在日常生活中，人们会觉得远处的物体小，而近处的物体大，对这些特性加以分析，可以形成立体空间元素的构成法则。如图 3-2-14 所示，可以利用文字的扭曲、线条的延伸和图像的虚实营造出平面图像上下、前后的感觉，制造空间感。

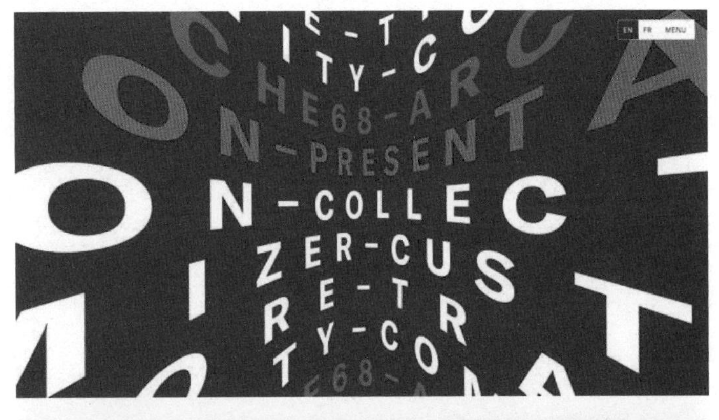

图 3-2-14　空间构成页面示例

二、熟悉 Animate 网页的色彩搭配

在构思设计 Animate 网页的过程中，可以模仿但不能千篇一律，在设计中要能够看到新的创意与不同意境的表达，同样的事物，不同的人看到的和感受到的，以及想要表达的思路是不尽相同的。因此，激发创意思维，特别是空间想象思维是非常关键的。这就需要有较好的审美品位，了解基本的配色原则。认识色彩时，除了存在客观方面的因素，还存在主观方面的因素，色彩信息作用于人的视觉器官，通过视觉神经传入大脑后，根据以往的记忆及经验产生联想，从而形成一系列的色彩心理反应。下面是几种 Animate 网页的配色方案。

1．冷、暖感觉的配色

色彩本身并无冷、暖的温度差别，而是视觉色彩引起的人们对冷、暖感觉的心理联想。看到蓝色、蓝紫色、蓝绿色等配色后，人们很容易联想到太空、冰雪、海洋等物象，产生寒冷、理智、平静等感觉。其所激起的情感和表示暖的色彩所激发的情感完全不同。如图 3-2-15 所示，网页中的主色调采用的是蓝色，给浏览者一种清爽而平静的感觉。

图 3-2-15　蓝色色调网页示例

绿色和黄色给人一种如沐春风的感觉。绿色色调网页示例如图 3-2-16 所示。

图 3-2-16　绿色色调网页示例

2. 轻、重感觉的配色

色彩的明度与纯度会引起人们对色彩物理印象的错觉。一般来说，颜色的重量感主要取决于色彩的明度，明色给人以轻的感觉。明度高的色彩容易使人联想到蓝天、白云、花卉、棉花、羊毛等，可以产生轻柔、漂浮、上升、敏捷、灵活等感觉，如图 3-2-17 所示。

图 3-2-17 轻色调网页示例

暗色会给人一种厚重的感觉，明度低的色彩容易使人联想到钢铁、大理石等物品，产生沉重、降落等感觉。如图 3-2-18 所示，页面中使用了明度较低的黑色和暗红色的对比，页面呈现出稳重的感觉。

图 3-2-18　重色调网页示例

3．兴奋、舒适的配色

色彩的色相和明度会给人以兴奋或舒适等感受。例如，红色、橙色、黄色等鲜艳而明亮的色彩会给人以兴奋感，高明度、高纯度的色彩也会使人产生兴奋感。如图 3-2-19 所示，页面中大面积橙色和白色营造的氛围比较容易让人兴奋，橙色的搭配使页面在冬日里看起来更加温暖，画面更具渲染力；如图 3-2-20 所示，页面颜色非常柔和，给人一种舒适的感觉。

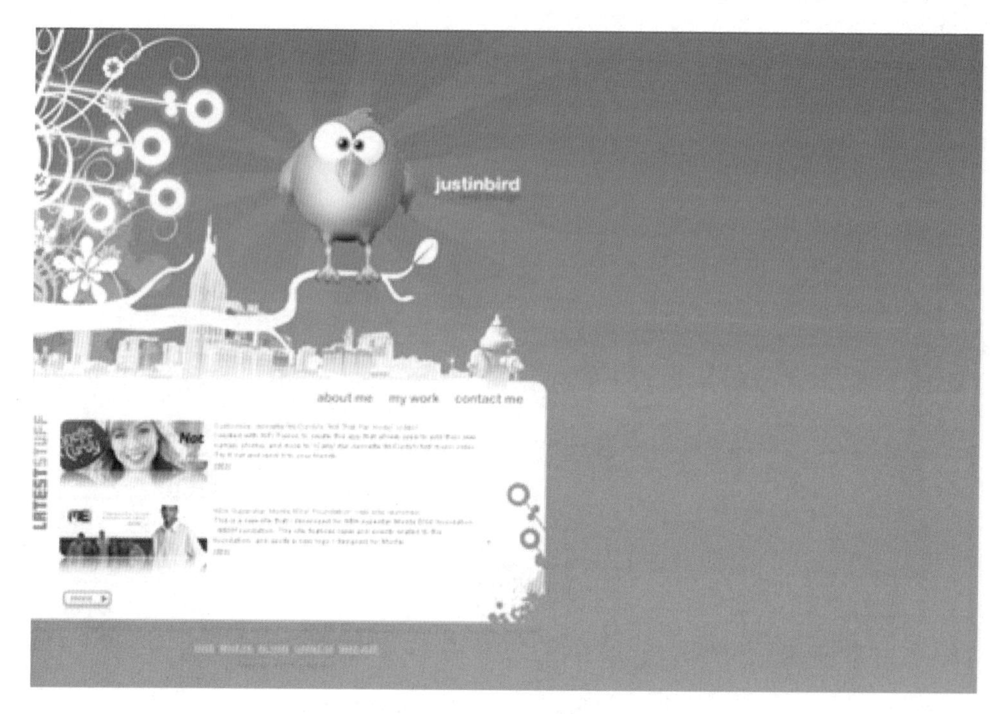

图 3-2-19　兴奋色调网页示例

图 3-2-20 舒适色调网页示例

4．活泼、庄重的配色

暖色、高纯度色、多彩色和强对比色可以使人感觉跳跃、活泼、有朝气。如图 3-2-21 所示，页面以黄色作为背景，搭配蓝色、粉色等纯度较高的颜色，使页面显得活泼生动。

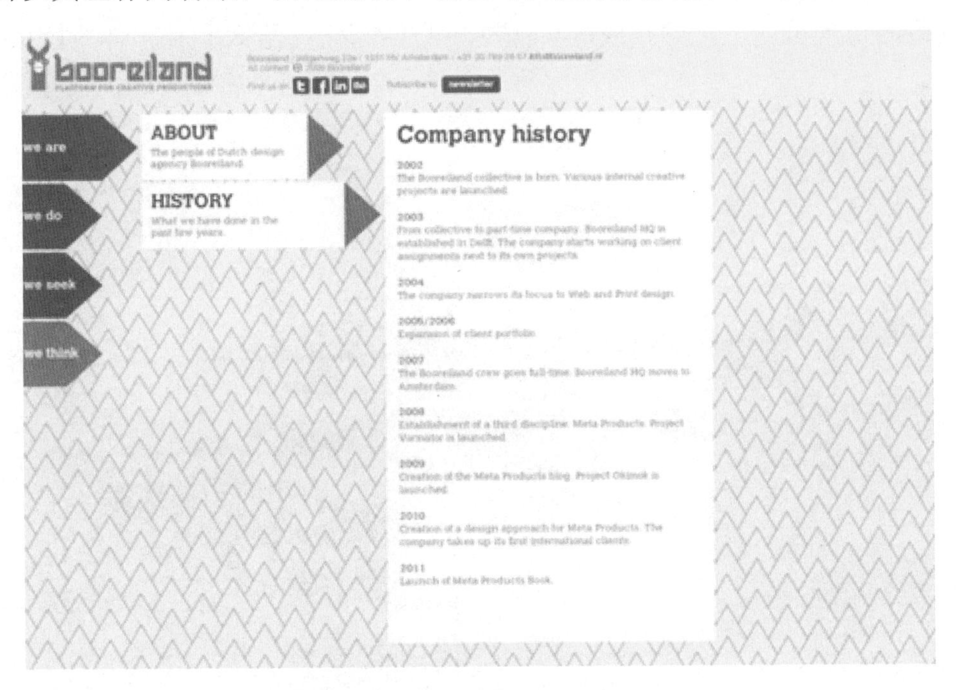

图 3-2-21 活泼色调网页示例

冷色、低纯度色和低明度色会使人感觉庄重、严肃。如图 3-2-22 所示，页面的整体色调有一种怀旧的味道，搭配低纯度色的背景，整体感觉比较稳重。

图 3-2-22 严肃色调网页示例

5．绚丽、朴实的配色

色彩的三要素对绚丽及朴实感都有影响，其中纯度对其影响最大。明度高、纯度高的色彩及丰富、强对比的色彩使人感觉华丽、辉煌。如图 3-2-23 所示，页面采用粉紫色进行渲染，其照射在白色的背景页面上，使寂静的页面立刻鲜活起来，给人一种整体绚丽的感觉。

图 3-2-23 绚丽色调网页示例

明度低、纯度低的色彩及单调、弱对比的色彩会给人一种质朴、古雅的感觉，如图 3-2-24 所示。

图 3-2-24　朴实色调网页示例

6．儿童、成人的配色

儿童喜欢热烈、饱满、鲜艳的色彩，这些色彩除了能吸引儿童的注意力，还能刺激儿童的视觉发育、提高儿童的创造力，以及训练儿童对于色彩的敏锐度。如图 3-2-25 所示，页面中使用了大面积的鲜艳颜色，使儿童沉浸在五颜六色的氛围中。

图 3-2-25　儿童色调网页示例

成人大多偏好蓝色、红色、黑色的色相，这和成人的职业及爱好关系密切，通过颜色能体现出成熟的感觉。如图 3-2-26 所示，页面中采用了明度较低的蓝色、黑色等，体现出沉稳与成熟的感觉。

图 3-2-26　成人色调网页示例

三、掌握 Animate 网页的设计风格

随着人们对审美要求的不断提高，网页视觉效果的呈现也越来越受到重视。根据不同的客户需求，设计出不同风格的网页至关重要。下面介绍几种不同风格的网页设计。

1．平面风格

平面风格的网页通过色块或位图等元素展现形成二维的画面效果，如图 3-2-27 所示。

图 3-2-27　平面风格网页示例

2. 矢量风格

矢量风格的网页是由矢量图像组合而成的，网页的图像效果可以任意缩放，不会影响展示效果。矢量风格是动画网站中常见的一种设计风格。矢量风格网页示例如图 3-2-28 所示。

图 3-2-28　矢量风格网页示例

3. 像素风格

像素风格的网页使用图标风格的图像制作，以强调鲜明的轮廓、亮丽的色彩，同时，其造型比较卡通，受到很多用户的喜爱。如图 3-2-29 所示，网页采用真人和像素画相结合的方式制作而成。

图 3-2-29　像素风格网页示例

4．三维风格

三维是在二维坐标系中增加了一个方向向量，构成了空间。三维风格中的立体空间效果，能够在突出主题的同时无限延伸视线，如图 3-2-30 所示。

图 3-2-30　三维风格网页示例

任务小结

本任务主要介绍了 Animate 网站美工设计的相关知识，包括 Animate 网页的平面构成、色彩搭配和设计风格等，希望对读者进行 Animate 网站设计有一定的启发。

模拟实训

一、实训目的

（1）了解 Animate 网页的平面构成。

（2）熟悉 Animate 网页的色彩搭配。

（3）欣赏不同的 Animate 网页的设计风格。

二、实训内容

分析如图 3-2-31 所示的美容网站的美工设计。

图 3-2-31 美容网站

任务 3 制作 Animate 交互网站

Animate 在网页制作中有广泛的运用。它可以用于创建动态的和交互性的网页元素，增强用户体验和提高网站的吸引力。相较于 Animate 软件，Animate 新增了 HTML5 支持，使动画和互动内容在各种现代浏览器上更易于展示和访问。Animate 支持 3D 呈现和动画制作，可以创建更加逼真的立体效果。Animate 拥有的强大交互和脚本编程功能，使其在网站制作中可以更灵活地控制和交互动画元素。

任务目标

（1）掌握 Animate 网站的设计方法。

（2）掌握 Animate 网站的制作方法。

任务训练

一、掌握 Animate 网站的设计方法

1. 了解项目背景

在进行网站制作中，首先值得我们关注的是项目背景。只有明确所需要的方案的设计背

景和使用要求，才可以帮助客户更好地进行网页设计，并确保最终方案符合目标客户的需求。我们需要注意的方面有以下几项。

（1）增强用户体验。

通过动画效果，可以让网站更加生动有趣，提供更好的用户体验。例如，使用 Animate 制作的动态导航菜单会使页面切换更流畅，提供更好的用户导航体验。

（2）强调信息重点。

通过 Animate 制作的动画效果可以突出网站的重要信息，吸引用户的注意力。例如，在产品页面中使用 Animate 展示产品的特点和优势，可以更好地吸引用户的关注。

（3）增加互动性。

Animate 可以创造与用户的互动，提高用户参与度。例如，通过 Animate 制作的交互式表单可以提供更好的用户反馈和互动体验。

（4）品牌展示。

通过 Animate 可以制作品牌形象展示动画，展示公司的形象和价值观，增强用户对品牌的认知和印象。

（5）提升页面加载速度。

Animate 可以帮助优化页面加载速度，通过动画效果的预加载，使网页在加载过程中能够提供更好的用户体验。

2. 网站整体设计

好的网站设计是制作好的网站的首要条件，在 Animate 网站的制作过程中，以下几个方面的设计尤其值得关注。

（1）色彩风格的设计。

网站的色彩风格是一个网站的基调，不同的色彩搭配，给人的第一感觉也是不一样的。网页风格的 4 个基本要素是颜色、线条、形状和版式。一个网站不可能单一地运用一种颜色，这样会使人感觉单调、乏味；但也不能将所有的颜色都运用到网站中，这样会使人感觉轻浮、不稳重。

（2）网站 Logo 的设计。

Logo 的设计是将具体的事物、场景、事件和抽象的理念、精神、方向通过特殊的图形固定下来，使人们通过 Logo 可以自然地联想到企业形象。Logo 与企业的经营活动紧密相关，因为 Logo 是企业日常经营活动、广告宣传、文化建设、对外交流必不可少的元素。随着企业的成长，Logo 的价值会不断增加。

（3）网站首页的设计。

首页是网站面向浏览者的门户，是吸引大众目光的首要阵地，只有通过首页提高用户的点击量，才能更好地宣传与推广网站。设计网站首页时必须从以下 4 个方面进行考虑：加强文字的可读性；加强视觉效果；具有统一的简单风格；具有新颖和个性化的布局。

（4）导航菜单的设计。

导航作为网页的重要视觉元素是必不可少的。应该将导航放在明显、易找、易读的区域，当浏览者进入 Animate 网站时，第一眼就可以看到它，并指引浏览者快速获取自己感兴趣的内容。导航菜单的样式有很多种，包括横排导航、竖排导航、图片式导航和下拉菜单导航等。多种样式的导航设计，可以与不同风格的页面设计协调统一。

（5）页间跳转的设计。

当网站结构有多级导航菜单时，如果在同一个文档中制作所有的动画效果，文件容量就会过大。若既想保留所有的动画效果，又想减小文件容量，则可以将动画效果分别制作在不同的文件中，并使用载入文件动作脚本命令，分别载入相应的动画，实现相同的动画效果。

（6）文件大小的设计。

在浏览网站时，能否快速地浏览到所需要的内容，是每个浏览者非常关注的事情。所以，一定要考虑网页在加载时能否快速打开，这就要求尽量将动画文件处理得比较小。

总之，Animate 在网站制作中的应用可以提供更好的用户体验、增强品牌形象和吸引用户注意力，从而提升网站的效果和用户参与度。

二、掌握 Animate 网站的制作方法

下面通过一个案例来介绍 Animate 交互网站的制作方法。

案例 3-3-1 制作“河南诗人录”网站

【情景模拟】河南地处中原，是中华文明的主要发祥地之一，自古以来就出现了非常多的名家文豪，许多我们耳熟能详的大诗人也在这里出生，你知道河南最为著名的文人墨客有哪些吗？让我们一起通过网站了解一下吧！“河南诗人录”网站的主页如图 3-3-1 所示。

【案例分析】

（1）制作 Animate 网站需要先确定主题。“河南诗人录”是以历史文化为主题的宣传网站，目标主题为展示河南悠久的历史文化名人，引起浏览者对传统文化的关注，以更好地传播弘扬优秀传统文化。

图 3-3-1 “河南诗人录”网站的主页

（2）确定好主题之后，设计网站首页，选择相应的素材图片。

（3）该 Animate 网站针对的人群较为广泛，所以把风格定位为古朴、素雅、大气。按照风格定位，网站选择的是等形分割式，将诗人图像作为主要设计点，视觉传达效果直观、突出，给人直入主题的感觉，导航印章的设计，使整个画面更具有中国风。

（4）根据主题和定位设计网站的整体结构，规划栏目和板块的编排，除此之外，还要考虑到网页交互设计。具体的栏目结构如图 3-3-2 所示。

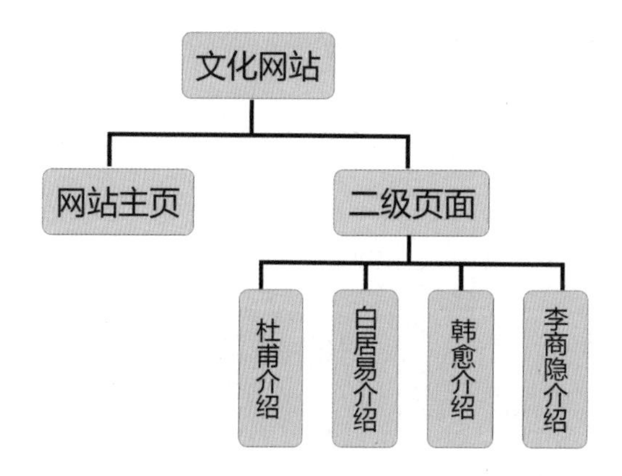

图 3-3-2 具体的栏目结构

（5）按照构思策划的内容，有针对性地收集网站需要用到的图片素材，对于无法直接获取的素材，可以通过 Photoshop 等软件对相关的素材进行制作和修改。

（6）资料收集完成后即可对每个页面进行设计，主页及二级页面的整体风格要保持一致。

【制作步骤】制作网站的步骤如下。

1．网站首页的制作

“河南诗人录”网站首页如图 3-3-3 所示。

图 3-3-3 “河南诗人录”网站首页

（1）打开 Animate，新建一个基于 HTML5 Canvas 平台的文档，保存名称为“河南诗人录”。将舞台大小设置为 960px×400px，帧频默认为 24fps，如图 3-3-4 所示。将准备好的制作网站的素材导入“库”面板中。

图 3-3-4 新建 HTML5 Canvas 平台文档

（2）制作该网站的 Banner“千古风流人物”。将“库”面板中“千古风流人物.png”拖入舞台中，调整其大小，放置于舞台中间上方位置；按 F8 键，将图片转换为“影片剪辑”元件，双击该元件进入元件编辑模式，再次将该图片转换为“图形”元件，在第 20 帧处，插入关键帧，然后单击第 1 帧的元件实例，向上平移适当距离；创建从第 1 帧到第 20 帧的“传统补间动画”，实现元件实例从上方下移的动画效果，如图 3-3-5 所示。

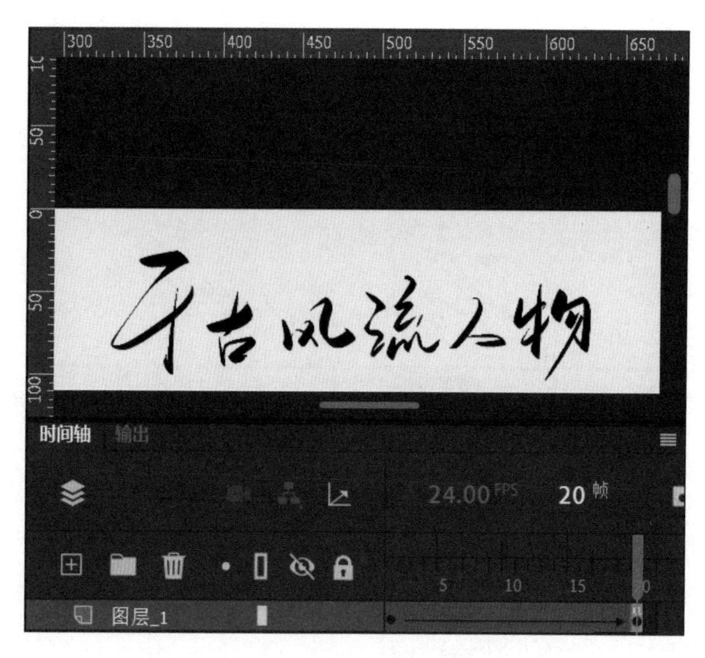

图 3-3-5　创建“传统补间动画”

在第 20 帧处添加停止动画脚本。用鼠标选择第 20 帧，单击鼠标右键，打开“动作”面板，添加脚本代码为：

```
this.stop();
```

（3）返回场景 1。将“库”面板中“河南诗人.png”拖入舞台中，调整大小，放置在舞台左边位置；按 F8 将图片转换为“影片剪辑”元件，双击该元件进入元件编辑模式；再次将该图片转换为“影片剪辑”元件，在第 1 帧处，选择元件，设置元件实例“色彩效果”，将 Alpha 值调整为 0，如图 3-3-6 所示；在第 20 帧处，插入关键帧，将元件实例 Alpha 值调整为 100%；创建从第 1 帧到第 20 帧的“传统补间动画”，实现元件实例逐渐显示的动画效果。

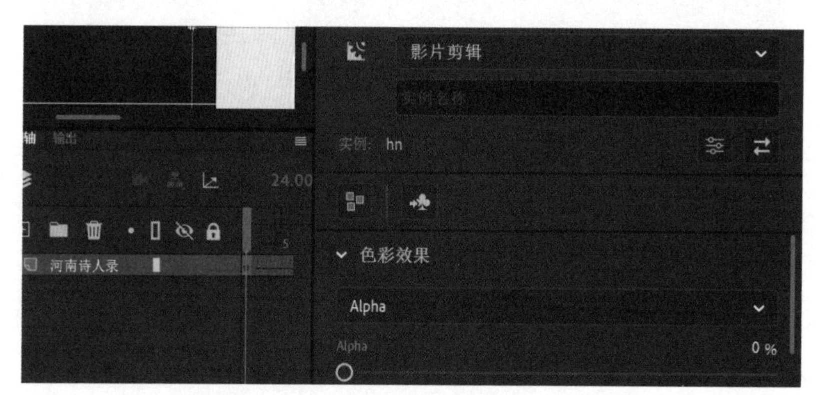

图 3-3-6　设置“色彩效果”

在第 20 帧处添加停止动画脚本，脚本代码为：

```
this.stop();
```

（4）返回场景 1。将“图层 1”重命名为“图片按钮”。将“库”面板中四位诗人图片拖入舞台中，调整图片大小位置，使用“对齐”命令使四张图片间隔对齐、上下对齐，如图 3-3-3 网站首页所示。

（5）新建“图层 2”命名为“返回按钮”，将“库”面板中“返回按钮.png”图片拖入该图层中，并将其转换为按钮元件，在属性面板将实例命名为“replay_btn”。

（6）单击“杜甫”图片，按 F8 快捷键，将其转换为按钮元件，元件命名为“menu01”，类型为“按钮”，如图 3-3-7 所示。

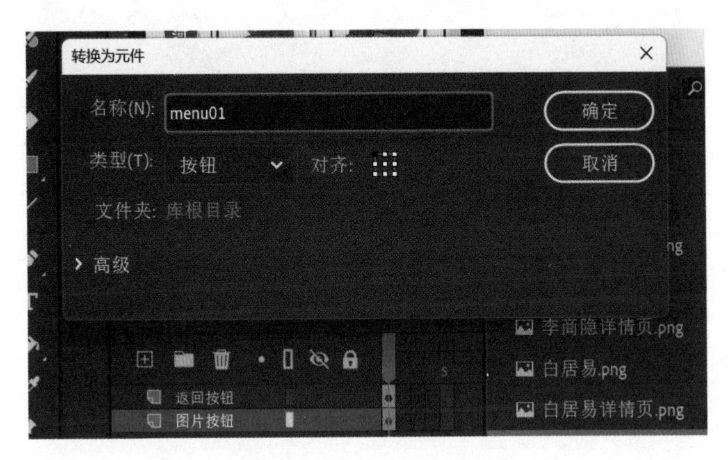

图 3-3-7　转换为元件

（7）双击进入“menu01”元件编辑模式，将元件中的“图层 1”重命名为“人物”，在第 3 帧插入普通帧；新建“图层 2”命名为“动效”，分别在第 2、3 帧插入关键帧。使用矩形工具，在“动效”图层第 2 帧绘制半透明矩形框，将矩形转换为“影片剪辑”元件，命名为“m1”；双击进入“m1”元件编辑模式，将其“图层 1”重命名为“矩形”，如图 3-3-8 所示；在第 10 帧插入关键帧，创建从第 1 帧到第 10 帧之间的“形状补间动画”，如图 3-3-9 所示；使用“自由变换”工具将第 1 帧绘制的矩形中心点移到底部，并将矩形压缩到底部形成一条线，使动画从第 1 帧至第 10 帧呈现从底部伸展的动画效果。

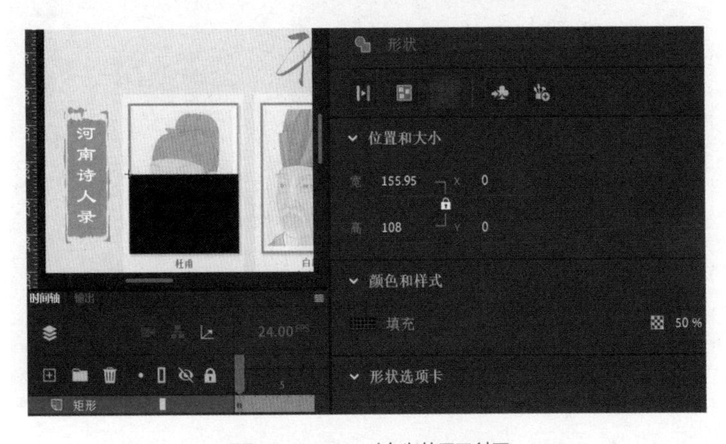

图 3-3-8　绘制矩形框

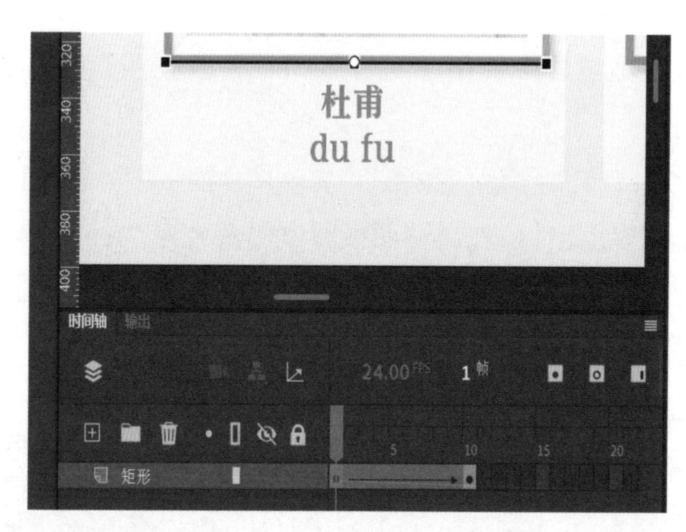

图 3-3-9　创建“形状补间动画”

（8）继续在“m1”元件编辑模式下进行编辑。新建“图层 2”命名为“文字”，在第 10 帧插入关键帧，输入与图片人物相关的说明文字，字号为“14pt”，颜色为白色；新建“图层 3”命名为“脚本”，在第 10 帧插入关键帧，添加停止动画脚本，脚本代码为：

```
this.stop();
```

（9）返回场景 1。打开“库”面板，选择“menu01”元件，右键单击“直接复制”按钮，多次复制并分别命名为“menu02”、“menu03”和“menu04”元件，如图 3-3-10 所示；同样将“库”面板中的“m1”元件多次复制并分别命名为“m2”“m3”“m4”元件。双击“menu02”进入元件编辑模式，在“人物”图层单击图片选择“交换”命令，将“杜甫.png”替换为“白居易.png”图片，如图 3-3-11 所示；修改文字，双击“m2”进入元件编辑模式，将杜甫相关说明文字改成白居易相关说明文字，如图 3-3-12 所示，这样就完成了元件“m2”及“menu02”的替换制作。

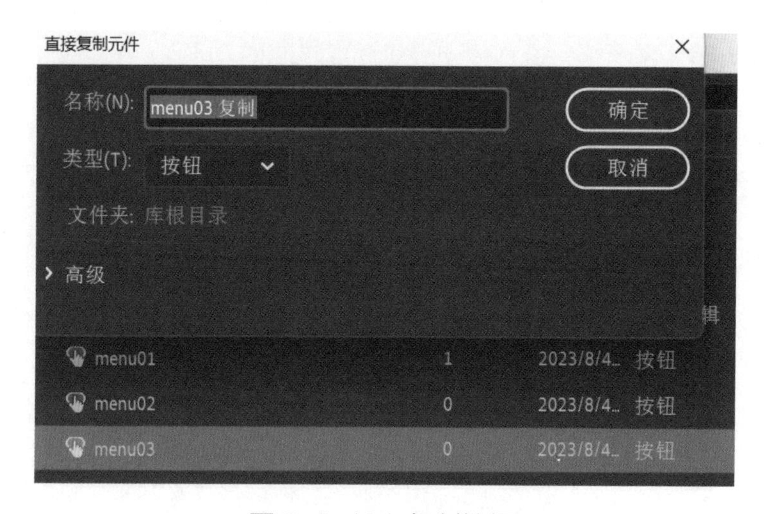

图 3-3-10　复制按钮

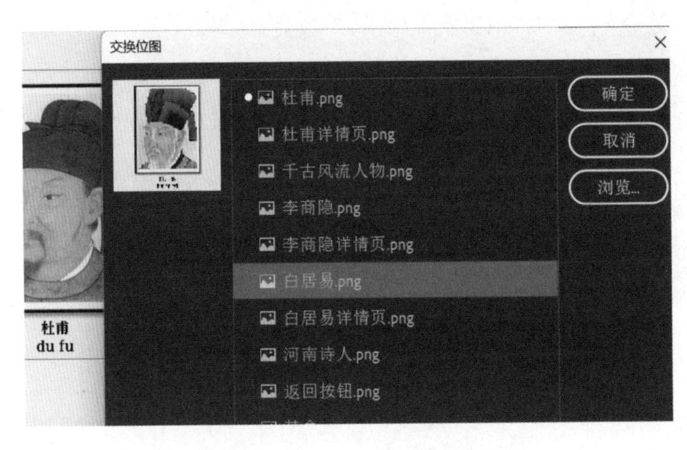

图 3-3-11　交换图片

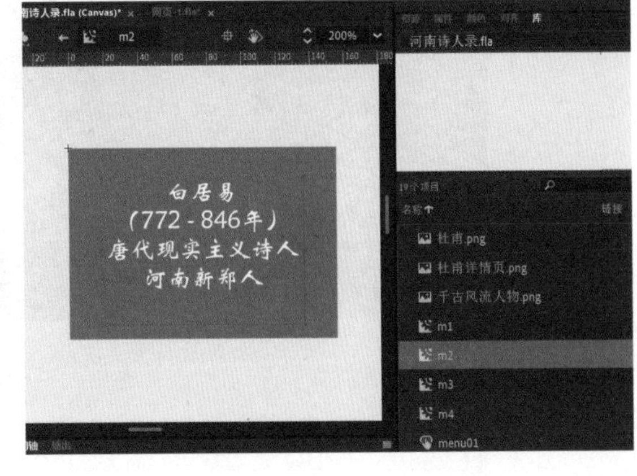

图 3-3-12　修改文字

同样方法，分别替换制作“m3”和“menu03”元件为韩愈的素材，“m4”和“menu04”为李商隐的素材。

（10）回到场景 1。在“图片按钮”图层，删除舞台中的后三张图片素材，分别替换成“menu02”、“menu03”和“menu04”元件。将第一个按钮元件命名为“menu01_btn”实例，第二个按钮元件命名为“menu02_btn”实例，第三个按钮元件命名为“menu03_btn”实例，第四个按钮元件命名为“menu04_btn”实例，返回按钮元件命名为“replay_btn”实例。

2. 网站二级页面的制作

（1）在场景 1 中创建“图层 3”并命名为“详情页”，在第 10 帧插入关键帧，从“库”面板中拖出“杜甫详情页.png”素材，调整大小，将图片转换为“影片剪辑”元件并命名为“p01”，如图 3-3-13 所示。

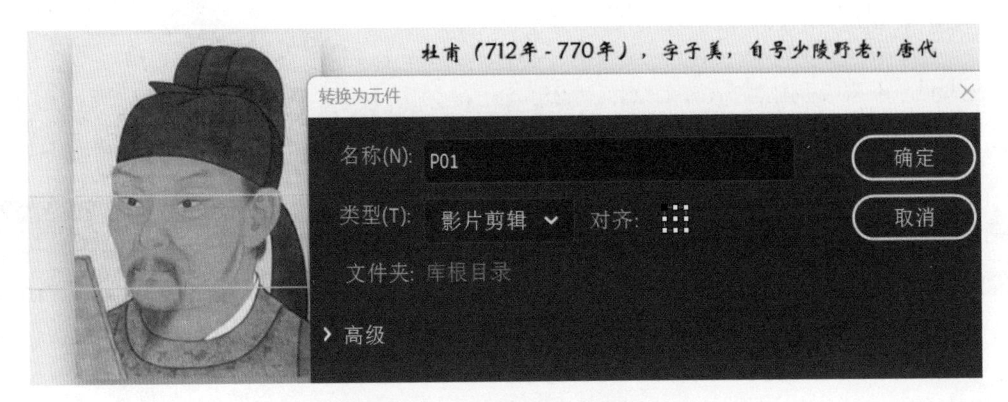

图 3-3-13　修改元件名称

（2）在“详情页”图层第 19 帧插入关键帧，创建从第 10 帧到第 19 帧之间的“传统补间动画”，在“属性”面板中调整第 10 帧上的“p01”实例 Alpha 值为 0，第 19 帧上的“p01”实例 Alpha 值为 100%，这样在动画播放时就会呈现图片元件逐渐显示的效果，如图 3-3-14 所示。

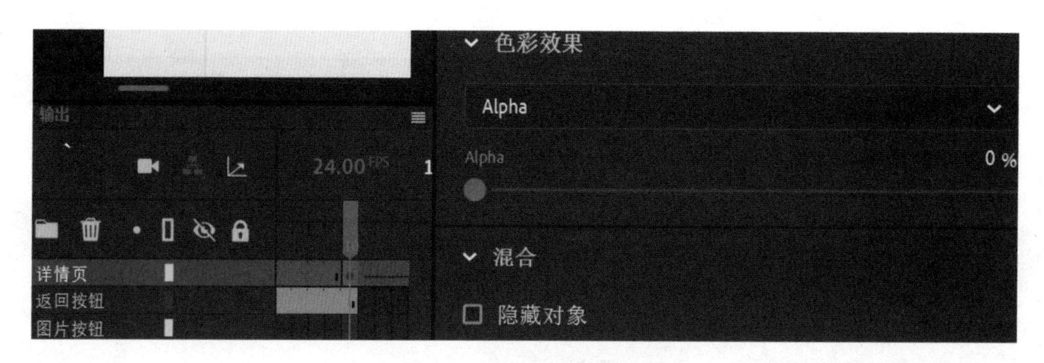

图 3-3-14　调整透明度

在“详情页”图层第 20 帧插入关键帧，同样方法制作从第 20 帧到第 29 帧的“白居易详情页.png”的动画效果；在“详情页”图层第 30 帧插入关键帧，用同样的方法制作从第 30 帧到第 39 帧的“韩愈详情页.png”的动画效果；在“详情页”图层第 40 帧插入关键帧，用同样的方法制作从第 40 帧到第 49 帧的“李商隐详情页.png”的动画效果。

（3）在“返回按钮”图层第 49 帧插入普通帧，使按钮层延伸到第 49 帧，如图 3-3-15 所示。

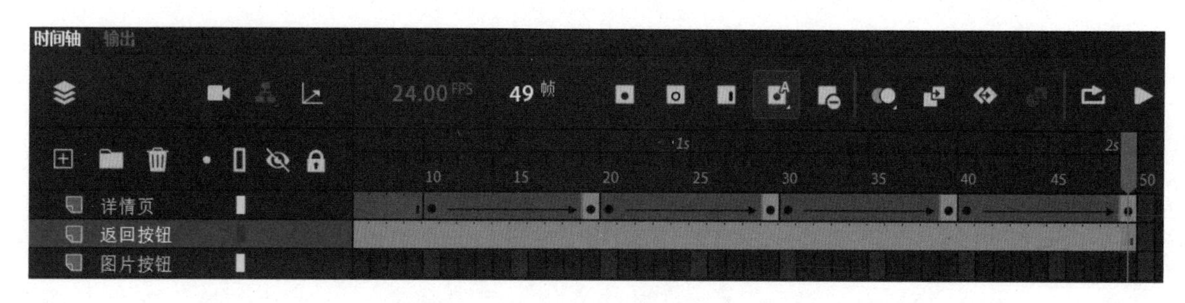

图 3-3-15　时间轴效果

3．网站 Html5 Canvas 代码编写

（1）在场景 1 新建图层并命名为“帧标签”，分别在第 10 帧、第 20 帧、第 30 帧、第 40 帧插入关键帧，依次将“帧标签”命名为“p01”“p02”“p03”“p04”，如图 3-3-16 所示。

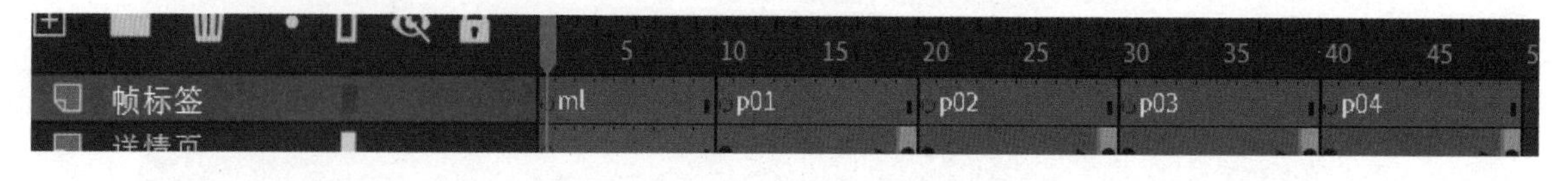

图 3-3-16　创建“帧标签“

（2）新建图层并命名为“脚本”，在第 1 帧打开“动作”面板，添加停止运行脚本代码为：

```
this.stop()
```

同样，分别在第 19 帧、第 29 帧、第 39 帧、第 49 帧插入关键帧，并分别添加停止运行脚本代码为：

```
this.stop()
```

（3）在“返回按钮”图层第 1 帧打开“动作”面板，选择“使用向导添加”命令添加脚本，选择“Go to frame label and Stop”（跳转到帧标签并停止播放）之后单击“This timeline”（当前时间轴），如图 3-3-17 所示；接着在命令行中输入返回第 1 帧的“帧标签”名称“ml”，如图所示；然后单击“下一步”按钮，选择鼠标触发事件“On Mouse Click”，再选择“返回按钮”实例名称“replay_btn”，如图 3-3-19 所示，这样就完成脚本添加，当单击“返回”按钮”时，动画就会跳转到第 1 帧的主页中。

图 3-3-17　创建脚本代码

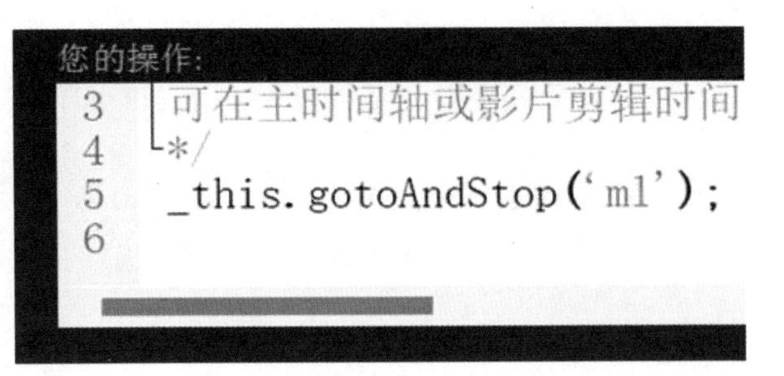

图 3-3-18　输入帧标签

完成后显示的代码为：

```
this.stop()

var _this = this;

_this.replay_btn.on('click', function(){
_this.gotoAndStop('ml');
});
```

（4）在“图片按钮”图层第 1 帧，打开“动作”面板，单击“使用向导添加”，选择“Go to frame label and Play”，单击“This timeline”，修改脚本中“帧标签”名称为“p01”，如图 3-3-20 所示；进入下一步，选择触发事件为“On Mouse Click”，触发对象为“menu01_btn”按钮实例。这样单击“杜甫图片”按钮时，动画就会跳转到第 10 帧“杜甫详情页”中。

完成后显示的代码为：

```
_this.menu01_btn.on('click', function(){
_this.gotoAndPlay('p01');
});
```

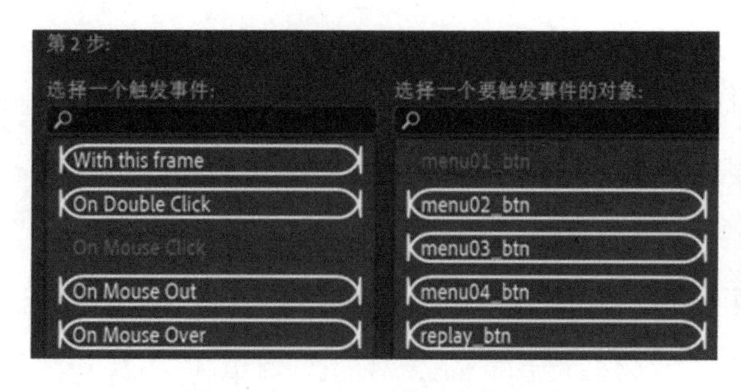

图 3-3-19　选择触发事件

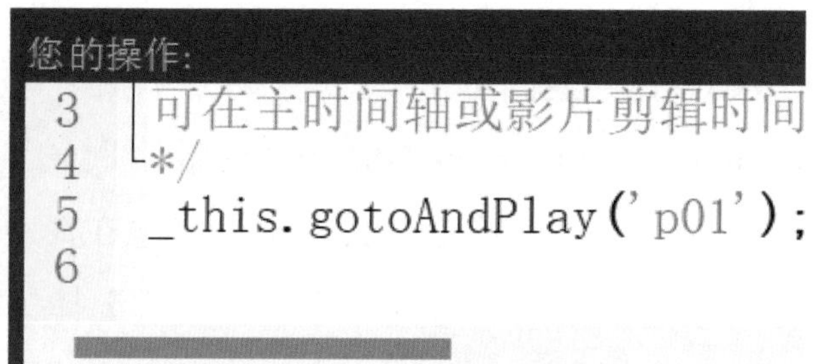

图 3-3-20　修改帧标签

同样方法添加其他按钮实例的动作脚本，分别如下。

“menu02_btn” 按钮实例的动作脚本为:

```
_ this.menu02_btn.on('click', function(){
_this.gotoAndPlay('p02');
});
```

“menu03_btn”　按钮实例的动作脚本为:

```
_ this.menu03_btn.on('click', function(){
_this.gotoAndPlay('p03');
});
```

“menu04_btn”　按钮实例的动作脚本为:

```
_ this.menu04_btn.on('click', function(){
_this.gotoAndPlay('p04');
});
```

（5）至此，完成“河南诗人录”网站的制作，保存文件，然后进行测试，效果如图 3-3-21 所示。

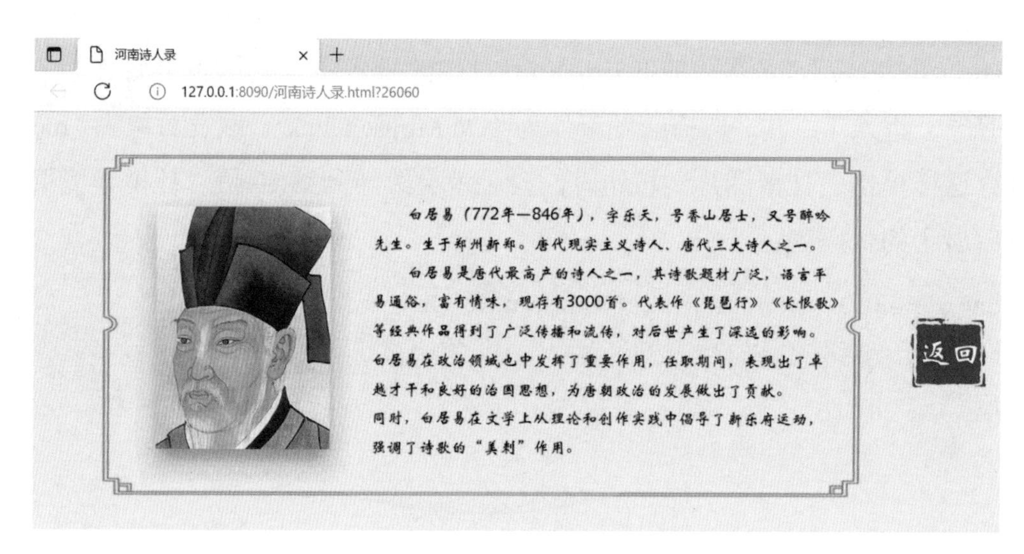

图 3-3-21　测试网站

任务小结

本任务主要通过案例讲解使用 Animate 软件创建一个基于 HTML5 Canvas 的文档，并且为读者详细介绍网站目录页和详情页交互案例，以及栏目按钮页和详情页动画的制作。

模拟实训

一、实训目的

（1）熟悉 Animate 网站的制作流程。

（2）能够制作简单的 Animate 网站。

二、实训内容

根据本任务学习的内容，制作学校网站主页动画并进行二级页面链接练习，其效果如图 3-3-22 所示。

提示

网站基于 HTML5 Canvas 平台的文档，Logo 文字可以采用遮罩动画制作，主页导航按钮设计鼠标指针经过按钮时的变化和单击时跳转 Web 网页效果。

图 3-3-22 学校网站主页动画的效果

任务 4 设计与制作 Animate 网页游戏

Animate 是一款适合游戏、应用程序和 web 的交互式矢量动画和位图动画制作软件。在本任务中我们将学习使用 Animate 制作网页游戏。大家会看到游戏开发的整个过程，包括创建游戏环境，设计核心游戏机制，设置玩家代码等。从始至终，所有资源的设计和编码都在 Animate 中完成。大家可以通过案例扎实掌握使用 Animate 制作网页游戏的技巧，同时了解游戏的设计和开发概念。

任务目标

（1）了解 Animate 网页游戏。

（2）掌握 Animate 网页游戏的制作方法。

任务训练

一、了解 Animate 网页游戏

网页游戏又称 Web 游戏、无端网游，简称页游，是基于 Web 浏览器的网络在线多人互动游戏，无须下载客户端，不存在机器配置不够的问题。网页游戏有着方便快捷、使用配置低的优点。

Animate 具备交互性设计的能力，可以通过制作交互按钮、触发事件等方式，实现与玩家的互动。这为网页游戏增加了更加丰富的体验和游戏性。它拥有强大的动画制作软件，拥有丰富的动画效果和工具，可以轻松制作出精美的动画效果，为游戏增添生动性和趣味性。

相较于 Animate 而言，Animate 可以导出 HTML5 格式，使网页游戏可以在不同的平台上运行，包括 PC 端、移动端等，增加了游戏的可访问性。Animate 支持 Javascript 脚本和外部库的导入，可以与其他库或框架进行整合，从而扩展游戏的功能和性能。Animate 提供了直观易用的用户界面和丰富的预设资源，使得游戏开发过程更加高效。图 3-4-1 所示为某公司制作的网页游戏的截图。

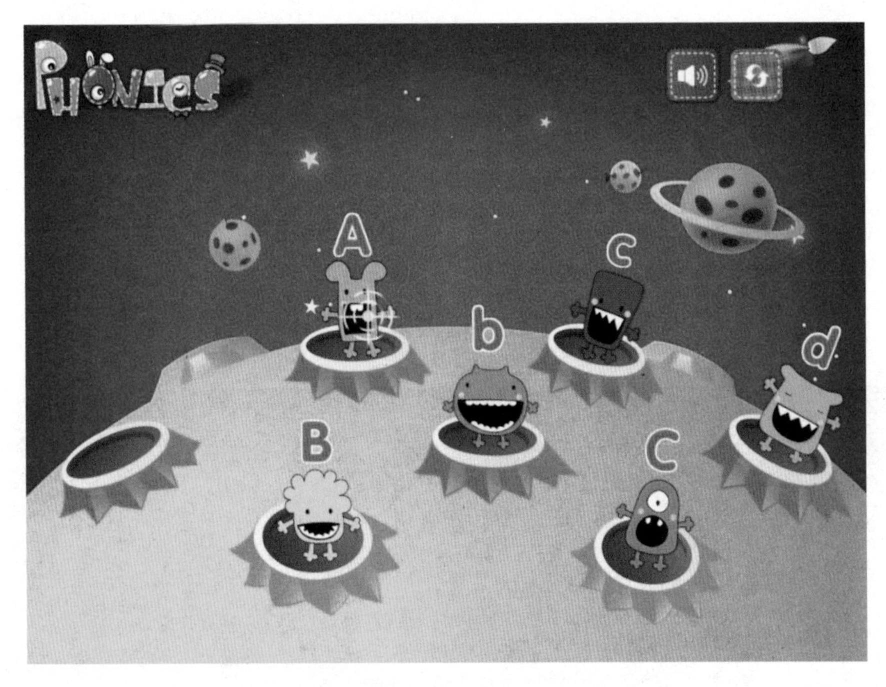

图 3-4-1　某公司制作网页游戏的截图

二、掌握 Animate 网页游戏的制作方法

通过前面的学习，读者应该对 Animate 网页游戏有了初步的了解，下面将通过一个简单的案例来介绍 Animate 网页游戏的制作方法。

案例 3-4-1　制作“数字猜谜”网页游戏

【情景模拟】猜谜是一种历史悠久的智力游戏，是指通过给定的提示性文字或者图像等，按照某种特定规则，猜出指定范围内的某事物或者文字等内容。制作“数字猜谜”网页游戏不仅可以将同学们之前学习到的 Animate 操作知识进行巩固练习，更加可以激发同学们对 Animate 游戏开发方面的热情。该游戏思路是系统将随机拟定正确答案，玩家输入数字并根据提示文字进行数字猜测，直至猜对显示正确答案。“数字猜谜”网页游戏的效果如图 3-4-2 所示。

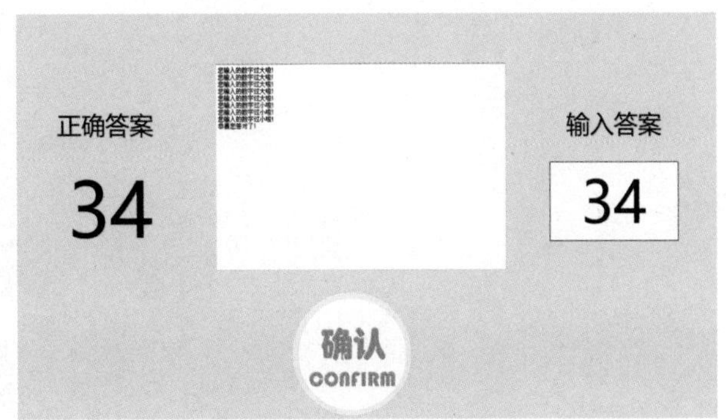

图 3-4-2　“数字猜谜”网页游戏的效果

【案例分析】本例使用 Animate 软件制作并展现其具备交互性设计的能力，可以通过制作交互按钮、触发事件等方式，实现与玩家的互动，增加了更为丰富的体验性和游戏性。制作过程需要完成 Animate 的基本操作和脚本代码的编写。

【制作步骤】制作网页游戏的步骤如下。

（1）新建一个 Animate 文档，尺寸为 1280px×720px，平台类型为 ActionScript 3.0，如图 3-4-3 所示。

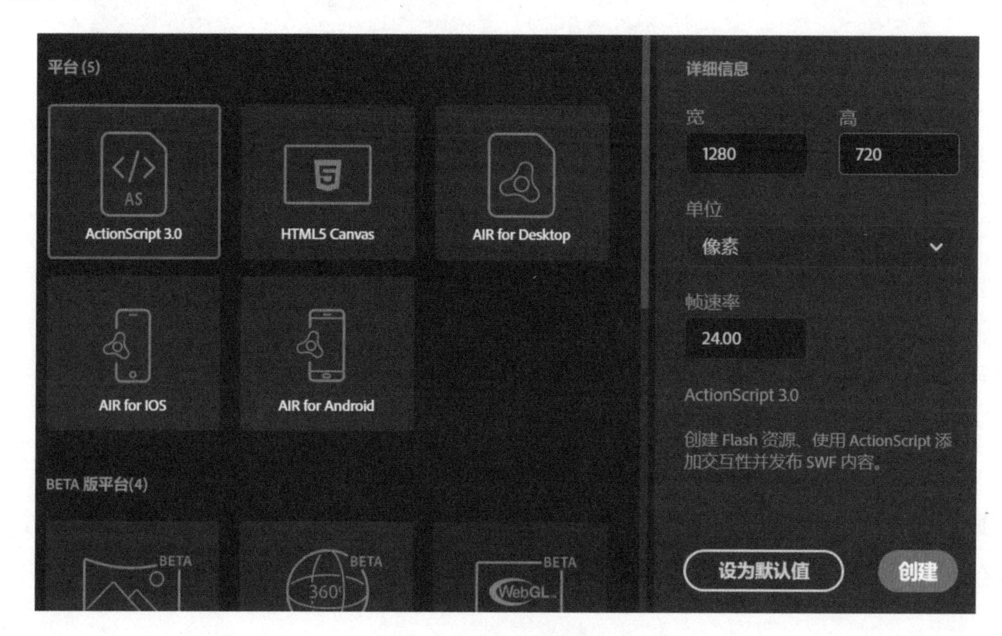

图 3-4-3　新建文档

（2）制作开始按钮。设置舞台背景色为“蓝色”。在“图层 1”中选择绘制工具中的椭圆工具，设置填充颜色为淡黄色“#FFFFCC”，笔触颜色为黄色“#FFFF00”，按住 Shift 键在舞台下方绘制一个正圆。使用文本工具在圆形上方输入文字“开始 START”，字体为“华文琥珀”，颜色设置为“深蓝色”。将该圆形按 F8 键转换为“按钮”类型的元件，并将该按钮实例的名称命名为“btnSubmit”，如图 3-4-4 所示。

图 3-4-4　制作开始按钮

双击进入按钮元件编辑模式，在第 2 帧“指针经过”插入关键帧，调整圆形的填充色为浅橘色“#FFCC66”，笔触颜色为深橘色“#FF9900”，文字颜色改变为“#FFFFFF 白色”，做出鼠标经过按钮时的颜色变化效果；在第 4 帧按 F5 插入普通帧，如图 3-4-5 所示。

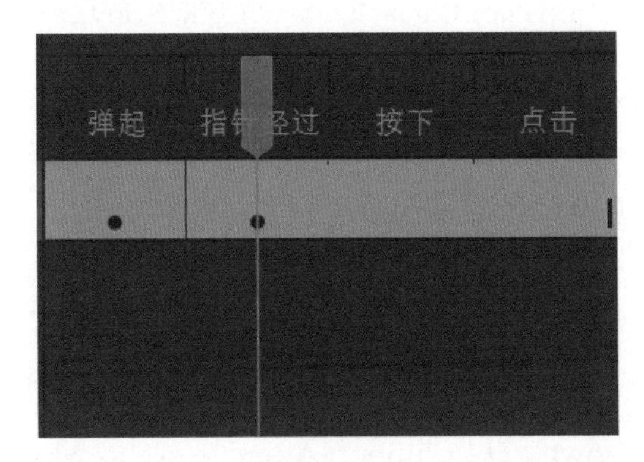

图 3-4-5　制作鼠标经过按钮时颜色变化效果

（3）编辑游戏标题。退出按钮元件编辑状态。选择文本工具，在舞台输入“【数字猜谜】”游戏标题，文本类型为“动态文本”。设置字号为“150pt”，字体为“华文琥珀”，颜色为“黑色”，如图 3-4-6 所示。这样游戏第一个开始的画面就完成了。

图 3-4-6　编辑游戏标题

（4）添加“开始”按钮脚本代码。新建“图层 2”，在第 1 帧处打开“动作”面板，输入停止动画运行脚本命令：

```
Stop();
```

接着，为开始按钮添加一个单击事件。使玩家单击“开始”按钮后，画面跳转到第 2 帧，如图 3-4-7 所示。脚本代码为：

```
btnStart.addEventListener(MouseEvent.CLICK,StartGame);
function StartGame(e:MouseEvent):void
{
    this.gotoAndStop(2);
}
```

```
import flash.events.MouseEvent;

stop();
btnStart.addEventListener(MouseEvent.CLICK, StartGame);
function StartGame(e:MouseEvent):void
{
    this.gotoAndStop(2);
}
```

图 3-4-7　添加“开始”按钮脚本代码

小知识 ●●●

① MouseEvent 是指用户接口与指针设备（如鼠标）交互时发生的事件。使用此接口的常见事件包括：click、dblclick、mouseup、mousedown。例如“import Animate.events.MouseEvent;”就可以理解为引入 Animate 组件，可提供 MouseEvent 对象，用于监听鼠标移动、单击等事件。代码中提到的 MouseEvent.CLICK 意思就是获取鼠标单击动作。

② gotoAndStop 是 Animate 中的时间轴控制函数，用于控制动画在时间轴的播放，例如“gotoAndstop(2)”的意思就是跳转并停止到第 2 帧播放动画。

（5）编辑答案文本框。在“图层 1”第 2 帧插入空白关键帧。单击“文本工具”，选择文本类型为“动态文本”，字号为“130pt”，字体为“微软雅黑”，颜色为“黑色”，段落为“居中对齐”，并随意输入两位数字如“00”进行测试。把文本框放置在舞台的左侧，编辑文本的实例名称为“txt”，此文本框用于显示数字猜谜的最终答案。

按住“Alt”键直接复制该文本框到舞台右侧，将文本类型调整为“输入文本”，并将实例名称更改为“shuru_txt”。这个文本框用于玩家输入猜谜数字。

继续使用“文本工具”，输入文字“正确答案”，字号为“43pt”，字体为“微软雅黑”，颜色为“黑色”，将该文本框放在“txt”文本上方。同样，绘制一个参数相同，内容为“输入答案”四个字的文本框放置在“shuru_txt”文本框上方，如图 3-4-8 所示。

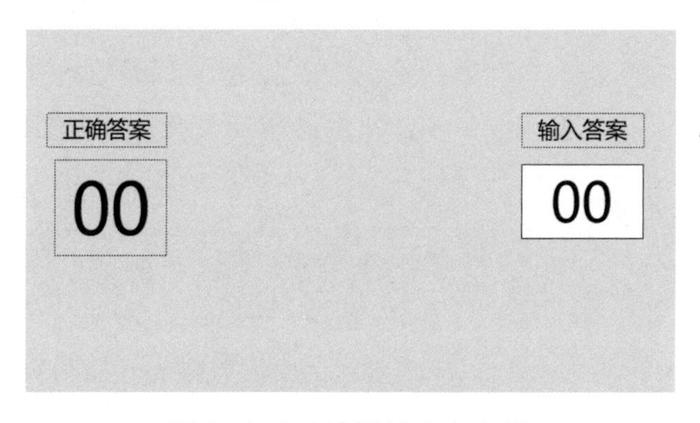

图 3-4-8　编辑答案文本框

（6）插入提示面板组件。在菜单栏中打开“窗口”菜单，单击“组件”调出组件选择面板；在面板组件中选择“User Interface” →“TextArea”拖动到舞台中间，如图 3-4-9 所示；使用“任意变形工具”将其放大，设置实例名称为“textarea”。这个组件主要用于文本显示，将用它来显示玩家输入数字的反馈，如图 3-4-10 所示。

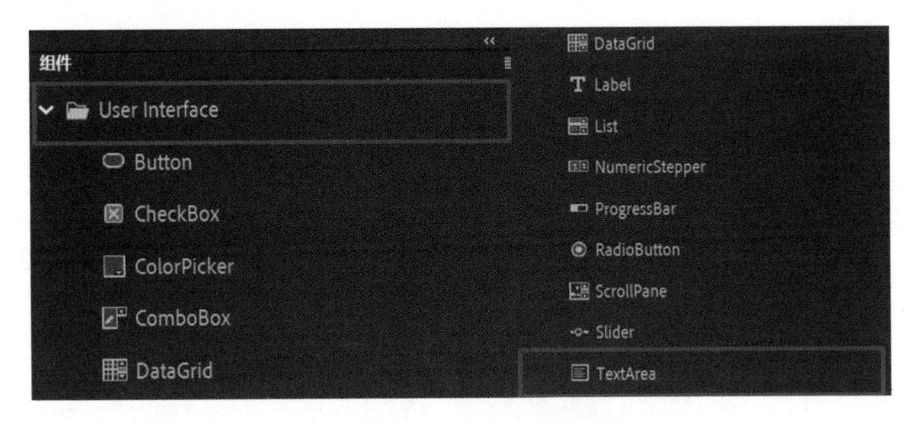

图 3-4-9　插入面板组件

图 3-4-10　制作文本显示组件

（7）制作确认按钮。直接复制“图层 1”第 1 帧“开始”按钮到第 2 帧，然后对元件进行修改；将元件中文字“开始 START”修改为“确认 CONFIRM”放置在舞台下方中间位置，修改实例名称为“btnSubmit”即可，舞台整体效果如图 3-4-11 所示。

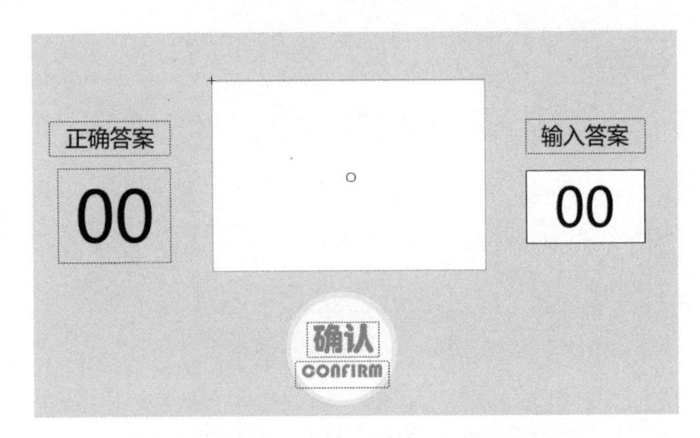

图 3-4-11　第 2 帧舞台整体效果

（8）添加游戏动作脚本。在“图层 2”第 2 帧插入关键帧，打开“动作”面板。设定游戏数字的猜测范围，即 20 以上，100 以内。设置接受数字输入的对象，脚本代码如下：

```
var num:int=20+Math.random()*80;
txt.text="";
shuru_txt.text="";
```

给“确认”按钮添加鼠标事件，脚本代码如下：

```
btnSubmit.addEventListener(MouseEvent.CLICK,CheckNumber);
function CheckNumber(e:MouseEvent):void
```

定义变量，使用“if”语句判断玩家输入的值与正确答案的关系。如果玩家输入的值比随机生成的正确答案大，组件面板中显示文字“您输入的数字过大啦!”，脚本代码为：

```
  {
var temp:int=int(shuru_txt.text);
if(temp>num)
{
   textarea.appendText("您输入的数字过大啦!\n");
}
```

如果玩家输入的值比随机生成的正确答案小，组件面板中显示文字“您输入的数字过小啦!”，脚本代码为：

```
      else if(temp<num)
   {
      textarea.appendText("您输入的数字过小啦!\n");
   }
```

如果玩家输入答案正确，组件面板中则显示文字“恭喜您答对了!”，结果文本框显示出正确数字，脚本代码为：

```
      else
   {
      textarea.appendText("恭喜您答对了!\n");
      txt.text=num.toString ();
   }
}
```

完成后的脚本如图 3-4-12 所示。

```
1  import flash.events.MouseEvent;
2
3  var num:int=20+Math.random()*80;
4  txt.text="";
5  shuru_txt.text="";
6  btnSubmit.addEventListener(MouseEvent.CLICK,CheckNumber);
7  function CheckNumber(e:MouseEvent):void
8  {
9      var temp:int=int(shuru_txt.text);
10     if(temp>num)
11     {
12         textarea.appendText("您输入的数字过大啦!\n");
13     }
14     else if(temp<num)
15     {
16         textarea.appendText("您输入的数字过小啦!\n");
17     }
18     else
19     {
20         textarea.appendText("恭喜您答对了!\n");
21         txt.text=num.toString ();
22     }
23 }
```

图 3-4-12　游戏动作脚本代码

（9）单击“Ctrl+Enter”组合键测试并发布游戏，如图 3-4-13、图 3-4-14 所示。至此，完成“数字猜谜”网页游戏的制作。

图 3-4-13　开始界面

图 3-4-14　测试游戏效果

任务小结

本任务主要介绍了Animate网页游戏的相关知识及Animate网页游戏案例制作。通过学习“数字猜谜”Animate网页游戏的制作方法，读者可以制作自己喜欢的网页游戏。

模拟实训

一、实训目的

（1）了解Animate网页游戏的制作及运用。

（2）掌握Animate网页游戏的制作方法。

二、实训内容

设计并制作一个“成语猜谜”的Animate网页游戏，如图3-4-15所示。

提示

根据素材图片提示进行成语猜谜，当猜错文字时，对话框呈“红色”面板提示；猜对则呈“绿色”面板提示，全部猜对则出现“回答正确！”面板提示。

图3-4-15 “成语猜谜”网页游戏

Animate 片头动画的设计与制作

项目背景

影视作品的发展日新月异，而影视片头又是影视作品呈现给观众的第一印象。任何一个风格独特且极具个性化的影视片头都是画面与视觉艺术巧妙结合的典范，它包含多方面、多视角的综合知识。新技术的不断出现，强烈开拓着视觉传达的延伸，而影视片头的创作为其提供了更强大的物质基础和更广阔的创作可能。Animate 片头动画迎合了这一主题，成为影视、网站、电视和广告片头动画的首选。

项目分析

本项目主要在分析片头动画设计与制作过程中的创意构思、动画视觉表达等基础上，通过案例来介绍片头动画的制作方法。

任务分解

本项目主要通过以下几个任务来实现。

任务 1：片头动画的创意设计。

任务 2：片头动画的设计与制作。

任务 3：引导页动画的设计与制作。

下面先对这些任务的目标进行确认，然后对任务的实施给予理论与实际操作的指导并进行训练。

任务 1 片头动画的创意设计

片头动画是广告设计、动画短片、影视节目前的一个简短展示，一般在 15s 以内，通常由内容中典型的片段或角色展示演绎而成，是对整个主题内容的引导与概括，不仅可以使观众对内容充满期待，还可以使内容更加丰富。

任务目标

（1）掌握片头动画的作品创意。

（2）熟识影片中的动画节奏。

任务训练

一、掌握片头动画的创意设计方法

创意阶段在整个片头动画制作时间表中占有很大比例，并且需要花费很多精力。在创意阶段，需要对动画作品的性质、内容及所要面对的收视群体进行理性的判断和研究，从而确定片头动画的设计定位。动画创意要考虑以下几个方面的因素。

1. 作品的创作意境

对意境的追求是艺术作品的最高境界，有一些动画作品虽然在场景、造型、色彩、环境气氛、动作设计上都很漂亮，但总让人感觉空洞无味，缺乏感知上的共鸣和心灵深处的联想，这就是我们所提到的意境。在大多数情况下，动画作品不应过分追求表面上的花哨、特殊效果的炫耀和场面上的震撼，而应沉淀浮躁的心绪，把创意思路的重心放在动画作品深层次的意味和寓意上，这就是为什么我们经常会看到一些制作技术并不复杂，却创意精彩、意境深邃的优秀动画作品。《自古英雄出少年》是一部由上海美术电影制片厂于 1995 年制作出品的经典国产剧情励志类动画系列片，从古今中外浩瀚巨大的历史文库中，选取了超过 100 名少年的典型事迹，用广大青少年喜闻乐见的动画艺术形式塑造了一大批中外英雄形象，20 多秒的片头仅仅用绘画线条的形式勾勒出人物、中外古迹、宇宙天地，很好地体现了整体系列片的境界，起到了画龙点睛的作用，如图 4-1-1 所示。

2．作品的设计思想

片头动画的时间很短，但是要在很短的时间内明确产品的类型、风格等特征，并确定动画的设计定位，需要避免堆砌一些杂乱无章的画面。目前，之所以有人愿意投巨资制作十几秒甚至更短的片头动画，是因为动画作品是技术含量非常高且通过艺术手段高度概括的精品。片头动画可以在很短的时间内浓缩节目的内容和定位。例如，某金融类节目的片头动画，以股票、曲线、柱状图和上下浮动的数字等特效动画作为主体元素，突出节目主题，使人一目了然，如图 4-1-2 所示。

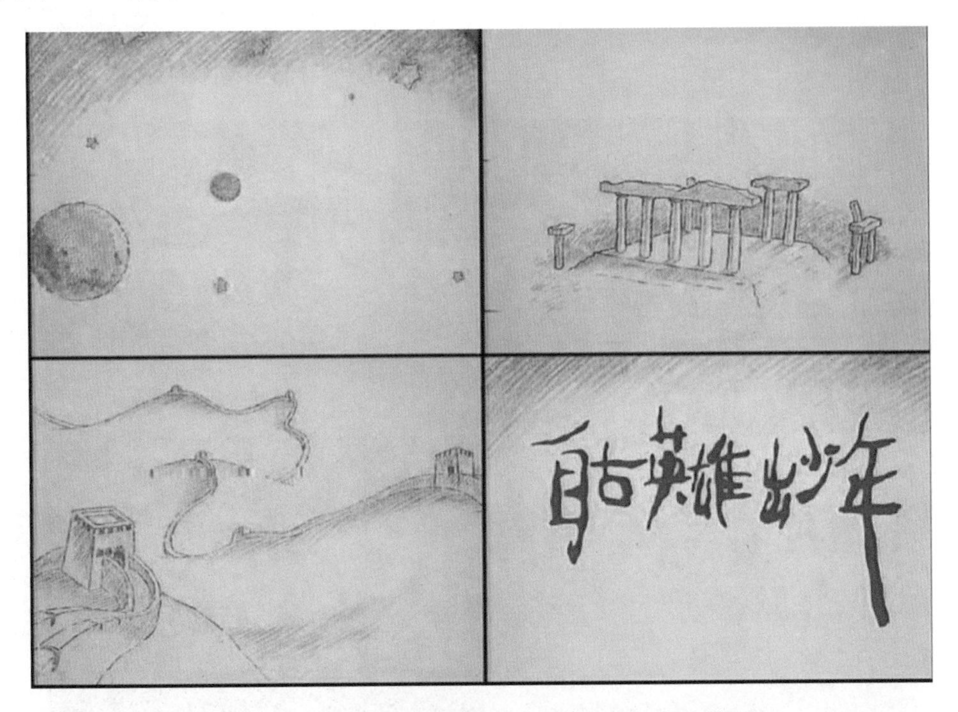

图 4-1-1 《自古英雄出少年》片头动画截图

图 4-1-2 某金融类节目片头动画截图

3. 作品的视觉感染

没有观众欣赏，作品就没有存在的意义。一个电视节目或电影、电视剧的片头动画一般要反复播放很久，动画不仅要折射出节目的属性，还要具有很强的观赏性，动画必须有一定的内涵、寓意和深度，这样才会吸引观众反复观赏，达到百看不厌的程度。

片头动画是一个作品的门面，也是从一开始决定是否能够吸引观众收看作品的“撒手锏”，动画场景的构成、色彩、动作、素材内容、音乐都是增+强感染力和烘托气氛的重要因素。例如，中央电视台《动物世界》栏目的片头，采用纪实的表现形式来表达主题，以各种动物为背景，配以立体文字，光影明暗交错且十分和谐，再配以鲜明大气的音乐，使片头恢宏的效果表现得恰如其分，充分表达了栏目思想，如图 4-1-3 所示。

图 4-1-3 《动物世界》片头动画截图

此外，创意阶段还需要考虑整部动画的艺术风格和技术支持，根据节目的创意思想确定动画的表现方式，如使用图解、视觉冲击力或两者相结合的表现方式。可以先找到合适的音乐，再配合音乐的节奏进行动画设计；也可以先对动画进行创意制作，再配以合适的音乐。

二、熟识影片中的动画节奏

生活中处处充满了节奏。节奏是音乐中交替出现的有规律的强弱、长短的现象，用于比喻均匀的、有规律的工作进程。《礼乐经》中有“节奏，谓或作或止。作则奏之，止则节之”。节奏存在于人们的日常生活中，人们在走路、跑步、跳舞、唱歌，甚至心跳、呼吸时，无一不存在于节奏中。

音乐、舞蹈、表演、戏曲、诗文等艺术形式，都有相似之处，即“节奏”。动画同样是艺术形式中的一种。动画就是根据作者的意图，给无生命的事物赋予生命，让它运动起来，事物有运动就一定会有静止，那么事物在运动和静止之间相互转换的状态也就产生了节奏。在动画短片中，有动与静、明与暗、长与短、强与弱的对比，这样的动画短片就会有松弛、紧张、急促、缓慢的节奏，错落有致，才会有一定的起伏和变化，才会符合客观事物发展的规律，才会符合观众的审美标准。人物动作节奏如图 4-1-4 所示。

图 4-1-4 人物动作节奏

1．影片叙事的节奏

影片的创造既要以叙事为出发点，也要以叙事为归宿点。影片的叙事节奏应符合人们客观的生活节奏。故事情节的一般规律是开端—发展—高潮—结局。发展和高潮属于剧本的重点段落，也就是剧本中的矛盾冲突阶段。在故事情节的发展过程中，一旦确定了人物的需求、目的，故事就会根据这个需求、目的来制造各种障碍。这样故事叙述中就形成了冲突，也就形成了故事舒缓和紧张的节奏。可以说，影片的叙述结构实际上就是一个大矛盾冲突的过程，围绕这个过程，会存在矛盾的产生、矛盾的发展、矛盾的激化、矛盾的爆发等阶段，这些阶段就会在叙述上产生不同的侧重点、不同的强度、不同的篇幅长度、不同的视觉冲击等，这些组合在一起也就形成了影片叙事的节奏。分镜（Storyboard）又叫故事板。是指电影、动画、电视剧、广告、音乐录像带等各种影像媒体，在实际拍摄或绘制之前，以图表的方式来说明影像的构成，将连续画面以一次运镜为单位作分解，并且标注运镜方式、时间长度、对白、特效等。图 4-1-5 所示为用分镜表现的影片情节节奏。

图 4-1-5　用分镜头表现的影片情节节奏

2．角色运动的节奏

角色运动的节奏表现为两个方面：外在节奏和内在节奏。外在节奏是根据影片情节的发展而产生变化的节奏，影片的情节决定了人物的性格、语言、动作，而人物语言和动作的夸张程度、快慢程度、张弛程度，必然会相应地产生不同的节奏。内在节奏是指人物内心的变化所产生的节奏，它在很大程度上反映了人物内心的斗争过程，但人物内心的变化要通过人物微小的细节描写，如眼神的描写及人物的动作和语言的刻画，才能传达给观众，图 4-1-6 所示为动画电影《里约大冒险》的角色动作神态变化。

3．景别变化的节奏

在动画创作中，景别决定了主体在画格中所占的比例，所以不同的景别可以产生不同的艺术效果，换句话说，景别是动画语言中的一种重要的表述语言。有这些镜头景别的变化，会产生不同的镜头节奏感。图 4-1-7 所示为动画电影《狮子王》的场景及色调变化。

图 4-1-6　动画电影《里约大冒险》的角色动作神态变化

图 4-1-7　动画电影《狮子王》的场景及色调变化

4．镜头运动的节奏

推、拉、移主要针对静止的物体，而摇、跟、升、降主要针对运动的物体。任何一种镜头的运动都有快慢之分，运动快的时候能使人产生紧张感，运动慢的时候剧情舒缓。同一个镜头，运用不同的运动方式，最后所产生的效果和节奏也是截然不同的。例如，在一段冲出地球的动画中，镜头从地面开始向空中迅速拉伸，过程中还带着旋转和抖动，使观众在观看的同时产生紧张感。如果在制作时没有使用旋转的方式，而使用单一的推拉镜头的方式，那么最后的表现效果就不会那么突出。冲出地球动画截图如图 4-1-8 所示。

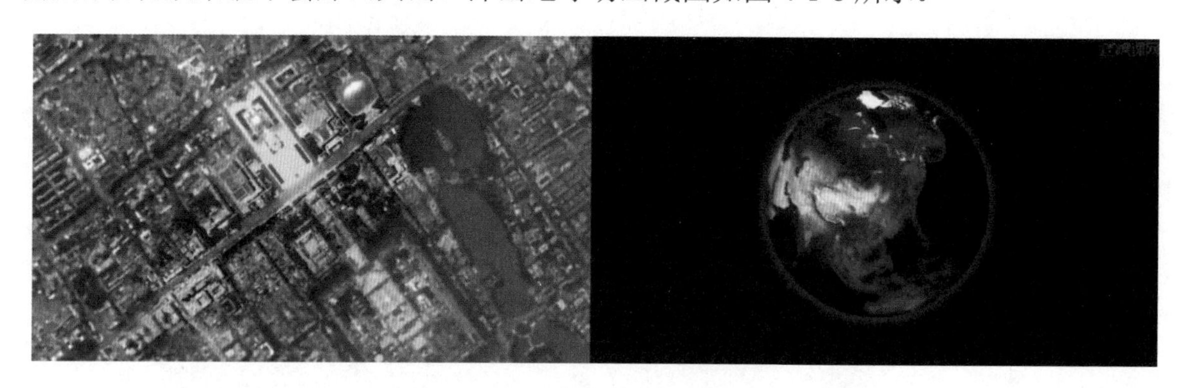

图 4-1-8　冲出地球动画截图

5．蒙太奇手法的节奏

蒙太奇（Montage），原是法语建筑学中的一个术语，原意是装配、构成。把这个专业术语借用到影片中，就是指按照一定的目的和程序剪辑、组接镜头。一部 5min 的影片，需要很多素材镜头。这些素材镜头在内容、构图、场面调度、拍摄角度方面都有所不同，观众在观看影片时，如果一直是单个镜头，就会显得比较呆板、沉闷，所以必须根据影片所要表现的主题和内容，对素材进行分析和研究，然后进行取舍和筛选，重新进行镜头组合，这样才能形成镜头的节奏，使整个影片富有韵律——这就是蒙太奇手法。片头动画节奏的设计与制作和影片节奏的设计与制作是类似的。下面以图 4-1-9（芭蕾舞表演截图）所示的由多个镜头构成的情景为例来介绍平行蒙太奇手法的运用。一开始，镜头通过一系列镜头切换来表现舞蹈的动作细节，充分体现了芭蕾舞的优美和舞者的扎实功底；最后拉远镜头，展示出舞者和舞台的位置关系，也烘托出了舞台宏伟的气势。

6．动画音乐的节奏

节奏这个词最早源于音乐，音乐也是人类最直观明了的节奏感受，所以音乐中的节奏理论同样可以运用到画面节奏中。迪士尼动画就非常注重音乐与动画的结合。例如，动画影片《幻想曲》不仅是电影史上首部使用立体声配乐的电影，还是迄今为止美国迪士尼动画公司的一部极其重要的艺术作品，图 4-1-10 所示为《幻想曲》海报。

图 4-1-9　芭蕾舞表演截图

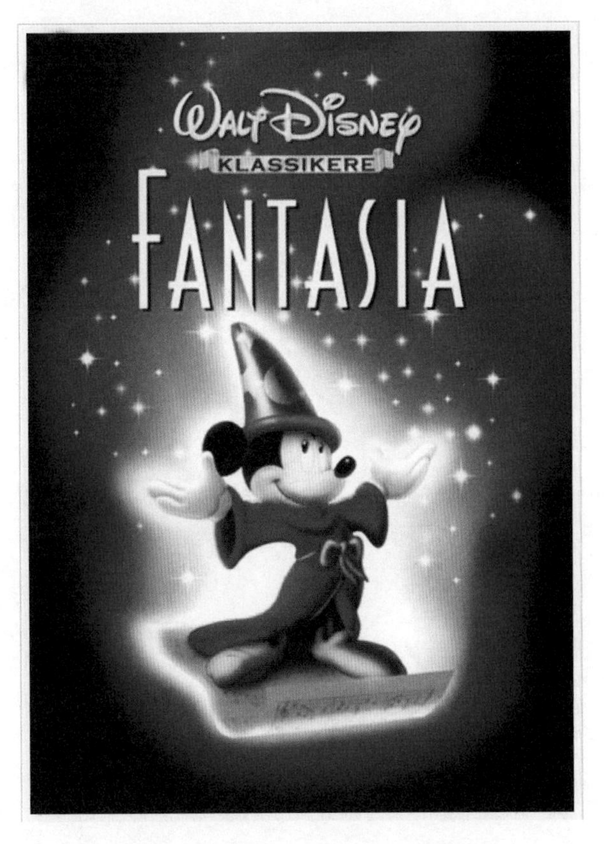

图 4-1-10　《幻想曲》海报

在一部优秀的动画作品中，把握好节奏，就成功了一半。从小的方面来说，节奏是对某一动态运动的掌控；从大的方面来说，节奏对整部动画起到了调控剧情发展的重要作用。对于动态运动的把握，在这一环节上，重要的不是动作本身。动画并不难完成，只要为同一物体在不同的两个位置插入关键帧，然后创建两个关键帧之间的中间变化，在屏幕上就会产生动作，但是这样的动作既不能很好地刻画角色，也不能准确地表达动画创作者想要表达的意思。单调的动作无法满足我们的需求。在自然界中，物体不仅仅是在动，更重要的是要通过活动体现出角色内在的意志、情绪、本能等。

要安排好节奏，首先要掌握好时间，要有足够的时间让观众去思考、去预感将要发生的事情，然后用有节奏的动作来表现故事。在动画创作中，画面节奏太慢，观众注意力将会分散；反之，如果时间太短，那么观众就没有足够的时间反应发生了什么，动作已经结束，这样创作者的意念就无法充分表达。要正确地映应动画，就需要了解观众的心理是如何活动的，他们的反应速度如何，他们接受并消化这个意念需要多长时间。这就要对观众的反应过程有深入的了解。同样要思考的是，创作动画的观看对象是儿童、青年人、成年人还是老年人，不同的观众，其反应速度也会大有不同。

任务小结

本任务主要介绍了片头动画的作品创意和影片中的动画节奏等内容，希望能为读者学习后续内容奠定良好的基础。

模拟实训

一、实训目的

了解片头动画制作节奏。

二、实训内容

通过互联网搜索电影、动画及综艺片头并观看，结合本节内容，找出 3 个动画节奏。

任务 2 片头动画的设计与制作

片头动画是时代发展的产物，是一门新兴的动态视觉艺术。它涉及的范围极其广泛，电视栏目片头、频道片头、电影片头、企业宣传片头、活动宣传片头等都可以说是片头动画的组成部分。本任务除了介绍片头动画的视觉表达，还会通过案例详细讲解片头动画的设计与制作。

任务目标

（1）熟识片头动画的视觉表达。

（2）掌握片头动画的制作方法。

任务训练

一、熟识片头动画的视觉表达方式

片头动画将观众带入一个虚拟时空，向观众展示美并传达信息。在美化片头的同时要兼顾片头的功能性，功能与审美是否和谐统一才是衡量动画成功与否的重要表现。在某中华小吃街的宣传动画中，片头动画就把小吃街招牌菜的相关信息展现得淋漓尽致、引人入胜。图4-2-1 所示为《中华小吃一条街》宣传片片头的动画截图。

图 4-2-1 《中华小吃一条街》宣传片片头的动画截图

影视片头设计的构思要有创意，才能使观众更清晰、更准确地接收信息，并且传达主题构思的意境。感染力也是不可忽视的关键。片头的画面还要有美感，要足够吸引观众。只有美好的事物才能持久地吸引观众，才能有效地发挥片头动画的功能。下面从片头动画的主题性构思、感染力渲染、画面的视觉美感等方面探讨片头动画的视觉创意表达。

1. 创意构思迎合主题

首先，要考虑设计构思与主题内容相协调。设计构思是一个将作品主题用恰到好处的视觉语言正确传达的过程，片头的创意构思应具有鲜明独特的个性特征；创意构思是一个运用视觉语言解析主题的过程，也是将主题形象化的过程。挑选表现主题的元素、图形、图像等进行构图、变化、组织，形成一种风格化的表现形式。可以运用适当的色彩、字体等视觉元素来增强主题的表现，将抽象的主题转换为一种视觉艺术形式，并正确诠释主题所蕴含的抽象理念。图 4-2-2 所示为中国传统皮影戏宣传动画截图，其片头中国元素浓郁，特点突出，不同年龄层都能接受。

图 4-2-2　中国传统皮影戏宣传动画截图

其次，表现主题元素的选择是片头设计中的一个非常重要环节。不管是抽象的图像还是具象的图像，都是经过挑选的视觉符号。视觉符号具有暗示主题，强化风格、性质的作用，能准确地反映主题的内容。视觉符号一般比较直观且具有典型性与象征性。将经过挑选的视觉符号进行排列、构图，使其连贯、整体地运动起来，并使用动态的视觉元素来表现，以达到准确传达主题的目的。图 4-2-3 所示为立秋节气介绍动画截图，动画中分别选用枫叶、稻穗、温度计及文字为符号元素，表达出立秋的节气特点，简单直接，使人一目了然且记忆深刻。

图 4-2-3　立秋节气介绍动画截图

视觉符号的选择决定了如何表现主题。运用恰当的构图和运动形式，配以合适的色彩和文字，以增强表现主题的能力，有秩序、有创意的组合形式成为影视片头主题表现的创新点。

图 4-2-4 所示的龙玛视觉影视制作的片头动画，就是以多边形粒子汇聚成 Logo 的方式运动，并结合其他光效元素等整体呈现制作而成的。

图 4-2-4　龙玛视觉影视制作的片头动画

2. 意境感染观众情绪

意境感染力是画面所表达的一种氛围，是一种能够调动观众情绪的能力。片头动画的画面会产生一种意境感染力，并以此感染观众，使其对动画作品存有期待，提前进入氛围，对后面的画面产生兴趣。

意境感染力是片头动画运用色彩、字体及视觉符号的排列、组合、运动等构筑的一种情调，它丰富了画面的视觉表现，充实了画面传达的内容。视觉符号的不断变化更是形成了一种运动的基调，以方便某些画面内容的表达，它一般以感性的情感渲染气氛，体现一种画面和氛围的节奏感、韵律感、流畅感，使片头动画更加符合观众的视觉感受。意境感染力是片头动画设计的根本，是片头动画设计不可缺少的灵魂。《奇妙的朋友》是由湖南卫视推出的大型真人秀节目，主要讲述人与动物的相处，节目将视角对准奇趣大自然和可爱的野生动物，重点聚焦动物和人类的交流，即邀请明星进入野生动物园担当实习饲养员，真实记录近距离和动物相处、交流的全过程。《奇妙的朋友》片头动画的创意思路就是拿着吉他的男主角，不小心落入充满各种动物的奇妙世界，从一开始被动物追逐，到最终和动物和谐相处。图 4-2-5 所示为《奇妙的朋友》的片头动画。

图 4-2-5 《奇妙的朋友》的片头动画

片头营造的意境感染力将观众引领到其所创设的氛围中，刺激观众的心理反应，引发观众的共鸣，并与观众建立一种长久的情感联系。我国是世界上拥有世界遗产类别非常齐全的国家之一，也是世界自然与文化双遗产和世界非物质文化遗产数量非常多的国家之一。凝结着历史、技术、艺术因子的文化遗产，记载着灿烂的中华文明。在某宣传视频中，将中国传统元素通过现代手段进行展示，可以迅速拉近与观众的心理距离，使得民族自豪感油然而生。图 4-2-6 所示为宣传动画截图。

图 4-2-6 宣传动画截图

3．画面要有视觉美感

优秀的片头动画应当能够有效地传达作品的主题与信息，同时在画面的表现上具有吸引力与震撼力，能够引起观众内心的共鸣，满足观众的视觉渴望，不仅可以为观众增添美好的视觉体验，还可以使观众感受美妙的视听奇观。

视觉是人们获取外部信息的主要途径，画面的视觉美感来自对画面表现的直观感受和心理活动，它是以感觉为基础的。影视片头动画对画面上的线条、构图、色调、运动、节奏等视觉信息，进行完整的、统一的组织，形成一种整体形象，直接作用于观众的审美感官。视觉画面中的构图美、意境美、肌理美、形式美、节奏美等，以它们生动、形象的表现力为观众所接受并产生共鸣。

例如，中央电视台广告片头《水墨篇》的创意主要在于水墨画的巧妙运用。水墨作为中国特有的传统艺术形式，在现代技术的辅助下，呈现出来的视觉冲击力还是相当到位的。在一片由“黑与白”构成的空灵世界中，山水、游鱼、仙鹤、蛟龙、长城、少林寺等中国符号接连跳了出来，如梦如幻，如同仙境一般；然后是火车、飞机、鸟巢，祖国一片欣欣向荣，不禁让人热血沸腾。将古代文明通过灵动的水墨与现代社会有机地串联起来，突破了时间和空间的界限，配以雄浑的背景乐，产生一种崭新的、富有和谐社会精神的力量，令人耳目一新。文案的设计也别出心裁，简约而不简单。从开篇的“从无形到有形”“从有界到无疆”，到结束语“相信品牌的力量”，仅有 3 句话，却很好地诠释了主题，句短而韵味悠长，给人以丰富的想象空间。图 4-2-7 所示为中央电视台广告《水墨篇》片头动画截图。

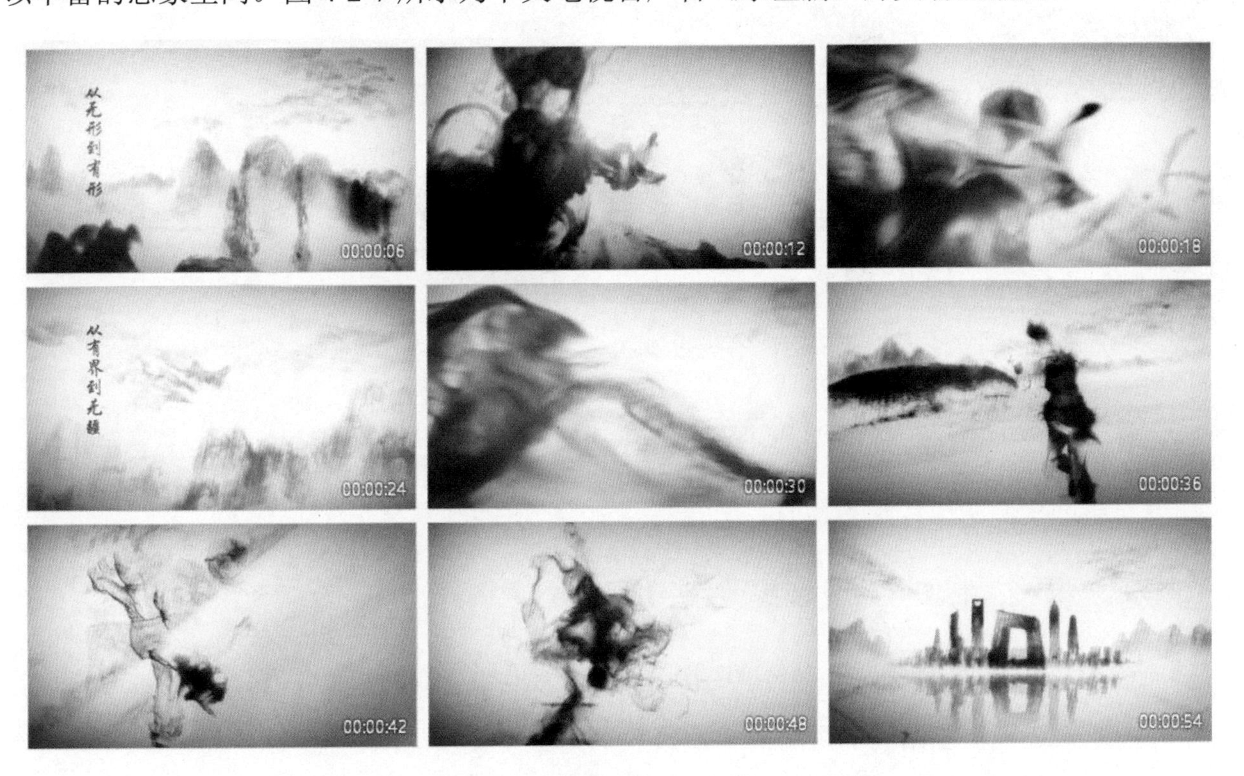

图 4-2-7　中央电视台广告《水墨篇》片头动画截图

片头动画中画面的构成要素要符合形式美法则，用美来感动观众，满足观众的审美需求。美是人人都需要的，尤其是在信息爆炸的今天，美无处不在，片头动画要想吸引观众的眼球，画面美感是必需的，以满足观众的视觉渴望。美是共生的，是不能脱离其画面传达信息的功能而独立存在的。无论是简单的图形还是复杂的创意，美感是其必须要有的视觉感触。从色彩、文字、图形与图像及它们的排列组合运动，或者一个影视片头动画的风格，美都不可或缺。中央电视台戏曲频道的宣传片头动画使用了唯美的水墨风格，画面色调均衡，整体统一又有变化，片头动画选取戏曲中的某一场景，画面动静结合，虚实相济，有条有理；真实的戏曲人物与动画的抽象背景交相辉映，共同构成戏曲的魅力与魔力；画面中各种视觉元素有主有次，不断变化运动，烘托出一种整体效果与氛围，焕发出一种精致生动的精神美感，且不矫揉造作。图 4-2-8 所示为中央电视台戏曲频道宣传片《寄情篇》头动画片截图。

图 4-2-8　中央电视台戏曲频道宣传片《寄情篇》头动画片截图

二、掌握片头动画的制作方法

下面通过案例介绍片头动画的制作方法。

案例 4-2-1　制作“动感地带”片头动画

【情景模拟】本案例是为了宣传“中国移动-动感地带”而制作的片头动画，通过炫酷的文字和图像效果，突出活动的主题内容，其效果如图 4-2-9 所示。

【任务目标与分析】利用准备好的素材文件，巧妙地构思，通过制作元件，运用补间动画及其特效，制作出炫酷的片头动画。

图 4-2-9 “中国移动-动感地带”片头动画的效果

【制作步骤】制作动画的步骤如下。

（1）新建一个 Animate 文档，将舞台大小设置为 720px×570px，帧频设置为 24fps，背景颜色设置为白色，将准备好的素材文件导入“库”面板中。

（2）将“图层 1”重命名为“背景”，用“矩形工具”在舞台中央上方和下方各绘制一个 720px×90px 的黑色矩形框，再在舞台右下方绘制一个浅绿色放射状渐变的“草坪”，然后新建一个“logo”图层，将“库”面板中的素材图片“logo”拖到舞台的右上方，如图 4-2-10 所示。

（3）新建“蝴蝶”影片剪辑元件，将“库”面板中的“蝴蝶”素材动态图片依次导入每个新建关键帧上，制作蝴蝶翅膀扇动效果的逐帧动画，如图 4-2-11 所示。

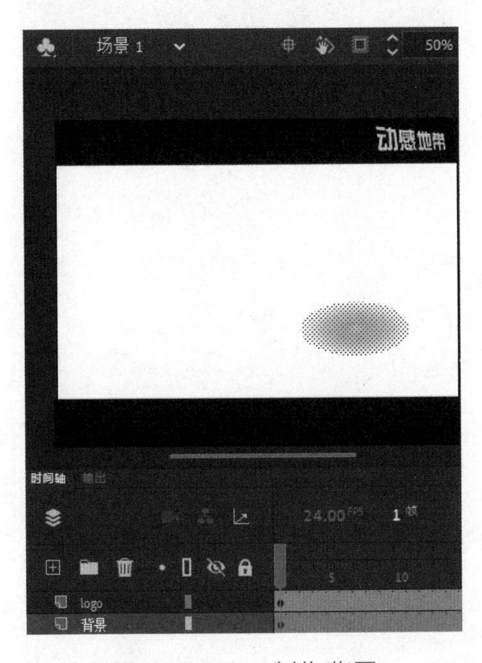

图 4-2-10 制作背景

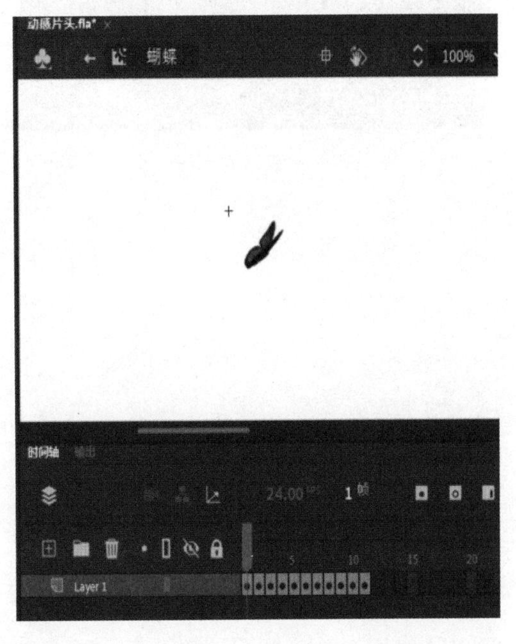

图 4-2-11 制作“蝴蝶”影片剪辑元件

（4）回到“场景 1”，将“logo”图层和“背景”图层延伸至第 150 帧。新建图层并命名为“蝴蝶”，将“蝴蝶”影片剪辑元件拖到舞台右侧之外，在第 25 帧中插入关键帧，将“蝴蝶”元件实例移到舞台浅绿色“草坪”位置；在第 70 帧中插入关键帧，“蝴蝶”元件实例的位置保持不变；在第 110 帧中插入关键帧，将“蝴蝶”影片剪辑元件移到画面左上方；在第 150 帧中插入关键帧，将“蝴蝶”影片剪辑元件移至舞台左侧，创建第 1～25 帧、第 70～110 帧、第 110～150 帧的传统补间动画，如图 4-2-12 所示。

（5）新建图层并命名为“树”，在第 70 帧中插入关键帧，将“库”面板中的素材图片“tree1.png”拖到舞台中，按“F8”键将其转换为图形元件，并命名为“树 1”，将其 Alpha 值设置为 50%，摆放在“草坪”上方的位置；在第 95 帧中插入关键帧，将“树 1”图形元件使用任意变形工具向上拉长放大，将 Alpha 值设置为 100%，创建第 70～95 帧的传统补间动画，如图 4-2-13 所示。

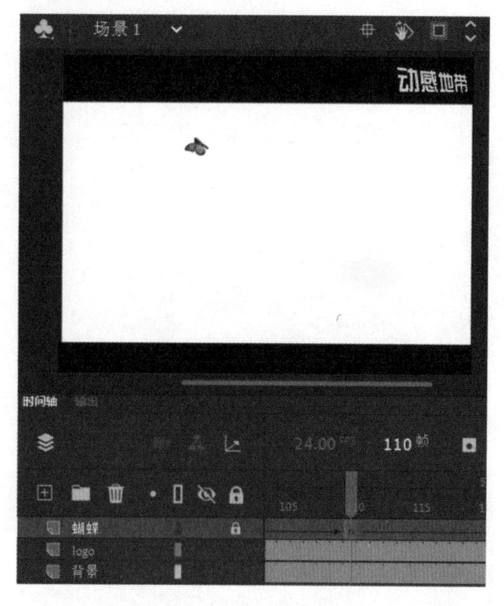

图 4-2-12　制作“蝴蝶飞行”动画

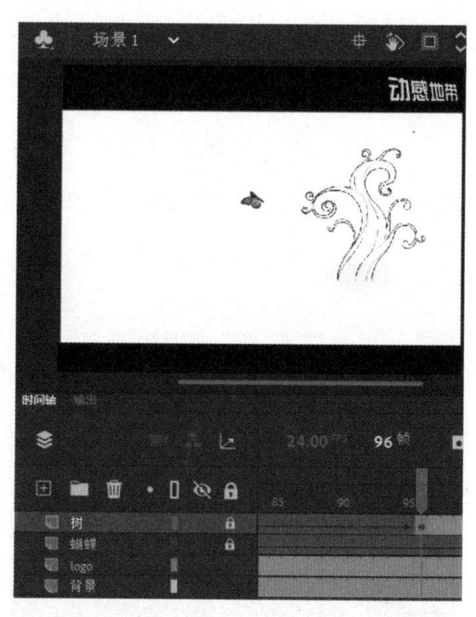

图 4-2-13　制作“树”成长变化动画

（6）新建图层并命名为“树-遮罩”，在第 70 帧中插入关键帧，选用“刷子工具”，大小选择适当，平滑设置为 50，从树的根部开始用“刷子工具”沿着树的纹路向上逐渐涂抹，每涂抹一部分，插入关键帧，再向上涂抹，直到第 95 帧，将树完全涂抹覆盖，然后将“树-遮罩”图层设置为遮罩层，如图 4-2-14 所示。

（7）新建图层并命名为“树 2”，在第 95 帧中插入关键帧，将“库”面板中的素材图片“tree2.png”拖到舞台中，按“F8”键将其转换为图形元件，并命名为“树 2”，将其 Alpha 值设置为 10%，其位置和“树”图层被遮罩的“树 1”图形元件实例重合；在第 108 帧中插入关键帧，把“树 2”元件属性中色彩效果类型设为色调，数值为“50”，颜色 RGB 值为“102，153，0”，然后创建第 95～110 帧的传统补间动画，如图 4-2-15 所示。

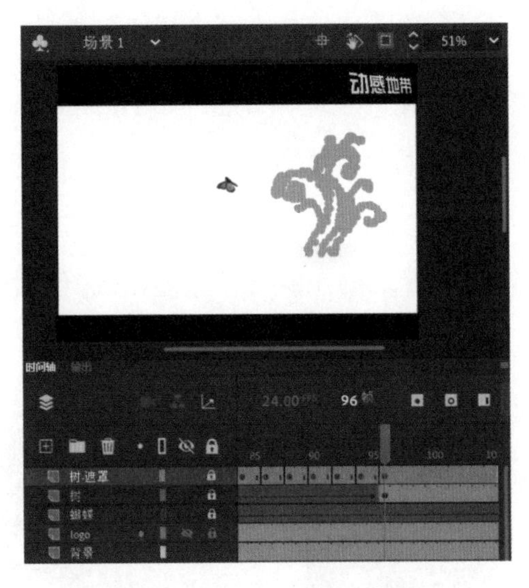
图 4-2-14 制作遮罩层

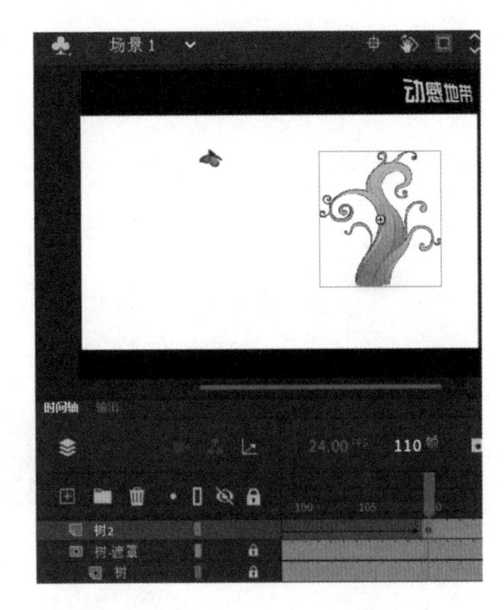
图 4-2-15 制作“树”的颜色渐变动画

（8）新建图层并命名为“树倒影”，在第 95 帧中插入关键帧，将“库”面板中的“树 2”元件拖到舞台中，并选择“修改”→“变形”→“垂直翻转”命令，将其放置在舞台中树的正下方，将 Alpha 值设置为 10%，在第 110 帧中插入关键帧，将 Alpha 值设置为 25%，将第 110 帧的“树 2”元件实例用“缩放工具”缩短一些，然后创建第 95～110 帧的传统补间动画，如图 4-2-16 所示。

（9）按“Ctrl+F8”组合键，新建影片剪辑元件并命名为“圆动画”，绘制不同颜色的同心圆，将绘制好的图形转换为图形元件“同心圆”，然后在第 5 帧、第 10 帧、第 15 帧和第 20 帧中插入关键帧；在第 25 帧中插入普通帧，创建第 1～5 帧、第 5～10 帧、第 10～15 帧、第 15～20 帧的传统补间动画，如图 4-2-17 所示。

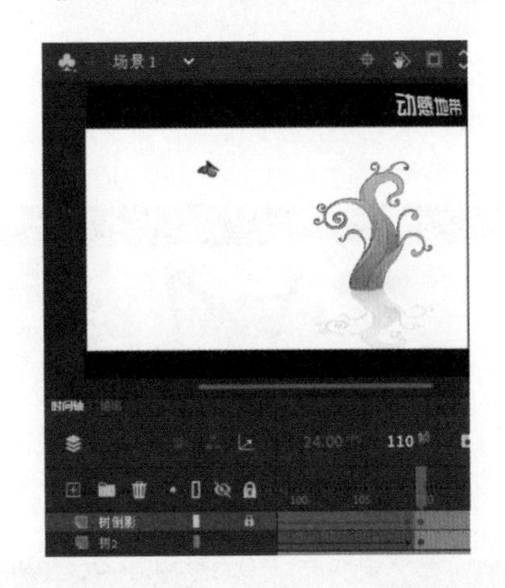
图 4-2-16 制作“树”的倒影动画截图

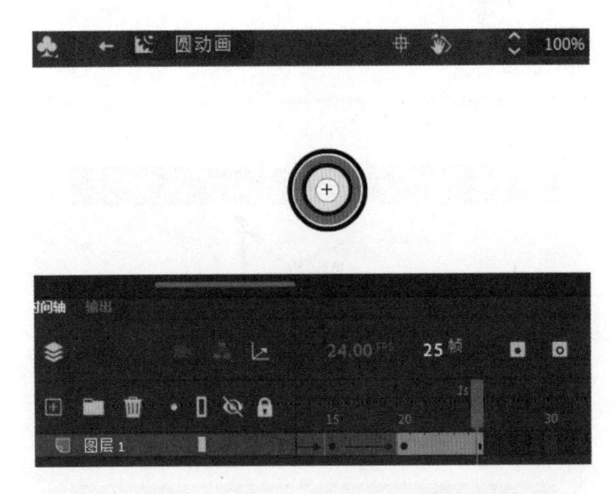
图 4-2-17 制作“圆动画”影片剪辑元件

（10）回到“场景 1”，新建“圆”图层，在第 110 帧中插入关键帧，将“圆动画”影片剪辑元件拖放两个到舞台中，用“缩放工具”缩放为不同大小并放置在“树梢”位置；在第 115 帧中插入关键帧，再将“圆动画”影片剪辑元件拖放两个到舞台中，用“缩放工具”缩放为不同大小并放置在“树梢”位置，在第 120 帧中插入关键帧，同样再将“圆动画”影片剪辑元件拖放两个到舞台合适位置，修改其形状和大小，如图 4-2-18 所示。

（11）新建“渐变圆”图层，在第 140 帧中插入关键帧，将“同心圆”图形元件拖到舞台中，调整尺寸并和“圆”图层中的“树梢”最左边的“圆动画”元件实例放在同一位置；在第 150 帧中插入关键帧，将“同心圆”元件实例放大并覆盖整个舞台，把 Alpha 值设置为 20%，创建第 140～150 帧的传统补间动画，如图 4-2-19 所示。

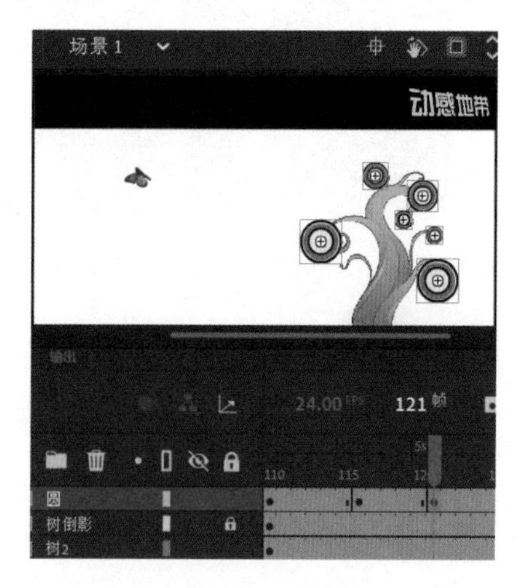

图 4-2-18　将“圆动画”影片剪辑元件拖到“树梢”位置

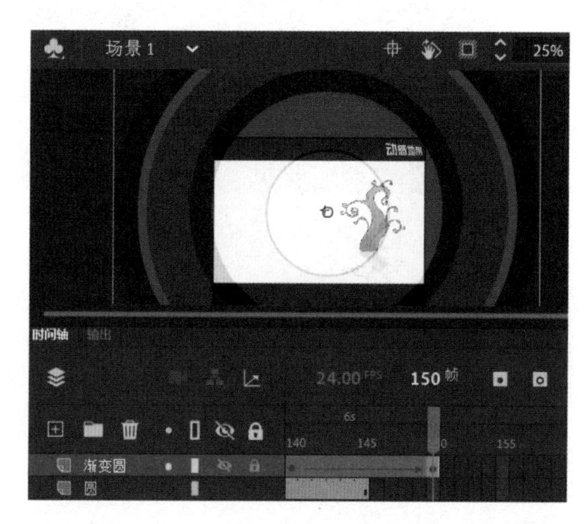

图 4-2-19　制作转场同心圆放大动画

（12）按“Ctrl+F8”组合键，新建名为“m”的影片剪辑元件，制作星形图案，并在第 15 帧中插入普通帧，如图 4-2-20 所示。

（13）在“m”影片剪辑元件中新建图层，用画笔绘制字母“M”，填充为橙色，笔触色为暗黄色，粗细可以适当略粗，笔触样式为“实线”，分别在第 9 帧和第 15 帧中插入关键帧，然后将第 15 帧上的字母图形放大并删除笔触边框，创建第 1～9 帧、第 9～15 帧的补间形状动画，如图 4-2-21 所示。

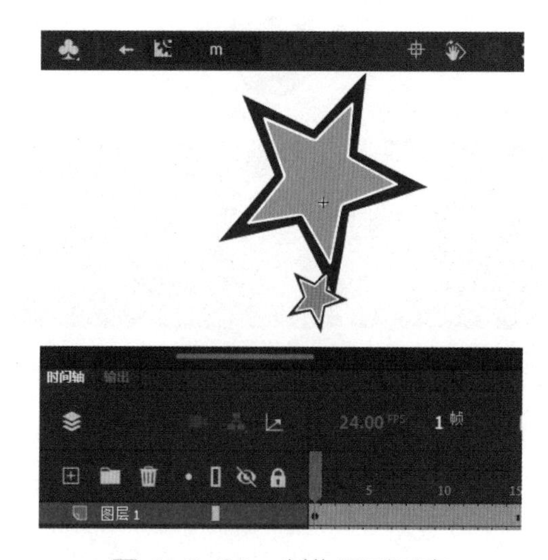

图 4-2-20　制作星形图案

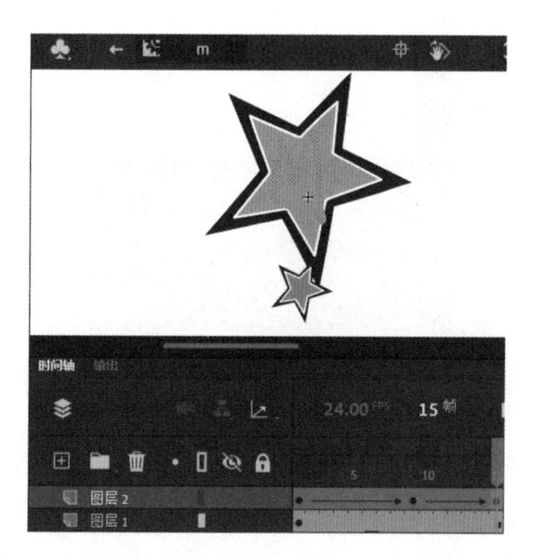

图 4-2-21　制作字母形状的大小缩放动画

（14）再在“m”影片剪辑元件中新建图层，用画笔在字母右下方绘制一条横线，如图 4-2-22 所示。

（15）回到“场景 1”，将“背景”图层和“logo”图层延伸到第 210 帧。新建图层并命名为“m”，在第 150 帧中插入关键帧，把“m”影片剪辑元件拖到舞台左下方，调整尺寸，将 Alpha 值设置为 0；在第 184 帧中插入关键帧，将“m”影片剪辑元件放大，并将 Alpha 值设置为 100%；在第 153 帧中插入关键帧，使用任意变形工具将元件向左旋转 15 度并缩小 10%；在第 155 帧中插入关键帧，将元件再使用任意变形工具缩小 10%，创建第 150～153 帧、第 153～155 帧的传统补间动画，如图 4-2-23 所示。

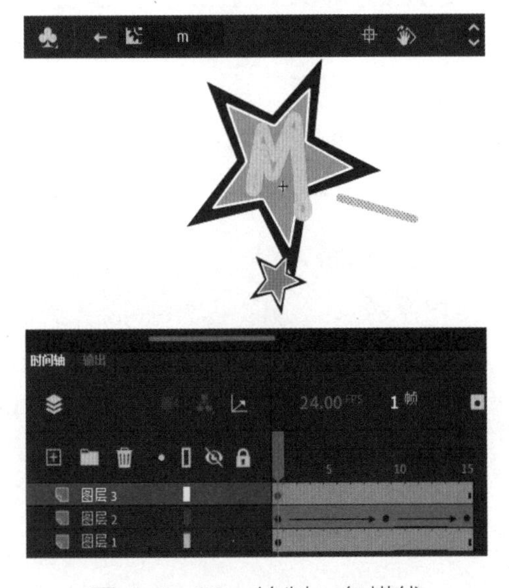

图 4-2-22　绘制一条横线

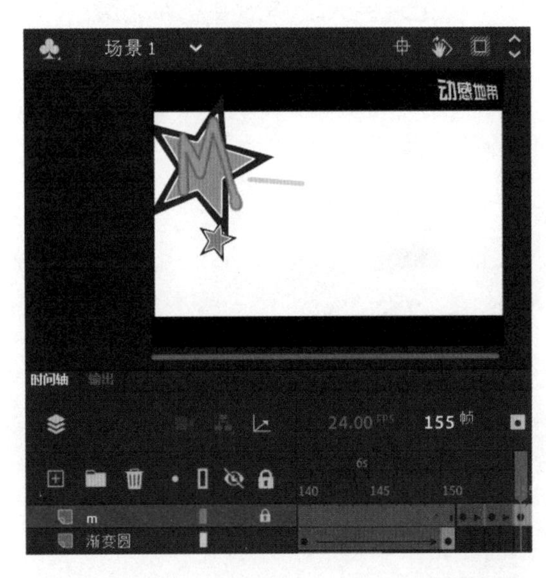

图 4-2-23　制作字母“M”的动画效果

（16）按“Ctrl+F8”组合键，新建名为“z”的影片剪辑元件，进入编辑状态，按照前面星形的绘制方法，制作黄绿色星形图案。再新建图层，用“刷子工具”绘制字母“z”，如图 4-2-24 所示。

（17）按照上述步骤，依次制作元件“o”“n”“e”。

（18）回到“场景 1”，新建图层并命名为“z”，在第 156 帧中插入关键帧，将元件“z”拖到舞台左下侧，缩小并把 Alpha 值设置为 0；在第 158 帧中插入关键帧，把元件拖到“M”的右侧并把 Alpha 值设置为 100%；在第 159 帧中插入关键帧，将尺寸稍稍缩小；在第 161 帧中插入关键帧，把元件实例向右侧移动一些距离，创建第 156～158 帧、第 159～161 帧的传统补间动画，如图 4-2-25 所示。

（19）仿照上述步骤新建 3 个图层，分别命名为“o”“n”“e”，将对应元件“o”“n”“e”拖到舞台中，分别制作元件实例“o”“n”“e”的动画，动画的时间轴的开始位置依次后移 5 帧左右，如图 4-2-26 所示。

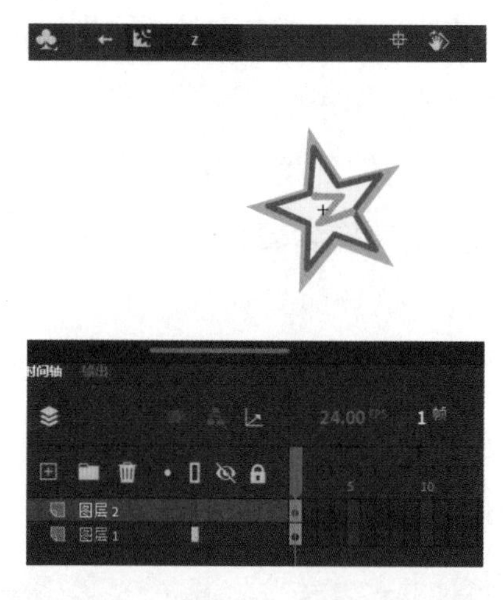

图 4-2-24　制作“z”影片剪辑元件

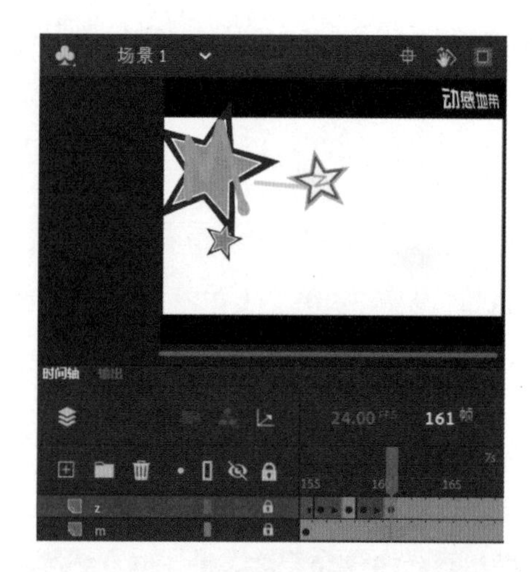

图 4-2-25　制作字母“Z”的动画效果

（20）新建图层，重命名为“logo 文字”，在第 180 帧中插入关键帧，将“库”面板中的素材“logo”拖到舞台中并将其转换为图形元件“logo 文字”，大幅度放大；在第 185 帧中插入关键帧，将“logo 文字”元件实例缩放为合适大小，创建第 180～185 帧的传统补间动画；在第 187 帧中插入关键帧，将“logo”元件实例稍稍上移，在第 189 帧中插入关键帧，再将“logo”元件实例稍稍下移；以此类推，每隔两帧就插入一个关键帧，将“logo”元件实例进行上下位移，注意位移的幅度要越来越小，最后将“m”图层、“z”图层、“o”图层、“n”图层和“e”图层均延伸至第 210 帧，如图 4-2-27 所示。

（21）按“Ctrl+S”组合键保存文件，按“Ctrl+Enter”组合键测试预览动画效果并发布，效果如图 4-2-27 所示。

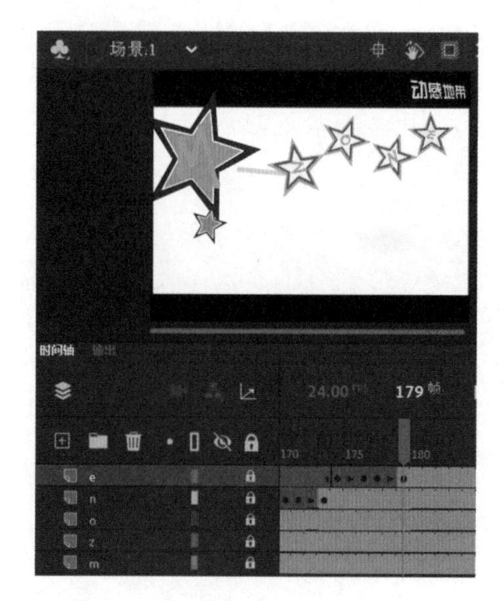

图 4-2-26　制作元件实例“o”、“n”和“e”的动画效果

图 4-2-27　制作“logo 文字”元件实例的动画效果

强化案例 4-2-1 制作“舞动音画新星选拔赛”动画

为“舞动音画新星选拔赛”宣传片制作片头动画，通过炫酷的文字和图像效果，突出活动的主题内容，其片头动画截图如图 4-2-28 所示。

图 4-2-28 片头动画截图

任务小结

本任务对片头动画主题创意的传达、意境的渲染、美感的体现等做了初步探索，并通过案例介绍了片头动画的设计与制作，希望能对读者进行片头动画设计有所启发。

模拟实训

一、实训目的

（1）掌握片头动画的设计构思。

（2）能够制作简单的片头动画。

二、实训内容

为“飞秋 FeiQ”这款局域网即时通信软件制作推广片头动画，通过 3 个场景画面的切换，结合广告文字，突出该软件可以轻松、便捷使用的主题特性，片头动画截图如图 4-2-29 所示。

元件的编辑，遮罩动画和补间动画的合理使用，在制作过程中要注重动画的视觉表达。

图 4-2-29 片头动画截图

●●● 任务 3 引导页动画的设计与制作

引导页是呈现给用户的说明书，它以最短的时间，使用户了解产品的功能、操作方式并迅速上手，开始体验之旅。本任务将以当前流行的手机应用软件引导页动画为例，介绍引导页动画的设计创意，并通过案例讲解引导页动画的制作方法。

任务目标

（1）掌握引导页动画的创意设计方法。

（2）掌握引导页动画的制作方法。

任务训练

一、掌握引导页动画的创意设计方法

设计引导页动画应从应用分类、表现方式、内容展示等多方面进行细致考量，并且运用与整体气质相符的构思。

1. 应用分类

根据引导页的目的、出发点不同，可以将其分为以下 4 种：功能介绍类、使用说明类、推广展示类、解决问题类。

1）功能介绍类

这类引导页主要是对产品的主要功能进行展示，让用户对产品的功能有大致的了解，大多采用以文字配合界面、插图的方式来展现。图 4-3-1 所示为微博引导页动画截图，采用文字与插图相结合的方式，文字是详细描述或进一步的补充说明。

图 4-3-1　微博引导页动画截图

2）使用说明类

这类引导页会将用户在使用过程中可能遇到的困难、不清楚的操作、容易误解的操作提前进行告知。这类引导页大多采用箭头、圆圈进行指示，以手绘风格为主。图 4-3-2 所示为虾米音乐引导页动画，较难发现的播放队列、歌词的操作方式都通过箭头指示来说明。

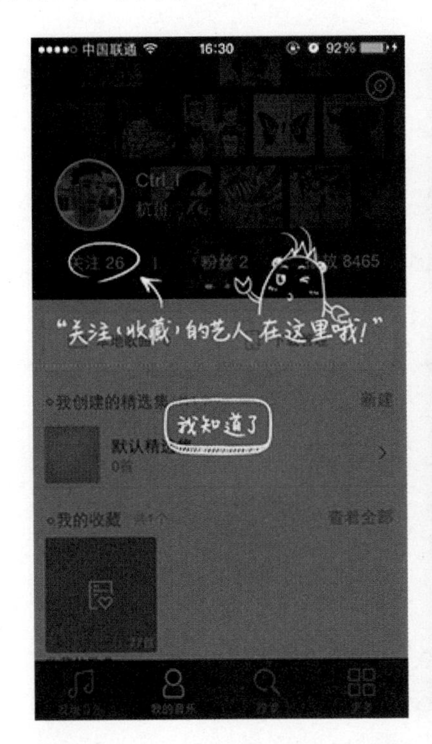

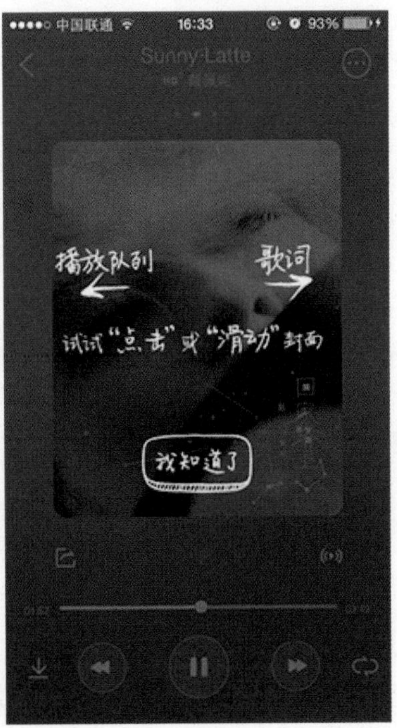

图 4-3-2　虾米音乐引导页动画

3）推广展示类

这类引导页除了有一些产品功能的介绍，更多的是传达产品的态度，要与整个产品的风格、企业形象一致。图 4-3-3 所示为淘宝旅行引导页动画，通过清新、生活化场景的插图暗示人们这是一款乐享生活、跟着感觉走的出行应用软件，可以使人们在出行前就计划好所有的行程安排，只要一个行李箱，说走就走，与产品的理念相契合。

图 4-3-3　淘宝旅行引导页动画

4）解决问题类

这类引导页描述的是实际生活中可能会遇到的问题，以及最终的解决方案，使用户产生情感上的联系，对产品产生好感，增加产品信誉度。图 4-3-4 所示为 QQ 浏览器引导页动画，通过形象的插图，说明 QQ 浏览器解决了其他浏览器在小说阅读方面所遇到的问题（如无法搜索小说、小说章节更新等）。

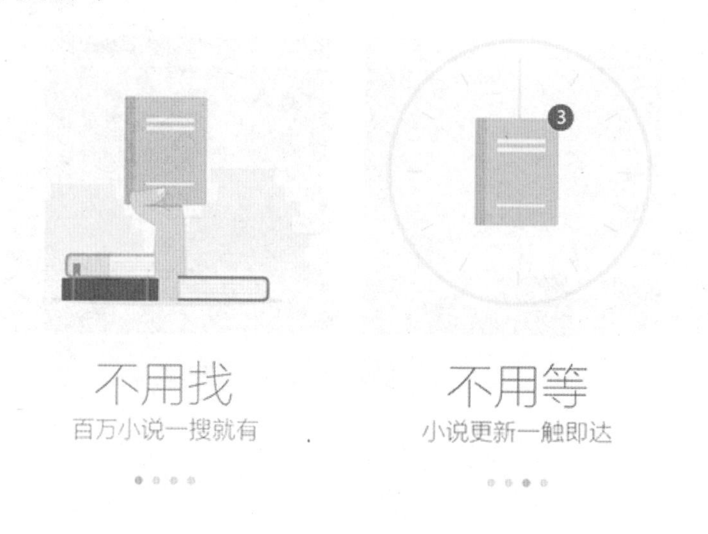

图 4-3-4　QQ 浏览器引导页动画

2．表现方式

1）文字与界面组合

这是最常见的引导页设计形式，使用简短的文字加上该功能的界面，主要运用于功能介绍类与使用说明类引导页动画，能够直观地传达产品的主要功能，但缺点是过于模式化，显得千篇一律。文字与界面组合引导页示例如图 4-3-5 所示。

图 4-3-5　文字与界面组合引导页示例

2）文字与插图组合

这种组合方式也是目前常见的形式之一，插图多是具象的，以使用的场景、照片为主来表现文字内容。文字与插图组合引导页示例如图 4-3-6 所示。

图 4-3-6　文字与插图组合引导页示例

3）动态效果与音乐组合

这是目前比较流行的具有动态效果的页面形式，其在单个页面中采用了动画，让页面动起来；同时，结合动画效果可以考虑页面间切换的方式，如将默认的左右滑动改为上下滑动或过几秒自动切换到下一页。在浏览引导页时，可以尝试加入一些与动效节奏相符的音乐，这样会更加新颖。动态效果与音乐组合引导页示例如图 4-3-7 所示。

图 4-3-7　动态效果与音乐组合引导页示例

图 4-3-8　视频展示引导页示例

4）视频展示

这种引导页设计形式常在引导页动画中通过视频播放的方式来介绍产品，或者传递一种理念，多用于生活记录类的应用软件，如拍照、运动类的应用软件，传达一种青春活力、积极乐观的生活态度。视频展示引导页示例如图 4-3-8 所示。

3. 内容展示

1）展示内容要简明扼要

动画所展示的信息内容要精炼、突出重点。例如，新功能推荐只会告诉用户入口在哪里，而不是事无巨细地详细列明每一步操作，把一个引导页动画做成帮助教程页。如果是新的交互及操作方式，则可以只展示最核心、最关键的操作，为用户留下自己探索和发现的余地，激发用户的兴趣。图 4-3-9 所示为手机应用软件引导页动画界面，内容简明扼要，功能一目了然。

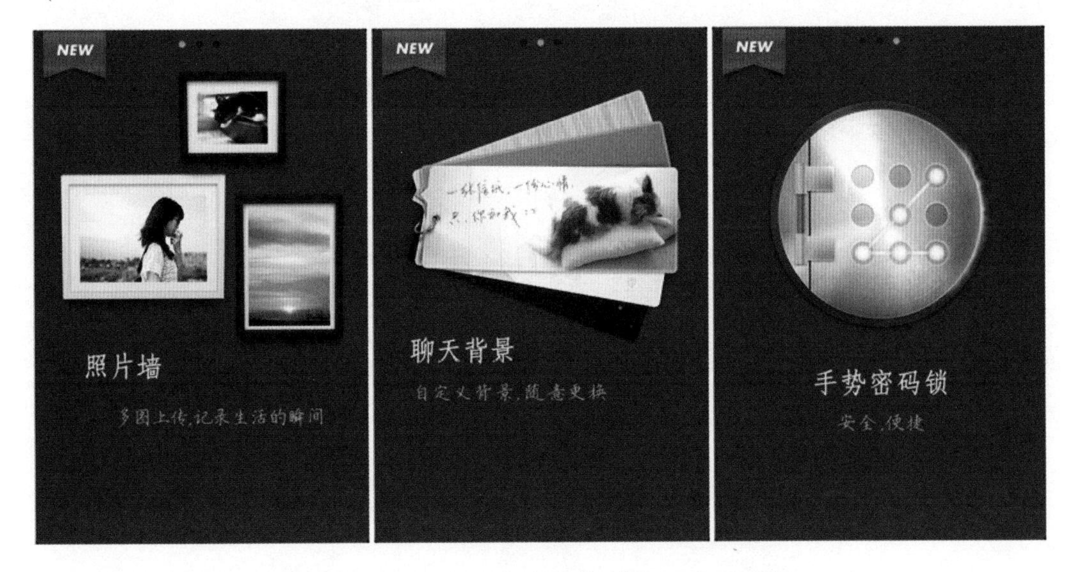

图 4-3-9　手机应用软件引导页动画界面

2）展示内容要连贯有序

动画中所展示的内容要按照一定的顺序有机地进行排列。例如，可以先介绍亮点模块，再整体呈现应用，或者按照一个核心功能的操作流程来展示引导页动画内容。总之，要做到有主有次，最后等待用户单击“立即体验”按钮的那一刻。图 4-3-10 所示为百度客户端的引导页动画界面。

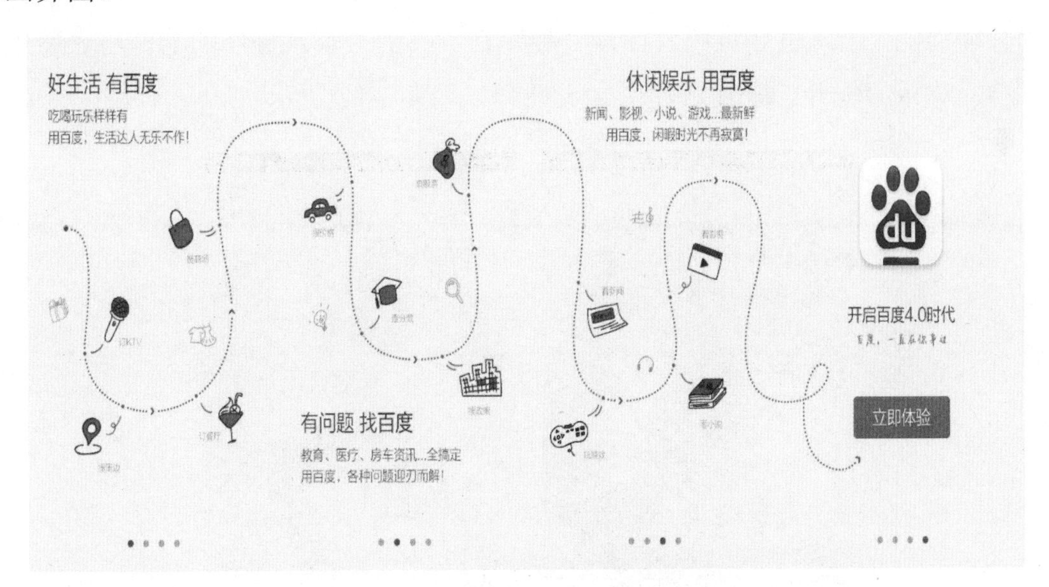

图 4-3-10　百度客户端的引导页动画界面

3）每页只展示一个主题

在单个引导页中，信息不宜过多，只阐述一个目的，所有元素都围绕这个目的来展开。若需要表现的东西太多，不妨拆分成几页，若一页中的信息太多，只会让用户更快速地划过引导页。如果每页的内容都主题鲜明，就算用户走马观花地浏览也能留下一些重要的信息记忆。图 4-3-11 所示为视频软件客户端的引导页动画界面。

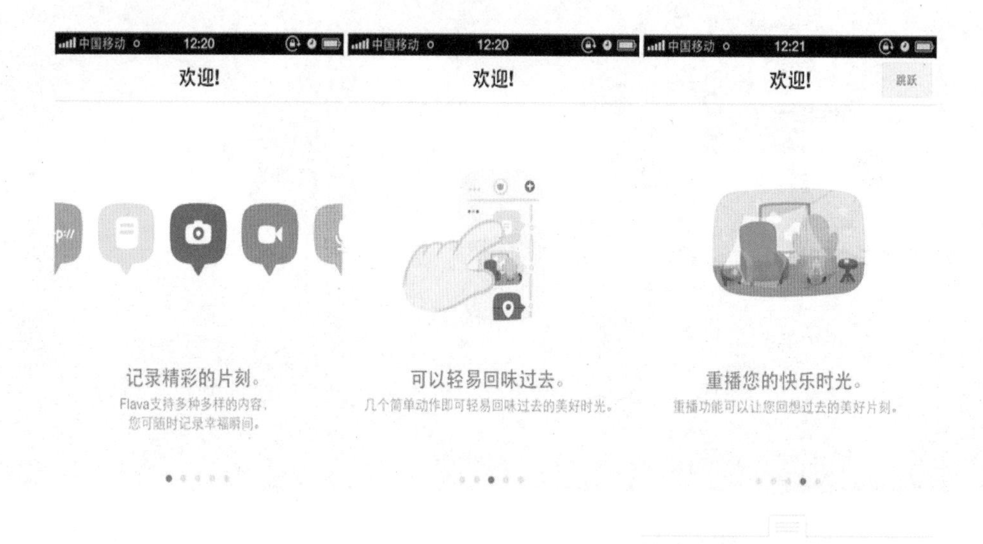

图 4-3-11　视频软件客户端的引导页动画界面

4）设计风格与产品一致

引导页的设计风格要与产品的气质保持一致。如果是新闻资讯类应用软件，那么它的引导页风格应该是稳重、正统的；而娱乐类的应用软件可能有更情感化的表现形式，如漫画形象的运用或大幅背景照片的运用。来往是一款针对个人用户的即时通信应用软件，主打扎堆和敲门等有趣功能，因此引导页的设计极具趣味性，甚至用有点搞怪的动作与表情来表现这是一款有趣、欢乐的软件。来往软件引导页动画如图 4-3-12 所示。

图 4-3-12　来往软件引导页动画

5）文案设计要言简意赅

根据爱尔兰哲学家汉密尔顿观察发现的 7±2 效应，一个人的短时记忆至少能回忆出 5 个字，最多能回忆出 9 个字。因此，文案要控制在 9 个字以内，避免用户遗忘或记忆出现偏差。如果表达起来困难，则可以辅助一小段文字进行补充。

精准、贴切的文字编排也十分重要，将专业术语转换成用户可以听得懂的语言，尤其是通过照片来表现主题的引导页设计时，文案要与照片匹配，这将直接影响情感传达效果。图 4-3-13 所示为文案设计引导页示例。

图 4-3-13　文案设计引导页示例

二、掌握引导页动画的制作方法

下面通过案例介绍引导页动画的制作方法。

案例 4-3-1　制作手机应用软件引导页动画

【情景模拟】本案例是为移动端（主要是手机）百度地图 App 制作引导页动画。先通过制作 4 页引导页动画展示手机应用软件的特性，再通过按钮来链接软件的应用页面。百度地图 App 引导页动画的效果如图 4-3-14 所示。

【案例分析】在制作手机应用软件的引导页动画时，可以通过为按钮元件添加 ActionScript 脚本控制命令进行图像之间的切换。

【制作步骤】制作动画的步骤如下。

（1）新建一个 Animate 文档，将舞台大小设置为 350px×600px，背景颜色设置为白色，帧频设置为 12fps。将“图层 1”重命名为“背景”。在菜单栏中选择“文件”→“导入”→“导入到库”命令，弹出“导入”对话框，在该对话框中将素材图片“1.png”“2.png”

“3.png”“4.png”“5.png”导入“库”面板中备用，如图 4-3-15 所示。

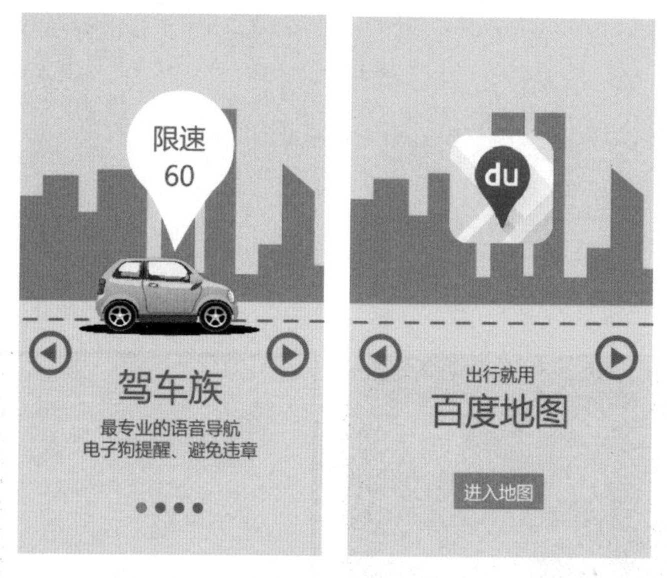

图 4-3-14　百度地图 App 引导页动画的效果

图 4-3-15　将素材图片导入“库”面板中

（2）选中“图层 1”的第 1 帧，使用“矩形工具”绘制出与舞台大小一致的矩形，并填充为浅蓝色（#A8D5EA），使用“线条工具”在矩形中间偏下处绘制一条水平直线，将矩形分为两半，下半部分填充为浅灰色。背景层分割如图 4-3-16 所示。

（3）使用“线条工具”在矩形的上半部分绘制一些色块，以表现出楼房的轮廓。绘制的背景层图案如图 4-3-17 所示。

（4）将背景层图案中间的线条使用“↓”方向键下移 20 个像素单位，将线条的笔触颜色设置为深灰色，笔触粗细设置为 3pts，笔触类型设置为“虚线”，并且在自定义笔触样式中将虚线的两个数值统一设置为 15pts，制作出“马路”背景效果，如图 4-3-18 所示。

图 4-3-16　背景层分割

图 4-3-17　绘制的背景层图案

（5）新建图层并将其重名为“内容”，将第 1 帧作为当前帧。打开“库”面板，将素材图片“1.png”从“库”面板中拖到舞台中，使用“对齐工具”将图片与舞台中央对齐，并稍稍向下移动，将素材图片“汽车”移到舞台中，如图 4-3-19 所示。

（6）使用“椭圆工具”绘制出对话框图形，并填充白色，使用“文本工具”输入文字“限速 60”，将字体设置为微软雅黑，字号设置为 30pt，颜色设置为红色，不加粗，使用“对齐工具”将对话框与文字对齐，并放置在汽车上方，制作出限速标志，如图 4-3-20 所示。

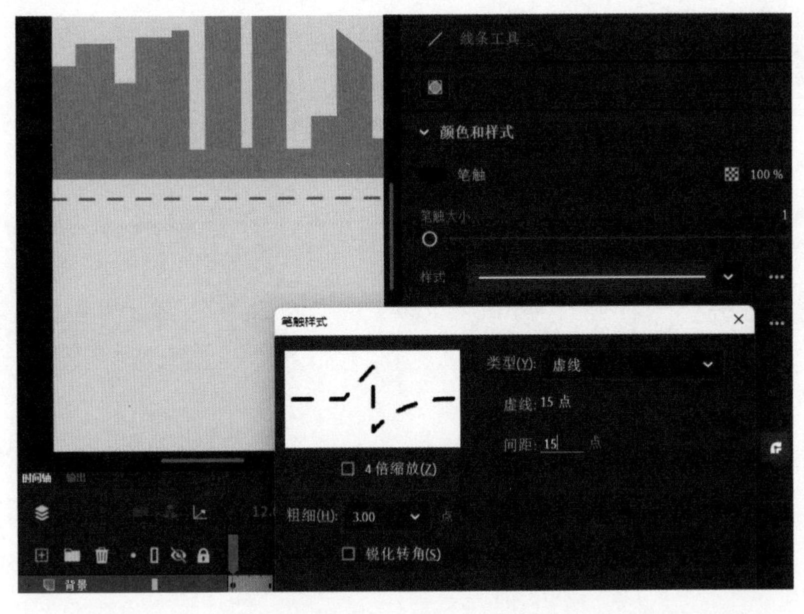

图 4-3-18　使用笔触样式制作出“马路”背景效果截图

（7）使用“文本工具”输入文字“驾车族”，将字体设置为微软雅黑，字号设置为 40 点，颜色设置为红色，不加粗，放置在中间靠下的位置；继续使用“文本工具”输入文字“最专业的语音导航”和“电子狗提醒、避免违章”，将字体设置为微软雅黑，字号设置为 20pt，颜色设置为深灰色，放置在“驾车族”下方，如图 4-3-21 所示。

图 4-3-19　放置“汽车”素材图片到舞台中

图 4-3-20　制作出限速标志

（8）使用“椭圆工具”在矩形最下方绘制 4 个小圆作为切换动画图片的序列标识，使用“对齐工具”对齐间距，第一个小圆填充为蓝色，表示当前的宣传动画图片，后 3 个小圆填充为深灰色，表示待切换的宣传动画图片，如图 4-3-22 所示。

图 4-3-21　输入宣传文字

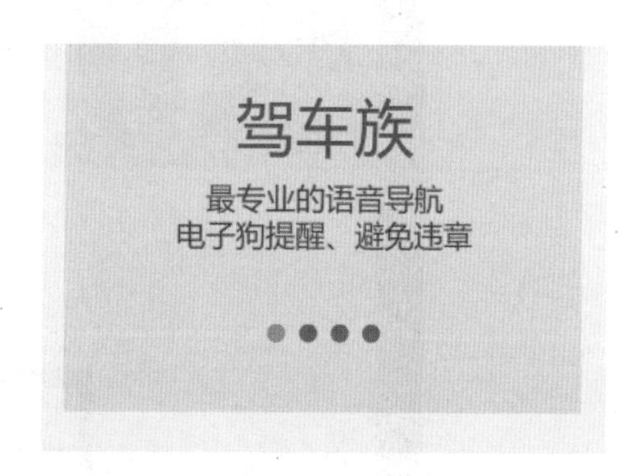

图 4-3-22　绘制切换动画图片序列标识

（9）在“内容”图层的第 2～4 帧中分别插入关键帧，按照第 1 帧的方法，制作各帧的效果。图 4-3-23 所示为后 3 张引导页动画。

（10）新建 Action 图层，在时间轴上第一帧处单击鼠标右键打开“动作”面板，单击右侧代码片段按钮，在弹出的代码片段菜单中双击选中“ActionScript”文件夹→“时间轴导航”文件夹→“在此帧处停止”文件，加入代码“stop()”语句，使动画在开始播放前停止在第 1 帧，如图 4-3-24 所示。

图 4-3-23　后 3 张引导页动画

（11）新建图层并将其重命名为“按钮”，在菜单栏中选择“窗口”→“库”命令，打开库，选择“向左”和“向右”箭头按钮并拖到舞台中心两侧靠下的位置，将其尺寸设置为 200%，颜色设置为深灰色，即将按钮导入场景中，如图 4-3-25 所示。

图 4-3-24　添加“stop()”语句

图 4-3-25　将按钮导入场景

（12）分别选中“向右”和“向左”箭头按钮并单击 F9 键，打开“动作”面板，单击右侧代码片段按钮，在弹出的代码片段菜单中选中“ActionScript 文件→“时间轴导航”文件夹→“单击以转到下一帧并停止”和“单击以转到前一帧并停止”文件，双击相应代码片段加入动作脚本。

向左按钮（button_1）脚本命令为：

```
/* 单击以转到前一帧并停止
```

```
    单击指定的元件实例会将播放头移动到前一帧并停止此影片。
    */
    button_1.addEventListener(MouseEvent.CLICK,
fl_ClickToGoToPreviousFrame);

    function fl_ClickToGoToPreviousFrame(event:MouseEvent):void
    {
        prevFrame();
    }
```

向右按钮（button_2）脚本命令为：

```
    /* 单击以转到下一帧并停止
    单击指定的元件实例会将播放头移动到下一帧并停止此影片。
    */
    button_2.addEventListener(MouseEvent.CLICK, fl_ClickToGoToNextFrame);

    function fl_ClickToGoToNextFrame(event:MouseEvent):void
    {
        nextFrame();
    }
```

“向右”箭头按钮脚本命令和“向右”箭头按钮脚本命令分别如图 4-3-26 和图 4-3-27 所示。

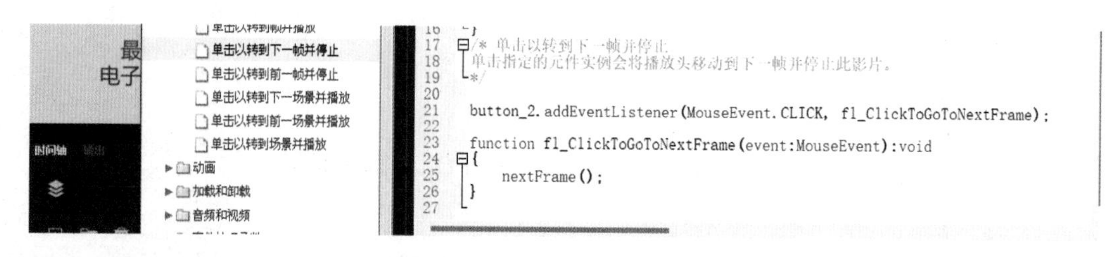

图 4-3-26 “向右”箭头按钮脚本命令

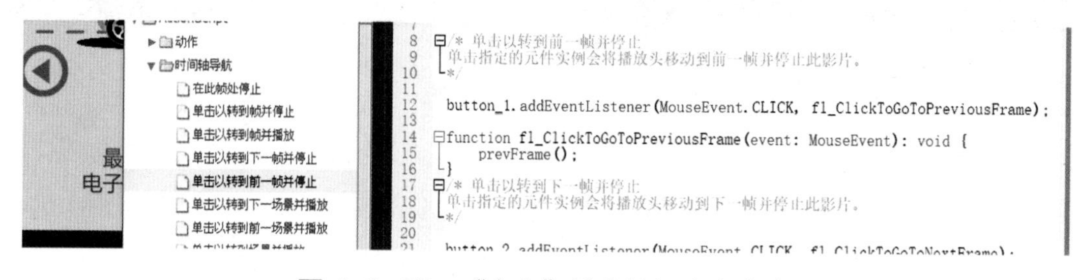

图 4-3-27 “向左”箭头按钮脚本命令

（13）在“内容”图层的第 4 帧中，选中制作的“进入地图”元件，按“F8”键将其转换为按钮元件，并命名为“进入”，如图 4-3-28 所示。根据后续制作的主动画，设置按钮元件的脚本命令。

图 4-3-28　制作“进入”按钮元件

（14）按“Ctrl+S”组合键保存文件，按“Ctrl+Enter”组合键测试动画效果并发布。

强化案例 4-3-1　制作“旅行 App”引导页动画

【情景模拟】打开“旅行 App”，在体验之前，“旅行 App”引导页动画会提供友好的宣传和提示，其效果如图 4-3-29 所示。

图 4-3-29　“旅行 App”引导页动画效果

任务小结

好的引导页动画不是一本冷冰冰的说明书，它应真正从用户的角度理解引导页动画对用户的需求。本任务主要介绍了引导页动画的设计创意，并通过移动端 App 引导页动画案例讲解了引导页动画的制作方法。

模拟实训

一、实训目的

（1）掌握引导页动画的设计构思。

（2）能够制作简单的引导页动画。

二、实训内容

为掌上如家 App 设计与制作引导页动画。先通过 3 页引导页动画展示手机应用软件的特性，再利用按钮添加动作脚本来控制画面的切换，其效果如图 4-3-30 所示。

图 4-3-30 掌上如家 App 引导页动画的效果

反侵权盗版声明

举报电话：（010）88254396；（010）88258888

传　　真：（010）88254397

E-mail：　dbqq@phei.com.cn

通信地址：北京市万寿路 173 信箱

　　　　　电子工业出版社总编办公室

邮　　编：100036